高等学校计算机公共课程"十四五"系列教材

U0183911

大 学 计 算 机 基 础
（Windows 10 + Office 2016）

崔彦君　龙君芳◎主　编

赵　文　何小平◎副主编

中国铁道出版社有限公司
CHINA RAILWAY PUBLISHING HOUSE CO., LTD.

内 容 简 介

本书以计算思维为导向，以教育部高等学校大学计算机课程教学指导委员会发布的《大学计算机基础课程教学基本要求》为依据，突出"应用"目标，强调"技能"训练，以实践性和实用性作为编写原则，注重操作应用与实际工作之间的联系。同时，将实际应用案例嵌入任务之中，循序渐进，由浅入深，既使内容简明易懂，又着力关注应用能力的提升和学习兴趣的培养。

本书适合作为高等学校非计算机专业"大学计算机基础"课程的教材，也可作为参加全国计算机等级考试（NCRE）一级或全国高等学校计算机水平考试（CCT）一级考生的复习指导书，还可供各类培训班以及自学读者参考。

图书在版编目（CIP）数据

大学计算机基础：Windows 10 + Office 2016 / 崔彦君，龙君芳主编 . — 北京：中国铁道出版社有限公司，2023.9（2024.7重印）
高等学校计算机公共课程"十四五"系列教材
ISBN 978-7-113-30443-0

I. ①大… II. ①崔…②龙… III. ① Windows 操作系统 - 高等学校 - 教材②办公自动化 - 应用软件 - 高等学校 - 教材 IV. ①TP316.7②TP317.1

中国国家版本馆 CIP 数据核字（2023）第 138190 号

书　　名：**大学计算机基础**（Windows 10+Office 2016）
作　　者：崔彦君　龙君芳

策　　划：唐　旭　　　　　　　　　　　　　编辑部电话：（010）51873202
责任编辑：张　彤　包　宁
封面设计：刘　颖
责任校对：苗　丹
责任印制：樊启鹏

出版发行：中国铁道出版社有限公司（100054，北京市西城区右安门西街 8 号）
网　　址：https://www.tdpress.com/51eds/
印　　刷：河北燕山印务有限公司
版　　次：2023 年 9 月第 1 版　2024 年 7 月第 2 次印刷
开　　本：787 mm×1 092 mm　1/16　印张：20　字数：511 千
书　　号：ISBN 978-7-113-30443-0
定　　价：59.00 元

版权所有　侵权必究

凡购买铁道版图书，如有印制质量问题，请与本社教材图书营销部联系调换。电话：（010）63550836
打击盗版举报电话：（010）63549461

前　言

党的二十大报告指出："推动战略性新兴产业融合集群发展，构建新一代信息技术、人工智能、生物技术、新能源、新材料、高端装备、绿色环保等一批新的增长引擎。"信息技术正深刻地改变着人们的生活、工作与思维方式，计算机技术已经成为现在人们学习、工作和生活中不可或缺的工具。熟练掌握计算机技术的基础知识和基本技能，已是当今社会大学生就业必备的基本技能。

目前，大学计算机基础课程已经成为高等学校人才培养方案中必不可少的组成部分，计算机技术更多地融入其他学科和专业课程的教学之中，成为很多专业课教学内容的有机组成部分。由于以计算机科学为基础的计算思维是人们必须具备的基础性思维，因此，计算思维对我国计算机基础教育产生了广泛影响，现已成为大学计算机基础教学改革的重要方向。本书以计算思维为导向，突出"应用"目标，强调"技能"训练，以实践性和实用性作为编写原则，注重操作应用与实际工作之间的联系，将实际应用案例嵌入任务之中，循序渐进，由浅入深，既使内容简明易懂，又着力关注应用能力的提升和学习兴趣的培养。

全书分为 8 章，第 1 章论述计算思维以及信息技术的基本知识和基本概念、计算机中信息的表示；第 2 章论述计算机的基本知识、计算机的硬件系统、软件系统以及计算机系统的性能指标；第 3 章论述中文 Windows 10 操作系统的基本操作、资源管理、程序管理、系统管理和 Windows 10 操作系统的使用技巧；第 4 ～ 6 章论述办公自动化软件 Office 2016 中的文字处理软件 Word 2016、电子表格处理软件 Excel 2016 和演示文稿制作软件 PowerPoint 2016 的操作与应用；第 7 章论述计算机网络的基本知识、Internet 的基本应用、小型局域网组建以及网络的基本维护；第 8 章论述大数据、物联网、云计算、人工智能等新技术。

参加本书编写的作者都是多年从事一线教学的教师，具有丰富的教学经验。在编写时注重理论与实践相结合，各种软件的操作方法都通过案例和操作练习来进行，这些案例都是经过作者精心设计的，书中操作练习过程中的图例都是实际操作过程中的截图，读者只要按照书中的步骤操作即可得到最终效果。

本书由崔彦君、龙君芳任主编，赵文、何小平任副主编，广东培正学院百度云智学院涂天辉也参加了本书的编写。各章编写分工如下：第 4 章和第 6 章由崔彦君编写，第 2 章和第 5 章由龙君芳编写，第 3 章和第 7 章由赵文编写，第 1 章由何小平编写，第 8 章由涂天辉编写。

全书由崔彦君进行总体规划并负责组织、统稿及定稿工作。

本书的出版得到了全国高等院校计算机基础教育研究会教育信息化专业委员会与广东省高等学校公共计算机课程教学指导委员会"计算机课程教材与资源建设专项课题"立项资助（项目编号：2022-GGJSJ-Z009），同时也得到了广东培正学院教学质量与教学改革工程项目的教材立项资助，感谢中国铁道出版社有限公司的大力支持。

由于计算机技术和网络技术发展迅速，加之编者水平有限、编写时间仓促，书中难免存在不妥和疏漏之处，恳请读者批评指正。

编　者

2023 年 6 月

目　录

第 1 章
信息与数据

本章导读

信息犹如空气和水一样普遍存在于人类社会。从远古到当今的文明社会，信息一直在发挥着重要的作用，是人类生存和社会发展的基本资源。70 多年来，以计算机技术、通信技术和控制技术为核心的信息技术飞速发展并得到了广泛应用，推动着经济发展和社会进步，对人类的工作和生活产生了巨大影响，人类社会正在全面进入信息社会。

通过对本章内容的学习，读者应该能够做到：

- 了解：计算机信息的表示方法以及字符编码。
- 理解：信息与数据的概念，掌握不同数制之间的转换。
- 应用：利用信息技术对特定数据进行分类、计算、分析、检索、管理和综合处理。

1.1 信息技术基本知识

1.1.1 信息技术概述

人类社会由工业社会向信息社会的进步和转变，其主要动力就是现代信息技术的不断发展和普遍应用。自第一台电子计算机于 1946 年诞生至今，只有 70 多年，但计算机及其应用已渗透社会生活的各个领域，有力地推动了整个信息化社会的发展。计算机已经成为人们生活中不可缺少的现代化工具，从而形成了一种新的文化——"计算机文化"，形成了一种崭新的文明。

1. 信息的概念

信息（information）在不同的领域有不同的含义。1948 年，信息论的创始人香农（Shannon）认为，信息是可以减少或消除不确定性的内容；1950 年，控制论的创始人维纳（N.Wiener）认为，信息是控制系统进行调节活动时，与外界相互作用、相互交换的内容；我国信息论专家钟义信教授认为，信息是事物运动的状态和状态变化的方式；系统科学认为信息是物质系统中事物的存在方式或运动状态，以及对这种方式或状态的直接或间接的表述。

信息的定义是随着近代科学的不断发展而形成的，科学的信息概念可以概括为：信息是客观世界中各种事物的运动状态和变化的反映，是客观事物之间相互联系和相互作用的表征，表现的是客观事物运动状态和变化的实质内容。

信息技术是研究信息传输和信息处理的一门技术，是提高或扩展人类信息能力的方法和手段。信息技术作为一个体系，包括信息的传递、存储、控制，信息的处理和应用，信息与生产、管理系统的连接这三个既相互区别又相互关联的层次。

信息是关于现实世界事物的存在方式或运动形态的综合反映，是人们进行各种活动所需要的知识。在国家标准《信息技术 词汇 第1部分：基本术语》（GB/T 5271.1—2000）中，信息是指"关于客体（如事实、事件、事物、过程或思想，包括概念）的知识，在一定的场合中具有特定的意义"。

数据是载荷信息的物理符号（又称载体）。数据用于描述事物，能够传递或表示信息。然而，并不是任何数据都能表示信息。例如，无法破译的密码不能传递或表示任何信息。即使同样的数据，不同的人也可能有不同的理解和解释，以至产生不同的决策。

信息是抽象的，是反映客观现实世界的知识，并不随着数据设备所决定的数据形式而改变。由于符号的多样性，记录数据的形式具有可选择性，但用不同的数据形式仍可以表示同样的信息。例如，同样一条新闻在报纸中以文字的形式刊登，在电台中以声音的形式广播，在电视中以视频影像的形式放映，在计算机网络中以通信的形式传播。当然，由于信息载体的形式不同，所达到的传播效果也就不同。因此，应使用适当的数据形式来传递或表示信息，以达到最好的效果。

2. 信息的主要特征

（1）社会性

社会性是指信息只有经过人类的加工、处理并通过一定的形式表现出来才能成为真正意义上的信息。从这个意义上说，信息不能离开人类社会。

（2）传载性

传载性是指信息必须借助于某种数据形式才能表现出来，并且在信息传递的过程中，不受时间和空间的限制，而且信息源不会因信息传递而减少。

（3）不灭性

不灭性是指信息被使用后，信息本身并不会因此而消失，可以重复使用。

（4）共享性

共享性是指信息作为一种资源，可以在相同或不同时间和空间被不同的使用者使用。它与物质资源有着本质的不同，不会因一方拥有信息而使另一方失去信息。

（5）时效性

时效性是指信息的使用价值会因信息所表达的事物的变化而变化。事物发生了变化，反映它存在方式和运动形态的信息也应发生变化。

（6）能动性

能动性是指信息不只是被动地被使用，而且它能控制或支配其他资源并使其他资源的价值发生变化。

3. 信息技术

在现今的信息化社会，信息技术是特指以计算机和现代通信技术为主要手段实现信息的获取、加工、传递和利用等功能的技术总和。它是一门多学科交叉综合的技术，计算机技术、通信技术、多媒体技术和网络技术相互渗透、相互作用、相互融合，形成以智能多媒体信息服务为特征的大规模信息网。

计算机的使用使信息可以高速处理；计算机网络的出现和因特网（Internet）的广泛应用，使全人类信息的高速共享成为可能，人类使用信息的水平得到空前提高。信息网络将国家、地区、单位和个人连成一体，世界上任何地区发生的政治、经济、生态事件都会立即产生全球性影响。

不仅如此，信息技术还渗透到人们日常生活的各个方面，智能手机、智能手表、掌上电脑等各种数字化电子产品及现代通信工具已经将整个人类组织到一个"地球村"中，世界信息社会随着信息高速公路的建成而到来。

信息技术对人类社会的生产、生活有着深刻的影响。既要看到它对科学研究、经济生活、管理工作、文化、教育、电子政务、人们的思维方式和日常生活等方面的巨大促进作用，也不能忽视它给社会带来的负面影响。例如，日益泛滥的信息给人们造成了一定的心理压力，垃圾信息使人们对真实信息的信任度大大降低，计算机病毒每年给世界带来巨大的经济损失等。

4. 信息处理

信息处理就是对信息的接收、存储、转化、传送和发布等。计算机信息处理的过程实际上与人类信息处理的过程一致。人们对信息处理也是先通过感觉器官获得的，通过大脑和神经系统对信息进行传递与存储，最后通过言行或其他形式发布信息。信息既是一种抽象的概念，又是一个无处不在的实际事件。

随着计算机科学的不断发展，计算机已经从初期的以"计算"为主的一种计算工具，发展成为以信息处理为主、集计算和信息处理于一体与人的工作、学习和生活密不可分的一种工具。

在计算机信息处理领域，从计算机能处理的信息形式看，信息可以分为文本信息、多媒体信息和超媒体信息；从信息的结构化程度看，信息可以分为结构化信息、半结构化信息和非结构化信息。在信息安全领域，信息有公开的信息、一般保密信息和绝密信息等。因此，信息与人们的日常工作密不可分。

进一步分析计算机信息处理的过程，可以看到，信息的接收包括信息的感知、信息的测量、信息的识别、信息的获取以及信息的输入等；信息的存储就是把接收到的信息或转换、传送或发布中间的信息通过存储设备进行缓冲、保存、备份等处理；信息转化就是把信息根据人们的特定需要进行分类、计算、分析、检索、管理和综合等处理；信息的传送把信息通过计算机内部的指令或计算机之间构成的网络从一地传送到另外一地；信息的发布就是把信息通过各种表示形式展示出来。

信息处理技术是指用计算机技术处理信息，计算机运行速度极高，能自动处理大量的信息，并具有很高的精确度。

有信息就有信息处理。人类很早就开始出现了信息的记录、存储和传输，原始社会的"结绳记事"就是指以麻绳和筹码作为信息载体，用来记录和存储信息。文字的创造，造纸术和印刷术的发明是信息处理的第一次巨大飞跃，计算机的出现和普遍使用则是信息处理的第二次巨大飞跃。长期以来，人们一直在追求改善和提高信息处理的技术，大致可划分为三个时期。

（1）手工处理时期

手工处理时期是用人工方式来收集信息，用书写记录来存储信息，用经验和简单手工运算来处理信息，用携带存储介质来传递信息。信息人员从事简单而烦琐的重复性工作。信息不能及时有效地输送给使用者，许多十分重要的信息来不及处理，甚至贻误战机。

（2）机械信息处理时期

随着科学技术的发展，以及人们对改善信息处理手段的追求，逐步出现了机械式和电动式的处理工具，如算盘、出纳机、手摇计算机等，在一定程度上减轻了计算者的负担。以后又出现了一些较复杂的电动机械装置，可把数据在卡片上穿孔并进行成批处理和自动打印结果。同时，由于电报、电话的广泛应用，也极大地改善了信息的传输手段，机械式处理比手工处理提高了效率，但没有本质的进步。

（3）计算机处理时期

随着计算机系统在处理能力、存储能力、打印能力和通信能力等方面的提高，特别是计算机软件技术的发展，使用计算机越来越方便，加上微电子技术的突破，使微型计算机日益商品化，从而为计算机在管理上的应用创造了极好的物质条件。这一信息处理时期经历了单项处理、综合处理两个阶段，现在已发展到系统处理的阶段。这样，不仅各种事务处理达到了自动化，大量人员从烦琐的事务性劳动中解放出来，提高了效率，节省了行政费用，而且还由于计算机的高速运算能力，极大地提高了信息的价值，能够及时地为管理活动中的预测和决策提供可靠的依据。

如今，大数据技术不断成为社会各行业关注的热门，随着互联网信息技术的快速发展，人们期待信息处理能够向着"速度更快、分析更准"发展，大数据、云计算等数据处理技术应运而生，这些信息处理的新技术将在本书的第 8 章详细介绍。

1.1.2　信息化社会与信息安全

1.　信息化社会

计算机技术和网络通信技术的飞速发展将人类带入了信息社会。信息社会就是信息成为比物质或能源更为重要的资源，以信息价值的生产为中心，促使社会和经济发展的社会。目前，关于信息社会的特征说法不一。如日本未来学家、经济学家松田米津认为：信息社会发展的核心技术是计算机，计算机的发展带来了信息革命，产生大量系统化的信息、科学技术和知识；由信息网络和数据库组成的信息公用事业，是信息社会的基本结构。信息社会的主导工业是智力工业，其发展最高阶段是大量生产知识和个人电脑化。

"信息化"的概念在 20 世纪 60 年代初提出。一般认为，信息化是指信息技术和信息产业在经济和社会发展中的作用日益加强，并发挥主导作用的动态发展过程。它以信息产业在国民经济中的比重、信息技术在传统产业中的应用程度和信息基础设施建设水平为主要标志。

从内容上看，信息化可分为信息的生产、应用和保障三大方面。信息生产，即信息产业化，要求发展一系列信息技术及产业，涉及信息和数据的采集、处理、存储技术，包括通信设备、计算机、软件和消费类电子产品制造等领域。信息应用，即产业和社会领域的信息化，主要表现在利用信息技术改造和提升农业、制造业、服务业等传统产业，大大提高各种物质和能量资源的利用效率，促使产业结构的调整、转换和升级，促进人类生活方式、社会体系和社会文化发生深刻变革。信息保障，指保障信息传输的基础设施和安全机制，使人类能够可持续地提升获取信息的能力，包括基础设施建设、信息安全保障机制、信息科技创新体系、信息传播途径和信息能力教育等。

信息社会与后工业社会的概念没有什么原则性的区别。信息社会又称信息化社会，是脱离工业化社会以后，信息将起主要作用的社会。在农业社会和工业社会中，物质和能源是主要资源，所从事的是大规模的物质生产。而在信息社会中，信息成为比物质和能源更为重要的资源，以开发和利用信息资源为目的的信息经济活动迅速扩大，逐渐取代工业生产活动而成为国民经济活动的主要内容。

信息经济在国民经济中占据主导地位，并构成社会信息化的物质基础。以计算机、微电子和通信技术为主的信息技术革命是社会信息化的动力源泉。由于信息技术在资料生产、科研教育、医疗保健、企业和政府管理以及家庭中的广泛应用，从而对经济和社会发展产生了巨大而深刻的影响，从根本上改变了人们的生活方式、行为方式和价值观念。享受信息带来便利的同时，信息安全需要得到足够的重视。

2．信息安全

信息安全的实质就是要保护信息系统或信息网络中的信息资源免受各种类型的威胁、干扰和破坏，即保证信息的安全性。根据国际标准化组织的定义，信息安全性的含义主要是指信息的完整性、可用性、保密性和可靠性。信息安全是任何国家、政府、部门、行业都必须十分重视的问题，是一个不容忽视的国家安全战略。

信息安全包括三个重要因素：第一，信息安全承载环境；第二，信息安全的保护目标；第三，信息与安全目标之间的映射关系。在信息安全模型中，信息安全可以分为下面四个层次。

（1）物理安全

指对网络与信息系统物理装备的保护。主要涉及网络与信息系统的机密性、可用性、完整性等属性。物理安全所涉及的主要技术包括：

① 加扰处理和电磁屏蔽，防范电磁泄漏；

② 容错、容灾、冗余备份和生存性技术，防范随机性故障；

③ 信息验证，防范信号插入。

物理层是底层，关心的重点是运行系统的基础设施安全，即电磁设备安全。物理安全属性集中在可靠性、稳定性、生存性和机密性等。

物理安全由下列元素构成：

① 电磁设备实体集合。

② 设备提供的功能集合。

③ 功率、电源频率、温度、湿度、电压、场强和屏蔽等边界条件的集合。

④ 操作符号表结构。

（2）运行安全

指对网络与信息系统的运行过程和运行状态的保护。主要涉及网络与信息系统的真实性、可控性、可用性等。运行安全主要涉及的技术如下：

① 风险评估体系和安全测评体系，支持系统评估。

② 漏洞扫描和安全协议，支持对安全策略的评估与保障。

③ 防火墙、物理隔离系统、访问控制技术和防恶意代码技术等，支持访问控制。

④ 入侵检测及预警系统和安全审计技术，支持入侵检测。

⑤ 反制系统、容侵技术、审计与追踪技术、取证技术和动态隔离技术等，支持应急响应。

⑥ 网络攻击技术、Phishing、Botnet、DDoS、木马等技术。

（3）数据安全

指对信息在数据收集、处理、存储、检索、传输、交换、显示和扩散等过程中的保护，使得在数据处理层面保障信息依据授权使用，不被非法冒充、窃取、篡改、抵赖等。主要涉及信息的机密性、真实性、完整性、不可否认性等。数据安全涉及的主要技术包括：

① 对称与非对称密码技术及其硬化技术、VPN 等技术，用于防范信息泄密。

② 认证、鉴别和 PKI 等技术，用于防范信息伪造。

③ 完整性验证技术，用于防范信息篡改。

④ 数字签名技术，用于防范信息抵赖。

⑤ 秘密共享技术，用于防范信息破坏。

数据安全主要涉及可鉴别性和完整性。可鉴别性是信息在操作过程中源身份及目的身份均可被鉴别的概率。完整性是指数据不被随意篡改。

（4）内容安全

指对信息在网络内流动中的选择性阻断，以保证信息流动的可控能力。主要涉及信息的机密性、真实性、可控性、可用性等。内容安全主要涉及的技术包括：

① 文本识别、图像识别、流媒体识别、群发邮件识别等，用于对信息的理解与分析。

② 面向内容的过滤技术（CVP）、面向 URL 的过滤技术（UFP）、面向 DNS 的过滤技术等，用于对信息的过滤。

在信息内容安全模型中，它的符号描述中多了一个"融入符号"。从技术角度来看，信息安全是对信息与信息的占有状态（即"序"）的攻击与保护的过程。它以攻击与保护信息系统、信息自身及信息利用中的机密性、可鉴别性、可控性和可用性四个核心安全属性为目标，确保信息与信息系统不被非授权所掌握、其信息与操作是可鉴别的、信息与系统是可控的。

目前，信息安全科学技术主要面临以下四大挑战：

- 通用计算设备的计算能力越来越强带来的挑战。
- 计算环境日益复杂多样带来的挑战。
- 信息技术发展本身带来的问题。
- 网络与系统攻击的复杂性和动态性仍较难把握。

在环境方面，信息安全有越来越多的制约，特别是网络高速化、无线化给信息安全带来巨大的挑战。还有信息共享业带来了一些信息安全方面的挑战。

不论信息安全如何发展，任何国家的网络基础设施和重要信息系统的安全保障才是最核心的问题。现在网络和系统都呈现出复杂性趋势，为了解决信息系统的生存能力，还有许多问题有待研究和解决。因为网络存在着动态性特点，这就需要具有主动实时防护、网络监控与管理、恶意代码防范、应急响应等能力。可控性问题是指提升网络和系统的自主可控能力，在可信计算机、逆向分析、认证授权方面进行研究；还有高效性，提高产品和系统的测试评估能力，主要是指安全测定、风险评估等方面。

3．计算机病毒与防范

（1）计算机病毒

"计算机病毒（computer virus）"一词第一次正式出现是在 1985 年 3 月的《科学美国人》杂志上。《中华人民共和国计算机信息系统安全保护条例》中明确定义：病毒是指编制或者在计算机程序中插入的破坏计算机功能或者破坏数据，影响计算机使用并且能够自我复制的一组计算机指令或者程序代码。计算机病毒作为一种程序，之所以被人们称为病毒，最主要的原因就是它对计算机的破坏作用和医学上的"病毒"对生物体的破坏作用有相似之处。

计算机病毒主要具有如下八个特征：

① 非授权可执行性。计算机病毒具有正常程序的一切特征，可存储、可执行，且它隐藏在合法的程序或数据中，当用户运行正常程序时，病毒伺机窃取到系统的控制权，得以抢先运行，而并非用户授权运行。

② 传染性。由于计算机病毒能够进行自我复制，因此具有很强的传染性。病毒程序一旦运行，就开始搜索能进行感染的其他程序或者介质，然后迅速传播。由于目前计算机网络日益发达，计算机病毒可以在很短的时间内，通过 Internet 传遍全世界。传染性是计算机病毒最重要的特征，

是判断一段程序代码是否为计算机病毒的依据。

③ 潜伏性。计算机病毒潜入系统后，为了能在更大范围内传染，一般不立即发作。因此，不易被用户发现。只有激活了它的发作机制才进行破坏。

④ 寄生性。计算机病毒一般依附于其他媒体而存在，这些媒体有磁盘引导扇区、文件等。这些媒体称为计算机病毒的宿主，计算机病毒就寄生在这些宿主中。

⑤ 隐蔽性。计算机病毒通常是一段短小精巧的程序，它的制造者非常熟悉计算机内部结构，编程方法非常精巧，使计算机病毒可以长期隐藏在诸如操作系统、可执行文件和数据文件之中而不被人们发现，许多时候只有当它发作时，人们才知道它的存在。

⑥ 变异性。计算机病毒的制造者为了使病毒能逃避各种反病毒程序的检测，加入了在传染过程中使病毒发生变异的代码。因此，一种病毒可有多个变种。

⑦ 破坏性。任何计算机病毒发作都会对系统造成不同程度的影响，轻则影响正常使用，降低工作效率，重则导致系统崩溃，损坏计算机系统。

⑧ 可触发性。计算机病毒发作的条件依病毒而异，有的在固定时间或日期发作；有的在遇到特定的用户标识符时发作；有的在使用特定文件时发作；有的则是当某个文件使用若干次时发作。例如，Peter-2 病毒在每年 2 月 27 日会提出 三个问题，答错后会将硬盘加密；著名的"黑色星期五"病毒在逢 13 号的星期五发作；CIH 病毒的诸多版本都只在每月 26 日才会发作。

（2）常见的计算机病毒

① 系统病毒。系统病毒的前缀为 Win32、PE、Win95、W32、W95 等。这些病毒共有的特性是感染 Windows 操作系统的 *.exe 和 *.dll 文件，并通过这些文件进行传播，如 CIH 病毒。

② 蠕虫病毒。蠕虫病毒的前缀是 Worm。这种病毒的特性是通过网络或者系统漏洞进行自动传播和破坏，其危害之大自然不言而喻。由于系统的漏洞是无法避免的，所以各种蠕虫病毒像雨后春笋般地涌现出来，令人防不胜防。大部分蠕虫病毒都有向外发送带毒邮件、阻塞网络的特性，如冲击波（阻塞网络）、小邮差（发带毒邮件）等。

③ 木马病毒、黑客病毒。木马病毒其前缀是 Trojan，黑客病毒前缀一般为 Hack。木马病毒的特性是通过网络或者系统漏洞进入用户的系统并隐藏，然后向外界泄露用户的信息。而黑客病毒则有一个可视的界面，能对用户的计算机进行远程控制。木马、黑客病毒往往是成对出现的，即木马病毒负责侵入用户的计算机，而黑客病毒则会通过该木马病毒进行控制。现在这两种类型都越来越趋向于整合。

④ 宏病毒。宏病毒的共有特性是能感染 Office 系列文档，寄存在 Microsoft Office 文档上的宏代码中，然后通过 Office 通用模板进行传播。宏病毒同其他类型的病毒不同，它不特别关联于操作系统，但通过电子邮件、U 盘、Web 下载、文件传输和合作应用很容易蔓延。

（3）计算机病毒的防范措施

自计算机病毒出现以来，人们提出了许多计算机病毒防御措施，但这些措施仍不尽如人意。实际上，计算机病毒以及反病毒技术这两种对应的技术都是以软件编程技术为基础，所以，计算机病毒以及反病毒技术的发展，是交替进行、螺旋上升的。由此可见，在现有计算机体系结构基础上，彻底防御计算机病毒是不现实的。但是，应该从以下几个方面加以特别防范，尽可能地预防和清除计算机病毒：

① 建立良好的安全习惯。例如，对一些来历不明的邮件及附件不要打开，不要登录一些不太了解的网站，不要执行从 Internet 下载后未经杀毒处理的软件等，这些必要的习惯会使计算机更安全。

② 关闭或删除系统中不需要的服务。默认情况下，许多操作系统会安装一些辅助服务，如FTP 客户端、Telnet 和 Web 服务器。这些服务为攻击者提供了方便，而又对用户没有太大用处，如果删除它们，就能大大减少被攻击的可能性。

③ 经常升级安全补丁。据统计，有 80% 的网络病毒是通过系统安全漏洞进行传播的，如蠕虫王、冲击波、震荡波等，所以应定期到微软网站下载最新的安全补丁，以防患于未然。

④ 使用复杂的密码。许多网络病毒通过猜测简单密码的方式攻击系统，因此使用复杂的密码，将会大大提高计算机的安全系数。

⑤ 迅速隔离受感染的计算机。当计算机发现病毒或异常时应立刻断开网络连接，以防止计算机受到更多的感染，或者成为传播源，再次感染其他计算机。

⑥ 安装专业的杀毒软件进行全面监控。在病毒日益增多的今天，使用杀毒软件进行防毒，是越来越经济的选择。在安装了反病毒软件之后，应该经常进行升级，经常打开主要监控（如邮件监控、内存监控等），遇到问题要上报，这样才能真正保障计算机的安全。

⑦ 安装个人防火墙软件进行防黑。由于网络的发展，用户计算机面临的黑客攻击问题也越来越严重，许多网络病毒都采用黑客的方法攻击用户计算机，因此，应该安装个人防火墙软件，将安全级别设为中、高级才能有效地防止网络上的黑客攻击。

（4）信息安全的实现

信息安全是一个涉及面很广的问题，要想达到安全的目的，必须同时从政策法规、管理和技术 3 个层次上采取有效措施。高层的安全功能为低层的安全功能提供保护，任何单一层次上的安全措施都不可能提供真正的全方位的安全与保密。先进的技术是信息安全的根本保证；严格的安全管理是信息安全的必要手段；严肃的法律、法规是信息安全的有效保障。

虽然网络安全问题至今仍然存在，但目前的技术手段、法律手段和行政手段已经初步构成一个综合防范体系。

1.2　计算机中信息的表示

计算机中的信息，主要是指以数字形式存储的各种文字、语言、图形、图像、动画和声音等。二进制数是现代计算机内部工作所采用的数据描述形式。由于计算机硬件是由电子元器件组成的，而电子元器件大多数都有两种稳定的工作状态，可以很方便地用"0"和"1"表示。因此在计算机内部普遍采用"0"和"1"表示的二进制，任何信息都必须转换成二进制数据后才能由计算机进行处理、存储和传输。

1.2.1　常用数制

要掌握不同的进制，必须先掌握数码、基数、进位计数制、位权的概念。

数码：一个数制中表示基本数值大小的不同数字符号。如十进制有 10 个数码：0、1、2、3、4、5、6、7、8、9。

基数：一个数值所使用数码的个数。例如：二进制的基数为 2，十进制的基数为 10。

进位计数制：用"逢基数进位"的原则进行计数。例如：十进制的计数原则是"逢十进一"。

位权：一个数值中某一位上的 1 表示数值的大小。如：十进制的 123，1 的位权是 100，2 的位权是 10，3 的位权是 1。

N（2、8、10、16）进制计数制的编码符合"逢 N 进位"的规则，各位的权是以 N 为底的幂，一个数可按权展开成为多项式。

1. 十进制数

在日常生活中，人们常用十进制计数。十进制的数码为 0、1、2、3、4、5、6、7、8、9，基数为 10。十进制的计数原则"逢十进一"。十进制数 123.45 按权展开多项式为

$$(123.45)_{10}=1 \times 10^2+2 \times 10^1+3 \times 10^0+4 \times 10^{-1}+5 \times 10^{-2}$$

2. 二进制数

计算机中采用二进制计数，二进制有两个数码 0 和 1。其特点是"逢二进一"。二进制数 1101.11 按权展开多项式为

$$(1101.11)_2=1 \times 2^3+1 \times 2^2+0 \times 2^1+1 \times 2^0+1 \times 2^{-1}+1 \times 2^{-2}$$

3. 八进制数

八进制数采用 0 ~ 7 共 8 个数码，按"逢八进一"规则进行计数。八进制数 345.64 按权展开多项式为

$$(345.64)_8=3 \times 8^2+4 \times 8^1+5 \times 8^0+6 \times 8^{-1}+4 \times 8^{-2}$$

4. 十六进制数

十六进制数采用 0 ~ 9、A ~ F 共 16 个数码表示，其中数码 A、B、C、D、E、F 分别代表十进制数值 10、11、12、13、14、15，按"逢十六进一"的进位原则计数。十六进制数 2AB.6 按权展开多项式为

$$(2AB.6)_{16}=2 \times 16^2+10 \times 16^1+11 \times 16^0+6 \times 16^{-1}$$

1.2.2　数制间的转换

1. 十进制数转换成二进制数

十进制数转换成二进制数的方法是：整数部分采用除 2 取余法，即反复除以 2 直到商为 0，取余数；小数部分采用乘 2 取整法，即反复乘以 2 取整数，直到小数为 0 或取到足够二进制位数。

例如，将十进制数 23.375 转换成二进制数，其过程如下：

① 先转换整数部分

```
2 | 23    余数为 1   ↑
2 | 11    余数为 1
2 | 5     余数为 1
2 | 2     余数为 0
2 | 1     余数为 1
    0
```

转换结果为：$(23)_{10}=(10111)_2$

② 再转换小数部分

```
  0.375
×    2
─────────
  0.750        取整数部分 0，小数部分为 0.75
  0.75
×    2
─────────
  1.50         取整数部分 1，小数部分为 0.5
```

$$\begin{array}{r} 0.5 \\ \times\quad 2 \\ \hline 1.0 \end{array}$$
取整数部分 1，小数部分为 0 结束

转换结果为：$(0.375)_{10}=(0.011)_2$

最后结果：$(23.375)_{10}=(10111.011)_2$

如果一个十进制小数不能完全准确地转换成二进制小数，可以根据精度要求转换到小数点后某一位停止。

2. 二进制数转换成十进制数

二进制数转换成十进制数的方法是：按权相加法，把每一位二进制数所在的权值相加，得到对应的十进制数。各位上的权值是基数 2 的若干次幂。例如：

$$(1010.01)_2=1\times2^3+0\times2^2+1\times2^1+0\times2^0+0\times2^{-1}+1\times2^{-2}=(10.25)_{10}$$

3. 二进制数与八进制数、十六进制数的相互转换

每 1 位八进制数对应 3 位二进制数，每 1 位十六进制数对应 4 位二进制数，这样大大缩短了二进制数的位数。

二进制数转换成八进制数的方法是：以小数点为基准，整数部分从右至左，每 3 位一组，最高位不足 3 位时，前面补 0；小数部分从左至右，每 3 位一组，不足 3 位时，后面补 0，每组对应一位八进制数。

例如，二进制数 $(10101.11)_2$ 转换成八进制数为

$$\underbrace{010}_{2}\ \underbrace{101}_{5}\ .\ \underbrace{110}_{6}$$

即 $(10101.11)_2=(25.6)_8$

八进制数转换成二进制数的方法是：把每位八进制数写成对应的 3 位二进制数。

例如，八进制数 $(36.5)_8$ 转换成二进制数为

$$\begin{array}{ccc} 3 & 6 & . & 5 \\ \downarrow & \downarrow & & \downarrow \\ 011 & 110 & & 101 \end{array}$$

即 $(36.5)_{16}=(011110.101)_2$

同理，二进制数 $(10101.11)_2$ 转换成十六进制数为

$$\underbrace{0001}_{1}\ \underbrace{0101}_{5}\ .\ \underbrace{1100}_{C}$$

即 $(10101.11)_2=(15.C)_{16}$

十六进制数转换成二进制数的方法是：把每位十六进制数写成对应的 4 位二进制数。

例如，十六进制数 $(3E.5)_{16}$ 转换成二进制数为

$$\begin{array}{ccc} 3 & E & . & 5 \\ \downarrow & \downarrow & & \downarrow \\ 0011 & 1110 & & 0101 \end{array}$$

即 $(3E.5)_{16}=(111110.0101)_2$

4. 八、十六进制数与十进制数的相互转换

八进制、十六进制数转换成十进制数，也是采用"按权相加"法。例如：

$(345.64)_8 = 3 \times 8^2 + 4 \times 8^1 + 5 \times 8^0 + 6 \times 8^{-1} + 4 \times 8^{-2} = (229.8125)_{10}$

$(2AB.68)_{16} = 2 \times 16^2 + 10 \times 16^1 + 11 \times 16^0 + 6 \times 16^{-1} + 8 \times 16^{-2} = (683.40625)_{10}$

十进制整数转换成八进制、十六进制数，采用除 8、16 取余法。十进制小数转换成八进制、十六进制小数采用乘 8、16 取整法。十进制、二进制与十六进制转换表见表 1-1。

表 1-1　十进制、二进制与十六进制转换表

十进制数	二进制数	十六进制数	十进制数	二进制数	十六进制数
0	0000	0	8	1000	8
1	0001	1	9	1001	9
2	0010	2	10	1010	A
3	0011	3	11	1011	B
4	0100	4	12	1100	C
5	0101	5	13	1101	D
6	0110	6	14	1110	E
7	0111	7	15	1111	F

1.2.3　字符编码

1. 字符编码

在计算机中，对非数值的文字和其他符号进行处理时，要对它们进行数字化处理，即用二进制编码来表示，这就是字符编码。计算机常用的字符编码有 ASCII 码和 BCD 码，BCD 码又称二 – 十进制编码。

ASCII 码是美国标准信息交换码（American Standard Code for Information Interchange），被国际标准化组织指定为国际标准，是微型计算机中普遍采用的编码。ASCII 码有 7 位码和 8 位码两种。国际通用的 7 位 ASCII 码称 ISO-646 标准，它以 7 位二进制数表示一个字符编码，其编码范围从 $(0000000 \sim 1111111)_2$，共有 $2^7 = 128$ 个不同的编码值，相应表示 128 个不同字符编码。其中包括 10 个数码（0 ～ 9），52 个大、小写英文字母，32 个标点符号、运算符和 34 个控制码等。7 位 ASCII 码表见表 1-2。

表 1-2　标准 ASCII 码字符集

高位 低位	0000	0001	0010	0011	0100	0101	0110	0111
0000	NUL	DLE	空格	0	@	P	`	p
0001	SOH	DC1	!	1	A	Q	a	q
0010	STX	DC2	"	2	B	R	b	r
0011	ETX	DC3	#	3	C	S	c	s
0100	EOT	DC4	$	4	D	T	d	t
0101	ENQ	NAK	%	5	E	U	e	u
0110	ACK	SYN	&	6	F	V	f	v
0111	BEL	ETB	'	7	G	W	g	w

低位＼高位	0000	0001	0010	0011	0100	0101	0110	0111
1000	BS	CAN	(	8	H	X	h	x
1001	HT	EM	)	9	I	Y	i	y
1010	LF	SUB	*	:	J	Z	j	z
1011	VT	ESC	+	;	K	[	k	{
1100	FF	FS	,	<	L	\	l	|
1101	CR	GS	–	=	M	]	m	}
1110	SO	RS	.	>	N	^	n	~
1111	SI	US	/	?	O	_	o	DEL

表中每个字符对应一个数值，称为该字的 ASCII 码值。如数字"8"的 ASCII 码值为十进制 56（48+8，高位 48，低位 8），二进制为 0111000（高位 011，低位 1000）；英文字母"D"的 ASCII 码为十进制数 68，二进制数 1000100。扩展的 ASCII 码采用 8 位二进制数表示一个字符的编写。可表示 $2^8=256$ 个不同字符的编码。

在计算机中，字符的比较实际是比较它们的 ASCII 码值的大小。在 ASCII 码表中，大写英文字母按 A ～ Z 的顺序排列，小写英文字母按 a ～ z 的顺序排列，数字也按 0 ～ 9 的顺序排列。大写英文字母"A"的 ASCII 码是 65，"Z"的 ASCII 码是 90，即"Z"比"A"大，也就是说 A ＜ B ＜ C ＜…＜ Z，小写英文字母和数字也如此，a ＜ b ＜ c ＜…＜ z，0 ＜ 1 ＜ 2 ＜…＜ 9。小写英文字母的 ASCII 码要比大写英文字母的 ASCII 码大，数字的 ASCII 码比大小写英文字母的 ASCII 码都小。

2. 汉字编码

ASCII 码只对英文字母、数字和标点符号等作了编码。为了能在计算机中处理汉字，同样也要对汉字进行编码。从汉字编码的角度看，计算机对汉字信息的处理过程实际上是各种汉字编码间的转换过程。这些编码主要包括：汉字信息交换码、区位码、汉字内码、汉字输入码、汉字字形码等。

（1）国标码

国标码又称汉字信息交换码。是用于汉字信息处理系统之间或者与通信系统之间进行信息交换的汉字代码。它是为使系统、设备之间信息交换时采用统一的形式而制定的。我国 1981 年就颁布了国家标准《信息交换用汉字编码字符集 基本集》（GB 2312—1980），因此又称国标码。

国标码中收录了 7 445 个汉字及图形字符，其中 682 个非汉字图形字符（如序号、数字、罗马数字、英文字母、日文假名、俄文字母、汉字注音等）和 6 763 个汉字的代码，按照使用的频率分为两个级别，一级常用汉字 3 755 个，二级汉字 3 008 个。一级汉字按汉语拼音字母顺序排列，二级汉字按偏旁部首排列，部首顺序依笔画多少排序。并且所有的国标码汉字按一定的组织规划组成字库，汉字库以文件的形式保存在字库文件中。

由于一个字节只能表示 256 种编码，显然一个字节不能表示所有汉字的国标码，所以，国标码的任何一个符号和汉字都采用两个字节表示。

（2）区位码

区位码同 ASCII 码表一样，也有一张区位码表。简单来说，把 7 445 个国标码放置在一个

94 行 ×94 列的阵列中。阵列中的每一行称为一个"区"，用区号表示；每一列称为一个"列"，用列号表示。显然，区号范围是 1 ～ 94。位号范围也是 1 ～ 94。因此，每一个汉字或符号可以用其所在的区号和位号表示，其区位号就是该汉字的区位码。如"啊"字位于 16 区 01 位，所以其区位码是 1601。区位码与每个汉字之间具有一一对应的关系。国标码在区位码表中的排列是：1 ～ 15 区是非汉字区（通常为符号）；16 ～ 55 区是一级汉字区；56 ～ 87 区是二级汉字区；88 ～ 94 区是保留区，可用来存储自造汉字、符号或图形代码。实际上，区位码也是一种输入码，只是由于它一字一码，很难记忆，而这又是它最大的优点：无重码字。

汉字区位码与国标码间的转换方法是：将汉字的十进制区位码分别转换成十六进制，然后分别加上 20H，就成为该汉字的国标码。如"中"字，其区位码是"5448"，转换为十六进制，分别是 36H（区号）、30H（位号），分别加上 20H 得到"中"字的国标码为"5650H"。

（3）汉字输入码

汉字的输入码是为了将汉字通过键盘输入到计算机而设计的代码，又称外码。汉字的输入方案很多，不同的编码方法有不同的汉字输入法，即有不同的输入码。如用全拼输入法输入"中"字，就要输入"zhong"，然后在显示的一组同音字中选择"中"。汉字的编码是根据汉字的发音或字形结构等属性和汉字有关规则编制的。目前，常用的汉字输入码编码方案很多，如全拼输入法、双拼输入法、自然码输入法、五笔字型输入法等。全拼输入法和双拼输入法是根据汉字的发音进行编码的，称为音码；五笔字型输入法是根据汉字的字形结构进行编码的，称为形码。可以想象，对于一个汉字，有多少种输入法就有多少种输入码。

（4）汉字内码

汉字内码是在计算机内部对汉字进行存储、处理的汉字代码。一个汉字不管是用何种输入法输入，在计算机内部都将其转换成一种统一的代码（内码）。不同的系统使用的汉字内码有可能不同。

汉字内码用两个字节表示，在 GB 2312—1980 标准中，规定汉字的国标码的每字节最高位置 1，作为汉字的内码。汉字内码与国标码的关系是在该汉字的国标码的每个字节上加上 80H。如"中"字的国标码是"5650H"，则"中"字的内码为：5650H+8080H=D6D0H。

（5）汉字字形码

汉字的字形码是为让汉字能被显示或打印的汉字代码。在计算机内，汉字的字形主要有两种描述方法：点阵字形和轮廓字形。目前汉字信息处理系统中产生汉字字形的方式，大多数以点阵方式形成汉字。即用一组排成方阵的二进制数字表示一个汉字，有笔画覆盖的用 1 表示，在屏幕上显示为黑点；没笔画覆盖的用 0 表示，显示为白点；许多黑点就可以组成一个笔画或一个汉字。显然，点阵中行、列数划分越多，字形的质量越好，但存储字形码所占的存储容量也越多，如图 1-1 所示。

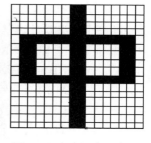

图 1-1　点阵汉字示意图

汉字的点阵有 16×16、24×24、32×32、48×48 点阵等。如果将一个汉字写在一个 16×16 的点阵方阵中，则该汉字需用 32 字节（16×16÷8=32）表示。如写在一个 32×32 的点阵方阵中，则该汉字需用 128 字节（32×32÷8=128）表示。一套汉字的所有字形的形状描述信息集中在一个字形库中，简称为字库。不同的字体（如宋体、仿宋体、黑体、楷体等）对应不同的字库。汉字的点阵字形的缺点是汉字放大后会出现锯齿现象，很不美观。

轮廓字形表示方法是把汉字或符号的笔画轮廓用直线或曲线来勾画，记下每一条直线或曲线的数学描述。Windows 中的 True Type 字库采用的就是典型的轮廓字形表示方法。这种字形可实现无级放大而不产生锯齿现象。

（6）汉字字符集简介

目前，汉字字符集有如下几种：

GB 2312—1980 汉字编码：GB 2312 码是中华人民共和国国家标准汉字信息交换用编码，全称《信息交换用汉字编码字符集 基本集》，标准号为 GB 2313—1980，由中华人民共和国国家标准总局发布，1981 年 10 月 1 日实施。习惯上称为国标码 GB 码。它是一个简化字汉字的编码。

GBK 编码：GBK 编码是另一个汉字编码标准，全称《汉字内码扩展规范（GBK）》，中华人民共和国全国信息技术标准化技术委员会 1995 年 12 月 1 日制定。GBK 向下与 GB 2312—1980 编码完全兼容，向上支持 ISO 10646.1 国际标准。它共收录了汉字 21 003 个、符号 833 个，并提供 1 894 个造字码位，简、繁体融于一库。微软公司自 Windows 简体中文版开始，采用 GBK 代码。

ISO 10646 编码：ISO 10646 是国际标准化组织 ISO 公布的一个编码标准，简称为 UCS 编码。我国于 1994 年以 GB 13000.1 国家标准的形式予以认可。ISO 10646 是一个包括世界上各种语言的书面形式以及附加符号的编码体系。其中的汉字部分称为"CJK 统一汉字"（C 指中国，J 指日本、K 指朝鲜）。而其中的中国部分，包括 GB 2312、GB 12345、BIG-5 等汉字和符号。

BIG-5 编码。BIG-5 编码是通行于我国台湾地区和香港特别行政区的一个繁体字编码方案，俗称"大五码"。它广泛应用于计算机行业和因特网中。共收录了 13 461 个汉字和符号。其中包括：汉字 13 053 个，符号 408 个。汉字分为常用字 5 401 个和次常用字 7 652 个两部分，各部分中的汉字按笔画 / 部首排列。

1.2.4 信息存储单位

信息的存储单位有"位""字节""字"等。

1. 位（bit）

位是度量数据的最小单位，表示一位二进制信息。

2. 字节（Byte）

1 字节由 8 位二进制数字组成（1 Byte=8 bit）。字节是信息存储中最常用的基本单位。

计算机的存储器（包括内存和外存）通常也是以多少字节表示其容量，常用单位有：

KB（千字节）　　　　1 KB=1 024 Byte

MB（兆字节）　　　　1 MB=1 024 KB

GB（千兆字节）　　　1 GB=1 024 MB

TB（太字节）　　　　1 TB=1 024 GB

3. 字（word）

字是位的组合，是信息交换、加工、存储的基本单元（独立的信息单位）。用二进制代码表示，一个字由一个字节或若干字节构成（通常取字节的整数倍）。它可以代表数据代码、字符代码、操作码和地址码或它们的组合，字又称计算机字，用来表示数据或信息长度，它的含义取决于机器的类型、字长及使用者的要求，常用的固定字长有 32 位、64 位等。

4. 字长

中央处理器内每个字所包含的二进制数码的位数（能直接处理参与运算寄存器所含有的二进制数据的位数）或字符的数目称为字长，它代表了机器的精度。机器的设计决定了机器的字长。一般情况下，基本字长越长，容纳的位数越多，内存可配置的容量就越大，运算速度就越快，计算精度也越高，处理能力就越强。字长是计算机硬件的一项重要的技术指标。目前微机的字长由 32 位转向 64 位为主。

1.3　计算思维

1.3.1　概述

2006 年 3 月，美国卡内基梅隆大学计算机科学系主任周以真（Jeannette M. Wing）教授在 Communications of the ACM 杂志上给出，并定义了计算思维（Computational Thinking）：计算思维是运用计算机科学的基础概念进行问题求解、系统设计，以及人类行为理解等涵盖计算机科学之广度的一系列思维活动。

以上是关于计算思维的一个总定义，周教授为了让人们更易于理解，又将它更进一步地定义为：通过约简、嵌入、转化和仿真等方法，把一个看似困难的问题重新阐释成一个我们知道问题怎样解决的方法；是一种递归思维，是一种并行处理，是一种把代码译成数据又能把数据译成代码，是一种多维分析推广的类型检查方法；是一种采用抽象和分解来控制庞杂的任务或进行巨大复杂系统设计的方法，是基于关注分离的方法（SoC 方法）；是一种选择合适的方式去陈述一个问题，或对一个问题的相关方面建模使其易于处理的思维方法；是按照预防、保护及通过冗余、容错、纠错的方式，并从最坏情况进行系统恢复的一种思维方法；是利用启发式推理寻求解答，也即在不确定情况下的规划、学习和调度的思维方法；是利用海量数据来加快计算，在时间和空间之间，在处理能力和存储容量之间进行折中的思维方法。

计算思维吸取了问题解决所采用的一般数学思维方法，现实世界中巨大复杂系统的设计与评估的一般工程思维方法，以及复杂性、智能、心理、人类行为的理解等一般科学思维方法。计算思维建立在计算过程的能力和限制之上，由人和机器执行。计算方法和模型使我们敢于去处理那些原本无法由个人独立完成的问题求解和系统设计。计算思维中的抽象完全超越物理的时空观，并完全用符号来表示，其中，数字抽象只是一类特例。

与数学和物理科学相比，计算思维中的抽象显得更为丰富，也更为复杂。数学抽象的最大特点是抛开现实事物的物理、化学和生物学等特性，而仅保留其量的关系和空间的形式，而计算思维中的抽象却不仅仅如此。

计算思维的意义和作用：理论可以实现的过程变成了实际可以实现的过程；实现了从想法到产品整个过程的自动化、精确化和可控化；实现了自然现象与人类社会行为模拟；实现了海量信息处理分析，复杂装置与系统设计，大型工程组织等。计算思维大大拓展了人类认知世界和解决问题的能力和范围。

1.3.2　计算思维的内涵

计算思维直面机器智能的不解之谜：哪方面人类比计算机做得好？哪方面计算机比人类做得好？最基本的问题是：什么是可计算的？迄今为止我们对这些问题仍是一知半解。

计算思维用途：计算思维是每个人的基本技能，不仅仅属于计算机科学家。我们应当使每个孩子在培养解析能力时不仅掌握阅读、写作和算术（Reading, wRiting and aRithmetic，3R），还要学会计算思维。正如印刷出版促进了 3R 的普及，计算和计算机也以类似的正反馈促进了计算思维的传播。

计算思维是运用计算机科学的基础概念去求解问题、设计系统和理解人类的行为。它包括了涵盖计算机科学之广度的一系列思维活动。

当我们必须求解一个特定的问题时，首先会问：解决这个问题有多么困难？怎样才是最佳的解决方法？计算机科学根据坚实的理论基础来准确地回答这些问题。表述问题的难度就是工具的基本能力，必须考虑的因素包括机器的指令系统、资源约束和操作环境。

为了有效地求解一个问题，我们可能要进一步问：一个近似解是否就够了，是否可以利用一下随机化，以及是否允许误报（false positive）和漏报（false negative）。计算思维就是通过约简、嵌入、转化和仿真等方法，把一个看来困难的问题重新阐释成一个我们知道怎样解决的问题。

计算思维是一种递归思维：它是并行处理。它是把代码译成数据又把数据译成代码。它是由广义量纲分析进行的类型检查。对于别名或赋予人与物多个名字的做法，它既知道其益处又了解其害处。对于间接寻址和程序调用的方法，它既知道其威力又了解其代价。它评价一个程序时，不仅仅根据其准确性和效率，还有美学的考量，而对于系统的设计，还考虑简洁和优雅。

抽象和分解：来迎接庞杂的任务或者设计巨大复杂的系统。它是关注的分离（SOC 方法）。它是选择合适的方式去陈述一个问题，或者是选择合适的方式对一个问题的相关方面建模使其易于处理。它是利用不变量简明扼要且表述性地刻画系统的行为。它使我们在不必理解每一个细节的情况下就能够安全地使用、调整和影响一个大型复杂系统的信息。它就是为预期的未来应用而进行的预取和缓存。计算思维是按照预防、保护及通过冗余、容错、纠错的方式从最坏情形恢复的一种思维。它称堵塞为"死锁"，称约定为"界面"。计算思维就是学习在同步相互会合时如何避免"竞争条件"（又称"竞态条件"）的情形。

计算思维利用启发式推理来寻求解答，就是在不确定情况下的规划、学习和调度。它就是搜索、搜索、再搜索，结果是一系列的网页，一个赢得游戏的策略，或者一个反例。计算思维利用海量数据来加快计算，在时间和空间之间，在处理能力和存储容量之间进行权衡。

考虑下面日常生活中的事例：当你女儿早晨去学校时，她把当天需要的东西放进背包，这就是预置和缓存；当你儿子弄丢他的手套时，你建议他沿走过的路寻找，这就是回推；在什么时候停止租用滑雪板而为自己买一副呢？这就是在线算法；在超市付账时，你应当去排哪个队呢？这就是多服务器系统的性能模型；为什么停电时你的电话仍然可用？这就是失败的无关性和设计的冗余性；完全自动的大众图灵测试如何区分计算机和人类，即 CAPTCHA 程序是怎样鉴别人类的？这就是充分利用求解人工智能难题之艰难来挫败计算代理程序。

计算思维将渗透每个人的生活之中，到那时诸如算法和前提条件这些词汇将成为每个人日常语言的一部分，对"非确定论"和"垃圾收集"这些词的理解会和计算机科学中的含义趋近，而树已常常被倒过来画了。

我们已见证了计算思维在其他学科中的影响。例如，机器学习已经改变了统计学。就数学尺度和维数而言，统计学习用于各类问题的规模仅在几年前还是不可想象的。各种组织的统计部门都聘请了计算机科学家。计算机学院（系）正在与已有或新开设的统计学系联姻。

计算机学家们对生物科学越来越感兴趣，因为他们坚信生物学家能够从计算思维中获益。

计算机科学对生物学的贡献决不限于其能够在海量序列数据中搜索寻找模式规律的本领。最终希望是数据结构和算法（我们自身的计算抽象和方法）能够以其体现自身功能的方式来表示蛋白质的结构。计算生物学正在改变着生物学家的思考方式。类似地，计算博弈理论正改变着经济学家的思考方式，纳米计算改变着化学家的思考方式，量子计算改变着物理学家的思考方式。

这种思维将成为每一个人的技能组合成分，而不仅仅限于科学家。普适计算之于今天就如计算思维之于明天。普适计算是已成为今日现实的昨日之梦，而计算思维就是明日现实。

1.3.3　特性

1. 概念化，不是程序化

计算机科学不是计算机编程。像计算机科学家那样去思维意味着远不止能为计算机编程，还要求能够在抽象的多个层次上思维。

2. 根本的，不是刻板的技能

根本技能是每个人为了在现代社会中发挥职能所必须掌握的。刻板技能意味着机械地重复。具有讽刺意味的是，当计算机像人类一样思考之后，思维可就真的变成机械的了。

3. 是人的，不是计算机的思维方式

计算思维是人类求解问题的一条途径，但绝非要使人类像计算机那样思考。计算机枯燥且沉闷，人类聪颖且富有想象力。是人类赋予计算机激情。配置了计算设备，我们就能用自己的智慧去解决那些在计算时代之前不敢尝试的问题，实现"只有想不到，没有做不到"的境界。

4. 数学和工程思维的互补与融合

计算机科学在本质上源自数学思维，因为像所有的科学一样，其形式化基础建筑于数学之上。计算机科学又从本质上源自工程思维，因为我们建造的是能够与实际世界互动的系统，基本计算设备的限制迫使计算机学家必须计算性地思考，不能只是数学性地思考。构建虚拟世界的自由使我们能够设计超越物理世界的各种系统。

5. 是思想，不是人造物

不只是我们生产的软件硬件等人造物将以物理形式到处呈现并时时刻刻触及我们的生活，更重要的是还将有我们用以接近和求解问题、管理日常生活、与他人交流和互动的计算概念；而且，面向所有的人，所有地方。当计算思维真正融入人类活动的整体以致不再表现为一种显式之哲学的时候，它就将成为一种现实。

1.3.4　总结

许多人将计算机科学等同于计算机编程。有些家长为他们主修计算机科学的孩子看到的只是一个狭窄的就业范围。许多人认为计算机科学的基础研究已经完成，剩下的只是工程问题。当我们行动起来去改变这一领域的社会形象时，计算思维就是一个引导着计算机教育家、研究者和实践者的宏大愿景。我们特别需要抓住尚未进入大学之前的听众，包括老师、父母和学生，向他们传送下面两个主要信息：

① 智力上的挑战和引人入胜的科学问题依旧亟待理解和解决。这些问题和解答仅仅受限于我们自己的好奇心和创造力；同时一个人可以主修计算机科学而从事任何行业。一个人可以主修英语或者数学，接着从事各种各样的职业。计算机科学也一样。一个人可以主修计算机科学，接着从事医学、法律、商业、政治，以及任何类型的科学和工程，甚至艺术工作。

② 计算机科学的教授应当为大学新生开一门称为"怎么像计算机科学家一样思维"的课程，面向所有专业，而不仅仅是计算机科学专业的学生。我们应当使进入大学之前的学生接触计算的方法和模型。我们应当设法激发公众对计算机领域科学探索的兴趣，我们应当传播计算机科学的快乐、崇高和力量，致力于使计算思维成为常识。

习　　题

单项选择题

1. 微型计算机能处理的最小数据单位是（　　　）。

　　A．ASCII 码字符号　　　　B．字符　　　　　　C．字符串　　　　D．二进制位

2. 计算机存储容量的基本单位是（　　　）。

　　A．二进制　　　　　　　　B．字节　　　　　　C．字　　　　　　D．双字

3. 一个字节的二进制位数是（　　　）位。

　　A．2　　　　　　　　　　B．4　　　　　　　　C．8　　　　　　D．16

4. 在微机中，存储容量为 8 MB，指的是（　　　）。

　　A．8 × 1 000 × 1 000 B　　　　　　　　B．8 × 1 000 × 1 024 B

　　C．8 × 1 024 × 1 000 B　　　　　　　　D．8 × 1 024 × 1 024 B

5. 与四进制数 123 相等的二进制数是（　　　）。

　　A．11011　　　　　　　B．10111　　　　　　C．11101　　　　D．10101

6. 使用 8 个二进制位存储颜色信息的图像能够表示（　　　）颜色。

　　A．8　　　　　　　　　B．128　　　　　　　C．256　　　　　D．512

7. 某种进位计数制被称为 r 进制，则 r 应称为该进位计数制的（　　　）。

　　A．位权　　　　　　　B．基数　　　　　　　C．数符　　　　D．数制

8. 下列 4 个数中最小的是（　　　）。

　　A．$(217)_{10}$　　　　　　　　　　　　　B．$(332)_8$

　　C．$(DB)_{16}$　　　　　　　　　　　　　D．$(11011100)_2$

9. 十进制数 14 对应的二进制数是（　　　）。

　　A．111　　　　　　　　B．1110　　　　　　C．1100　　　　　D．1010

10. 十六进制数 $(AB)_{16}$ 变换为等值的二进制数是（　　　）。

　　A．10101011　　　　　　B．11011011　　　　C．11000111　　　D．10101010

第 2 章 计算机系统

本章导读

计算机系统由硬件（hardware）系统和软件（software）系统组成。硬件系统是组成计算机所有实体部件的集合，通常这些部件由电子、机械等物理部件组成。软件系统是指为了运行、维护、管理、应用计算机所需的各类程序、数据及相关文档的总称，它可以提高计算机的工作效率和扩展计算机的功能。硬件是计算机的实体，软件是计算机的灵魂。

通过对本章内容的学习，读者应该能够做到：

- 了解：硬件系统和软件系统的基本构成，对计算机系统初步了解和基本认识。
- 理解：运算器、控制器、存储器、输入设备、输出设备在计算机系统中的作用。
- 应用：通过对计算机系统基本结构的学习，具备对计算机系统的了解和分析能力。

2.1 计算机概述

2.1.1 计算机的发展历史

世界上第一台计算机于 1946 年在美国宾夕法尼亚大学诞生，取名为电子数字积分计算机（Electronic Numerical Integrator And Calculator，ENIAC），它是为美国陆军进行新式火炮的试验所涉及复杂的弹道计算而研制的。ENIAC 的设计是根据美籍匈牙利数学家冯•诺依曼（John von Neumann）提出的两点设计思想而研制的：其一是计算机内部直接采用二进制进行运算；其二是将指令和数据都存储起来，由程序控制计算机自动执行，从此，存储程序和程序控制成为区别电子计算机与其他计算工具的本质标志。ENIAC 首次采用电子元件进行运算，所以，它被公认为电子计算机的始祖，如图 2-1 所示。

从第一台电子计算机诞生以来，短短的几十年间，计算机技术以前所未有的速度迅猛发展，已经历了从电子管计算机发展到晶体管计算机、集成电路计算机、大规模超大规模集成电路计算机四个发展时代。

1. **第一代计算机**（1946—1958 年）

第一代计算机是电子管计算机。采用电子管作为

图 2-1　第一台计算机（ENIAC）

基本元件，内存储器采用水银延迟线；外存储器采用纸带、卡片、磁鼓、磁芯和磁带等。编程语言采用机器语言，直到 20 世纪 50 年代才出现了汇编语言。而且没有操作系统，操作机器较为困难。主要应用于科学计算。这个时期计算机的特点是体积庞大，耗电量大，运算速度慢，可靠性差，内存容量小。

2. 第二代计算机（1959—1964 年）

第二代计算机是晶体管计算机。由于半导体的出现和用半导体制成的晶体管能像电子管和继电器一样，也是一种开关器件，而且体积小、质量小、开关速度快、工作温度低。于是以晶体管为主要元件的第二代晶体管计算机诞生了。

晶体管计算机的内存储器采用磁性材料制成的磁芯，外存储器有磁盘、磁带等，外围设备的种类也有所增加。运算速度从每秒几万次提高到每秒几十万次，内存容量扩大到几十万字节。

与此同时，计算机软件也有了较大的发展，出现了监控程序，即操作系统的前身。编程语言开始采用高级语言，如 BASIC、C 语言、Visual FoxPro 等，使编写程序的工作变得更为简单方便。也使计算机的工作效率大大提高。

第二代计算机与第一代计算机相比，晶体管计算机体积小、质量小、成本低、功耗低、速度快、可靠性高。其使用范围也从原来的单一科学计算扩展到数据处理和事务管理等应用领域。

3. 第三代计算机（1965—1971 年）

第三代计算机是小规模集成电路计算机。这一代计算机使用小、中规模集成电路（SSI，MSI）作为主要元件。所谓集成电路是用特殊的制造工艺将完整的电路做在一个通常只有几平方厘米的硅片上。与第二代计算机一样，仍采用磁芯作为内存储器，但容量有很大提高，而外存储器开始采用软盘。运算速度已达到每秒百万次甚至几百万次。与晶体管计算机相比较，集成电路的体积、质量、功耗都进一步减少，运算速度和可靠性进一步提高。此外，软件产业初步形成，用户可通过分时操作系统共享计算机上的资源。提出了结构化、模块化程序设计思想，也因此出现了更多的模块化的程序设计。

第三代计算机同时向标准化、多样化、通用化、机种系列化发展。IBM-360 系列是最早采用集成电路的通用计算机，也是影响最大的第三代计算机的代表。

4. 第四代计算机（1972 年至今）

第四代计算机是大规模集成电路和超大规模集成电路计算机。随着集成电路技术的不断发展，单个硅片可容纳的晶体管的数目也迅速增加，从 20 世纪 70 年代的可容纳数千个至上万个晶体管的集成电路到现在的可容纳几千万个晶体管的超大规模集成电路（VLSI），把计算机的核心部件甚至整个计算机都制作在一个硅片上。

第四代计算机采用大规模集成电路（LSI）和超大规模集成电路（VLSI）作为主要元件。磁芯存储器基本被淘汰，普遍使用了半导体存储器，外存储器的软盘和硬盘得到广泛应用，存取速度和存储容量都有了很大的提高，并且引入了光盘。计算机的运算速度及可靠性得到更大的提高，功能更加完备，应用更为广泛，几乎遍及社会的各个方面。计算机网络、数据库软件相继出现和完善，程序设计语言进一步发展和改进，软件行业发展成为新兴的高科技产业。计算机的应用不断在社会的各个领域渗透。

由于大规模集成电路技术的应用，使这一代计算机比前几代计算机有了更快的发展，其趋势是大型化和微型化。即出现了速度超百亿次的巨型计算机和功能强大、价格便宜、配备灵活、使用方便的微型计算机。

从 20 世纪 80 年代开始，日本、美国等发达国家投入大量人力物力研制新一代计算机，其目标是要使计算机像人一样具有能听、看、说和会思考的能力。新一代计算机应具有：知识存储和知识库管理功能，能利用已有知识进行逻辑推理判断，具有联想和学习功能。新一代计算机要达到的目标相当高，它涉及很多高新技术领域，如微电子学、计算机体系结构、高级信息处理、软件工程、知识工程、人工智能和人机界面（如理解自然语言），等等。从研究的成果来看，仍需要相当长的时间。但可以预见，新一代计算机的实现将对人类社会的发展产生更深远影响。

2.1.2　计算机的特点

1. 处理速度快

计算机的处理速度通常以每秒完成多少次操作（如加法运算）或每秒能执行多少条指令来描述。随着半导体技术和计算机技术的发展，现在的计算机运算速度已达到数百亿次至数千亿次。使人工计算需要几年或几十年才能完成的科学计算，能在几小时或更短的时间内完成，是传统的计算工具所不能比拟的。计算机的高速度，使它在金融、交通、通信等领域能实现实时、快速的服务。这里的"运算速度快"不只是算术运算速度，也包括逻辑运算速度。计算机具有逻辑判断能力，布尔代数是建立计算机逻辑运算的基础，或者说计算机就是一个逻辑机。计算机的逻辑判断能力也是计算机智能化必备的基本条件，极高的逻辑判断能力使计算机广泛应用于非数值数据处理领域。

2. 计算精度高

计算机中的计算精度主要由数据表示的字长决定，即能表示二进制数的位数。随着字长的增长和配合先进的计算技术，计算精度不断提高，可满足各类复杂计算对计算精度的要求。一般的计算机都能达到 15 位有效数字，在理论上计算机的精度不受任何限制，只要通过一定的技术手段便可实现任何精度要求。计算机的有效数字之多是其他计算工具望尘莫及的。

3. 存储容量大

计算机不仅能进行计算，还能把原始数据、中间结果、运算指令等信息保存起来，供使用者使用。这种类似于人的大脑的记忆能力，是电子计算机与于其他计算工具的本质区别。目前一般的微型计算机的内存容量都在 8 ～ 128 GB，加上大量的磁盘、光盘等外存储器，可以说计算机的存储容量是海量的。对于信息时代的 21 世纪来说，正是由于计算机有如此海量的存储容量，才使得许多需要对大量数据进行加工处理的工作可由计算机来完成。

4. 可靠性高

由于采用大规模和超大规模集成电路，使计算机具有非常高的可靠性。人们所说的"计算机错误"，通常都是软件或与计算机相连的外围设备错误。

5. 工作全自动

计算机内部的操作和运算都是在程序的控制下自动进行的。这样一来，人们就可以预先把需要处理的原始数据和对数据处理的过程，一一预先存储在计算机中，由计算机自动地一步步完成，直到得出最终结果。整个过程不用人去干预就能自动完成。

6. 适用范围广、通用性强

计算机作为一种工具，它广泛应用于社会的各个领域。由于是存储在计算机中的程序进行工作，所以，对于不同的领域，只要编制和运行不同的应用软件，计算机就能在该领域发挥作用。

2.1.3 计算机的分类

计算机通常按下列三种方法分类：

1. **按处理数据的形态分类**

按处理数据的形态可分为数字计算机、模拟计算机、混合计算机。数字计算机处理的数据是"0"和"1"表示的二进制数字，模拟计算机处理的数据是连续的模拟量，混合计算机则集数字计算机和模拟计算机的优点于一身。

2. **按使用范围分类**

按使用范围可分为通用计算机和专用计算机。目前使用最广泛的计算机都属于通用计算机，适用于一般的科学计算、学术研究、工程设计、数据处理等用途。专用计算机是为适应某种特殊需要而设计的计算机，其效率高、速度快、精度高，但适用范围小。

3. **按性能分类**

按性能分类的依据是计算机的字长、存储容量、运算速度、外围设备和价格的高低。可分为超级计算机、大型计算机、小型计算机、微型计算机和工作站五类。

① 超级计算机又称巨型计算机。其功能最强大、速度最快、精度最高，但价格也最高。主要用于大型的数据计算和信息处理。能同时供几百个用户使用。图2-2所示为我国的天河超级计算机系统。

② 大型计算机也有很高的运算速度和很大的存储容量，也可同时供相当多的用户使用。但其功能不如超级计算机，故其价格也比超级计算机低。图2-3所示为IBM大型机。

图2-2　天河超级计算机系统　　　　图2-3　IBM大型机

③ 小型计算机从体积上要比大型机小，功能也没有大型机强。主要用在中小型企事业单位。能同时供十几个用户使用。图2-4所示为小型机。

④ 微型计算机又称个人计算机。其主要特点是小巧、灵活、便宜。是我们目前使用最广泛的计算机。微型计算机通常分为台计算机和笔记本计算机，如图2-5所示。

图2-4　小型机　　　　图2-5　台式计算机与笔记本计算机

⑤ 工作站是连接在网络上的一台微型计算机。

2.1.4 计算机的应用

计算机具有处理速度快、存储容量大、工作自动、可靠性高，同时又具有很强的逻辑推理和判断能力等特点，所以其应用范围已渗透科研、生产、军事、金融、交通、通信、农林业、地质勘探、教学、气象等各行各业，并且已深入到文化、娱乐和家庭等领域，计算机的应用几乎渗透于各个领域。

1. 科学计算（数值计算）

最初的计算机是为科学计算的需要而研制的。科学计算所解决的大都是科学研究和工程技术中所提出的一些复杂的数学问题，科学计算的特点是需要计算的数据量相当大而且计算精度要求高、结果可靠，只有具有高性能的计算机系统才能完成。例如，高能物理方面的分子、原子结构分析；人类基因工程的细胞排列；在水利、农业方面的水利设施的设计计算；地球物理方面的气象预报、水文预报、大气环境的研究；宇宙空间探索方面的人造卫星轨道计算、宇宙飞船的控制等。可以说，没有计算机系统高速而精确的计算，许多学科都是难以发展的。

2. 信息处理

随着计算机技术的发展，计算机的主要应用已从科学计算逐渐转变为信息处理。信息处理是指用计算机对各种类型的数据进行处理，它包括对数据的采集、整理、存储、分类、排序、检索、维护、加工、统计和传输等一系列操作过程。如企业管理、财务核算、统计分析、仓库管理、资料管理、图书检索等。计算机信息处理对办公自动化、管理自动化乃至社会信息化都有积极的促进作用。

3. 过程控制（实时控制）

过程控制是指用计算机及时对生产或其他过程所采集、检索到的被控对象运行情况的数据，按照一定的算法进行分析、处理，然后从中选择最佳的控制方案，发出控制信号，控制相应过程，它是生产自动化的重要手段。过程控制在机械、冶金、石油化工、电力、建筑、轻工行业得到了广泛应用，在卫星、导弹发射等国防尖端科学技术领域，更是离不开计算机的过程控制。过程控制可以提高自动化程度、减轻劳动强度、提高生产效率、降低生产成本，保证产品质量的稳定。

4. 计算机辅助系统

计算机辅助系统包括计算机辅助设计（CAD）、计算机辅助制造（CAM）、计算机辅助教学（CAI）等。

（1）计算机辅助设计

计算机辅助设计是指设计人员利用计算机进行辅助设计。常用于飞机、轮船、建筑、机械、服装等行业的产品设计。利用 CAD 技术能提高设计质量和自动化程度，大大加快了新产品的设计与试用周期。计算机辅助设计已成为现代化生产的重要手段。

（2）计算机辅助制造

计算机辅助制造是由计算机辅助设计派生出来，CAM 是利用 CAD 的输出信息控制、指挥生产和装配产品。CAD/CAM 使产品的设计、制造过程都能在高度自动化的环境中进行。如操纵机器的运行、控制材料的流动、处理产品制造过程中所需数据，对产品进行检测等。目前，无论复杂的飞机还是普通的家电产品的制造都广泛利用了 CAD/CAM 技术。

（3）计算机辅助教学

计算机辅助教学是利用计算机代替教师进行教学。教师把教学内容编成各种"课件"，学生可根据自己的需要选择不同的内容进行学习，从而使教学多样化、形象化（利用计算机的动态图形来表达一些用语言和文字不容易表达清楚的概念）、个性化，便于因材施教。计算机辅助教学通常包括各种课程的辅助教学软件、试题库、教学管理软件等。

5. 系统仿真（计算机模拟）

系统仿真是利用计算机来模拟实际系统的技术。例如，利用计算机进行模拟飞行训练、航海训练、汽车驾驶人训练等。计算机模拟还可以实现现实生活中难以实现的状况，如核子反应堆的控制模拟等。

6. 人工智能

人工智能又称智能模拟，它使计算机能应用在需要知识、感知、推理、学习、理解及其他类似有认识和思维能力的任务中，从而代替人类的某些脑力劳动。人工智能是在控制论、计算机科学、仿真技术、心理学等学科基础上发展起来的边缘学科，它研究和应用的领域包括模式识别、自然语言理解与生成、专家系统、自动程序设计、定理证明、联想与思维的机理、数字智能检测等。例如，模拟医生给病人诊断病情的医疗诊断专家系统、机械手与机器人的研究和应用等。

7. 电子商务

电子商务是指通过计算机和计算机网络进行的商务活动。是 Internet 技术与传统信息技术系统相结合生成的一种网上相互关联的动态商务活动。在 Internet 上，人们可与世界各地的许多公司进行商业交易，通过网络方式与顾客、批发商、供应商、股东等取得联系，在网上进行业务往来。

电子商务利用先进的网络技术，能够提高企业的业务处理速度、降低运营成本、解决企业国际化问题、提高企业内部的工作效率等，深受各国政府和企业的广泛重视。

8. 网络通信

利用计算机网络技术可以做到资源共享，相互交流。计算机网络应用的主要技术是网络互联技术、路由技术、数据通信技术，以及信息浏览技术和网络安全技术等。利用计算机网络，可以将大学校园内开设的课程实时或批量地传送到校园以外的各个地方，使得更多的人能有机会接受高等教育。

9. 多媒体应用

随着电子信息技术特别是通信技术和计算机技术的发展，人们已经把文本、音频、视频、动画、图形和图像等各种媒体综合起来，构成一种全新的技术——多媒体技术。多媒体技术在医疗、教育、军事、工业、广播、广告、影视和出版等领域中起着越来越重要的作用。

2.2　计算机硬件系统

计算机硬件系统，是指构成计算机的物理设备，即由机械、光、电、磁器件构成的具有计算、控制、存储、输入和输出功能的实体部件。多年来，计算机系统从性能指标、运算速度、工作方式、应用领域、价格和体积等方面都发生了巨大变化，但基本结构没有变，都属于冯·诺依曼计算机。

2.2.1　计算机的基本结构

根据冯·诺依曼存储程序原理的设计思想，计算机硬件系统由五部分组成，它们是运算器、控制器、存储器、输入设备、输出设备。这五部分通过系统总线连接成有机的整体，根据指令的要求完成相应的操作。其基本构成如图 2-6 所示。图中双线箭头代表数据流，单线箭头代表指令流。

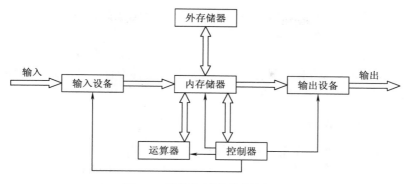

图 2-6　计算机硬件系统的组成

1. 运算器

运算器主要由算术逻辑单元（arithmetic and logic unit，ALU）、寄存器、累加器等组成，它的功能是在控制器的控制下对存储器（或内部寄存器）中的数据进行算术或逻辑运算，再将运算结果送到存储器（或暂存在内部寄存器）。

2. 控制器

控制器用于控制整个计算机自动、连续、协调地完成一条条指令，是整个计算机硬件系统的指挥控制中心。它主要由指令译码器、指令寄存器、逻辑控制电路等部件组成。控制器的工作过程是依次从存储器取出各条指令，存放在指令寄存器中，再由指令译码器对指令进行分析（即译码），判断出应该进行什么操作，然后由逻辑控制电路发出相应的控制信号，指挥计算机相应的部件完成指令所规定的任务。执行完一条指令，再依次读取下一条，并译码执行，直至程序结束。

3. 存储器

存储器是存放数据和程序的载体，是计算机中各种信息存储和交流的中心。它分为内部存储器（简称内存或主存储器）和外部存储器（简称外存或辅助存储器）两种。

存储器由若干存储体组成。一个存储体包含许多存储单元，每个存储单元由 8 个相邻的二进制位（bit）组成。为了能有效地存取某个存储单元的内容，需要给所有存储单元按一定的顺序编号，此编号称为地址。整个存储器地址空间（又称编址空间）的大小，即存储器能够存储信息的总量，称为存储器的存储容量，单位是字节（B）。

若一个存储器的容量为 512 B，表示此存储器可存放 512 B 的二进制代码。字节是基本存储单位，常用的单位还有千字节（KB）、兆字节（MB）、吉字节（GB）、太字节（TB）等，它们的关系是：

1 KB=1024 B，1 MB=1024 KB，1 GB=1024 MB，1 TB=1024 GB

4. 输入设备

输入设备负责接收操作者输入的程序和数据，并将它们转换成计算机可识别的形式存放到内存中。常见的输入设备有键盘、鼠标、扫描仪、光笔、语音输入器、数码照相机、摄像头等。另外，磁性设备阅读机、光学阅读机也是输入设备。其中键盘和鼠标使用最为广泛，被视为微型计算机系统不可缺少的输入设备。

5. 输出设备

输出设备是将计算机的运算（或处理）结果，以人们容易识别或其他机器所能接受的形式输出的设备。输出的形式可以是数字、字符、图形、声音、视频图像等。常见的输出设备有显示器、打印机、绘图仪、扬声器（音箱）等。

　　输入和输出设备都是实现计算机与外界交流信息的设备。一般将各种输入/输出设备统称为计算机的外围设备。外部存储器既作为一种存储设备存储数据，又作为一种输入/输出设备输入/输出数据，所以也属于外围设备。

2.2.2　微型计算机的结构

　　微型计算机的硬件结构亦遵循冯·诺依曼体系结构，普遍采用总线结构。总线就是一组公共信息传输线路，包括数据总线（data bus，DB）、地址总线（address bus，AB）、控制总线（control bus，CB），三者在物理上是一个整体，统称为系统总线。早期的计算机采用单总线结构，即 CPU 与存储器和 I/O 设备之间都共用一个总线；随着 CPU 和存储器速度的提高，慢速的 I/O 设备成了整个系统的瓶颈，妨碍了系统整体性能的提高，为解决此问题出现了双总线结构，即 CPU 与存储器、CPU 与 I/O 设备之间的数据通道分开，各有一条总线，这大大提高了系统性能。总线在传输数据时，可以单向传输，也可以双向传输，并能在多个设备之间选择唯一的源地址和目的地址。图 2-7 所示为面向主存储器的双总线系统结构示意图。

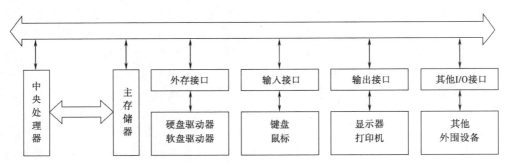

图 2-7　面向主存储器双总线的结构示意图

2.2.3　微型计算机的硬件组成

　　微型计算机由主机和外围设备组成。主机包括系统主板、CPU、内部存储器、软/硬盘和 CD-ROM 驱动器、显卡等各种适配器等，外围设备包括键盘、鼠标、显示器、打印机等。

1.　中央处理器（CPU）

　　CPU（见图 2-8）是硬件的核心，它由运算器、控制器和寄存器组成。CPU 的型号决定了微型计算机的档次。Intel 公司的 80x86 系列处理器一直是微型计算机 CPU 的主流，占据着微型计算机 CPU 的大部分市场。同一档次的 CPU，主频越高，运算速度越快，性能越好。除 Intel 公司外，AMD、IBM 等公司也都生产与 Intel CPU 兼容的产品。

图 2-8　Intel 酷睿 i7 CPU

2.　系统主板

　　主板又称母板或主机板（见图 2-9），它固定在主机箱内，集成了组成微型计算机的主要电路系统，如 BIOS 芯片、芯片组、CMOS 电路、I/O 控制芯片、扩展槽、硬盘和 CD-ROM 驱动器接口、键盘和鼠标接口、串行和并行通信端口、USB 接口、内存插槽、电源插座等。

① BIOS 芯片是一个只读存储器，存储着微型计算机的基本输入 / 输出系统，BIOS 程序直接影响主板的性能，是硬件和软件的接口。另外，它还具有开机自检和引导操作系统等基本功能。

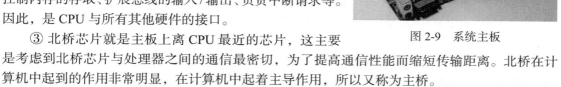

图 2-9　系统主板

② 芯片组又称逻辑控制芯片组，提供对 CPU 的支持、控制内存的存取、扩展总线的输入 / 输出、负责中断请求等。因此，是 CPU 与所有其他硬件的接口。

③ 北桥芯片就是主板上离 CPU 最近的芯片，这主要是考虑到北桥芯片与处理器之间的通信最密切，为了提高通信性能而缩短传输距离。北桥在计算机中起到的作用非常明显，在计算机中起着主导作用，所以又称为主桥。

④ 南桥芯片（south bridge）是主板芯片组的重要组成部分，一般位于主板上离 CPU 插槽较远的下方，PCI 插槽的附近，这种布局是考虑到它所连接的 I/O 总线较多，离处理器远一点有利于布线。相对于北桥芯片来说，其数据处理量并不算大，所以南桥芯片一般都没有覆盖散热片。南桥芯片不与处理器直接相连，而是通过一定的方式（不同厂商各种芯片组有所不同，例如，英特尔的 Hub Architecture 以及 SIS 的 Multi-Threaded“妙渠”）与北桥芯片相连。

⑤ CMOS 电路是一个小型的 RAM。CMOS 中保存着计算机中 CPU、存储器等硬件设备的参数及当前日期和时间等，如果这些数据丢失，可能会造成计算机无法正常工作或不能启动。

⑥ 在主机板上有若干个内存插槽，用来插入内存条。这样的设计既节省了空间，又为配置内存提供了方便。

⑦ 总线扩展槽：是用于插接各种外围设备接口的插槽，外围设备的接口称为适配器。例如，显示器就是通过插在扩展槽中的显示适配器与主机相连的。扩展槽就是外围设备通过系统总线与主机相连的接口。

⑧ 计算机的控制信号和数据通过总线从系统的一部分传送到另一部分，总线的性能直接影响计算机的性能。因此，人们一直在不断地改进总线技术，先后推出的总线标准有现已被淘汰的 PC、ISA、MCA、EISA、VESA 等，以及现在常用的 PCI、PCI-E、AGP、CNR、AMR、ACR 和较少见的 Wi-Fi、VXB 等。笔记本计算机专用的有 PCMCIA。

⑨ USB 是一个外部总线标准，用于规范计算机与外围设备的连接和通信。USB 接口支持设备的即插即用和热插拔功能。USB 接口可用于连接多达 127 种外围设备，如鼠标、调制解调器和键盘等。USB 接口是在 1994 年底由英特尔、康柏、IBM、Microsoft 等多家公司联合提出的，自 1996 年推出后，已成功替代串口和并口，并成为当今个人计算机和大量智能设备必配的接口之一。从 1994 年 11 月 11 日发表了 USB V0.7 版本以后，USB 版本经历了多年的发展，到现在已经发展为 3.0 版本。其中 USB 1.1 版本的传输速度可达到 12 Mbit/s，USB 2.0 标准进一步将接口速度提高到 480 Mbit/s，而 3.0 版本新规范提供了十倍于 USB 2.0 的传输速度和更高的节能效率，可广泛用于 PC 外围设备和消费电子产品。

3. 内部存储器（又称主存储器或内存）

内存是微型计算机的重要部件之一，内存的大小及其存取速度的快慢直接影响系统的运行速度，是衡量微型计算机性能的重要指标之一。

内存可以与 CPU 直接进行信息交换，用于存放当前 CPU 要用的数据和程序。内存的存取速度快，但存储容量小，存储单位信息的价格较高。

① 随机存取存储器（random access memory，RAM）：是可以随机读写的存储器，存储单元中的内容可由用户随时读写，断电后存储的信息会丢失。通常所说的计算机中的内存就是指 RAM。计算机在工作时，程序和数据只有通过输入设备存放到 RAM 中才能运行，而运算结果还要保存到 RAM 中。一般来说，RAM 的容量越大越好。微型计算机中的内存以内存条的形式插入主板的内存槽中。目前，多数微型计算机的内存已达 4 GB、8 GB 等。内存按其容量可分为 4 GB、8 GB、16 GB、32 GB 等。随机存储器又分为静态随机存取存储器

图 2-10　DDR SDRAM 内存

（SRAM）和动态随机存取存储器（DRAM）。微型计算机中的内存一般采用动态随机存取存储器，图 2-10 所示为 DDR SDRAM，即双倍数据传输率的同步动态随机存储器。

② 只读存储器（read only memory，ROM）：是只能读出信息的存储器，不能向 ROM 中写入信息，是计算机中存储固定信息的部件。ROM 中的信息不会因断电而丢失，所以系统引导程序、开机检测程序、系统初始化程序等都存放在 ROM 中，即使断电，存储在 ROM 中的信息也不会丢失。

③ 高速缓冲存储器（cache）：由于 CPU 主频的不断提高，CPU 的运算速度越来越快，而 RAM 提供数据的速度却远远跟不上 CPU 的速度。为了协调高速的 CPU 和低速的内存之间的速度差异，引入了 cache 技术。cache 是比 RAM 更快的高速缓冲存储器，高速缓冲存储器的容量一般只有主存储器的几百分之一，但它的存取速度能与中央处理器相匹配，在整个处理过程中，首先将当前要执行的程序和所需数据复制到 cache 中，CPU 读写时，首先访问 cache，如果中央处理器绝大多数存取主存储器的操作能为存取高速缓冲存储器所代替，计算机系统处理速度就能显著提高。目前采用高速缓冲存储器技术的计算机已相当普遍，有的计算机还采用多个高速缓冲存储器，如系统高速缓冲存储器、指令高速缓冲存储器和地址变换高速缓冲存储器等，以提高系统性能。cache 集成度低、价格高，cache 按结构和容量又有一级、二级甚至三级之分。一级 cache 集成在 CPU 内，容量小；二级 cache 一般都在处理器外，其容量相对大一些。随着 CPU 主频的提高以及主存储器容量不断增大，高速缓冲存储器的容量也越来越大。

4. 外部存储器（又称辅存储器或外存）

外存用来存放暂时不用或需长期保存的程序和数据。它的特点是容量大，价格低，断电后信息不丢失，但存取速度慢。微型计算机中常用的外存有磁盘、光盘和闪存盘，其容量也是以字节为单位。

（1）磁盘存储器

磁盘存储器由磁盘、磁盘驱动器和驱动器接口电路组成。

磁盘分为软磁盘和硬磁盘两类，软磁盘现在已经被淘汰，硬磁盘还扮演着重要角色。

硬盘（见图 2-11）的盘片由金属制成，并在两面镀镍钴合金后再涂上磁性材料。硬磁盘的盘片和硬磁盘驱动器是合为一体的，称为硬盘存储器，简称硬盘。硬盘是微型计算机的主要外存，安装到系统中的软件都存储在硬盘中。

图 2-11　硬盘

　　硬盘由磁盘盘片组、读 / 写磁头、定位机构和传动系统等部分组成。磁盘盘片组由若干个平行安装的圆形磁盘片组成，它们同轴旋转，每个盘片的两面都装有一个读 / 写磁头，可沿盘片表面做径向同步移动。将几层盘片上具有相同半径的磁道（轨迹）可以看成一个圆柱，每个圆柱称为一个"柱面（cylinder）"。盘片组及磁头等部件在净化车间被整体密封在一个腔体中，硬盘盘片的拆换要在超净室中操作。

　　（2）光盘存储器

　　光存储技术就是应用激光写入和读出信息的技术。光盘存储器由光盘驱动器（见图 2-12）和光盘盘片（见图 2-13）组成。光盘存储器使用激光进行读写，由于激光头与介质无接触，无磨损，所以光盘上的信息可以保存很长时间（几十年以上）。

（a）CD–ROM

（b）DVD–ROM

（c）蓝光光盘

图 2-12　光盘驱动器
　　　　　　　　　　　　　图 2-13　光盘盘片

常见的光盘有以下几种类型：

　　① CD-ROM：只读型光盘，此类光盘在盘片成型时写入数据，永远不能改变其内容。平时使用的 VCD 就属于这一类。它采用丙烯树脂做基片，表面涂一层碲合金或其他介质薄膜。5.25 in 的盘片容量为 650 MB。

　　② CD-R：一次写入型光盘，此类光盘的盘面只允许写入一次，整个盘面可分多次写满，但不能擦除，以后只可读取。此类盘片可用于备份永久性数据。5.25 in 的盘片容量为 650 MB 以上，3.5 in 的盘片容量为 185 MB 以上。

　　③ CD-RW：可擦写型光盘，此类光盘允许多次擦除和写入。5.25 in 的盘片容量为 650 MB 以上，3.5 in 的盘片容量为 185 MB 以上。

　　④ DVD-ROM：是 CD-ROM 的后继产品，DVD-ROM 的盘片尺寸与 CD-ROM 盘片完全一致，不同之处是采用较短波长的激光进行读写。5.25 in 的盘片，其单面单层容量为 4.7 GB，单面双层容量为 8.5 GB，双面双层容量为 17 GB。另外，DVD 盘片还有 DVD-R 和 DVD-RAM。

　　⑤ 蓝光（blu-ray）光盘：利用波长较短（405 nm）的蓝色激光读取和写入数据，并因此而得名。而传统 DVD 需要光头发出红色激光（波长为 650 nm）来读取或写入数据，通常来说波长越短的激光，能够在单位面积上记录或读取更多的信息。因此，蓝光极大地提高了光盘的存储容量，能够在一张盘片上存储 25 GB 的文档文件。对于光存储产品来说，蓝光提供了一个跳跃式发展的机会。

　　光盘驱动器是读写光盘的设备，是多媒体计算机的重要组成部分。它的重要技术参数是平均数据传输速率，指一秒所传输的数据量。常见的光盘驱动器有 CD-ROM 光驱、CD-RW 刻录机、DVD 光驱、DVD ± RW/DVD-RAM。一般以 IDE 接口接到主板上。最初 CD-ROM 光驱的平均数据传输速率为 150 kbit/s，现在 CD-ROM 光驱的平均数据传输速率为 150 kbit/s 的整数倍，

所以把 150 kbit/s 称为单倍速，现在流行的 CD-ROM
光驱为 52 倍速。CD-RW 刻录机的写入、擦除、读
出速度一般不同，读出速度一般高于擦除速度。

（3）闪存盘

闪存盘是目前较为流行的可移动存储介质，它的内
部使用一种被称为闪存的材料，通过计算机的 USB 接
口接入到计算机系统。目前，闪存盘（见图 2-14）

图 2-14　闪存盘

的存储容量一般为 32 GB、64 GB、128 GB、256 GB 等，因其体积小、携带方便而受到用户的
青睐。

5. I/O 接口电路

主机中的 CPU 和内存都由大规模集成电路组成，而外围设备却由机电装置组合而成，且种
类繁多，它们之间存在速度、时序、信息格式、信息类型等方面的不匹配，不能直接交换数据。
I/O 接口（输入/输出接口）就是实现微处理器与外围设备之间交换信息的连接电路，它由寄存
器组、专用存储器和控制电路 3 部分组成，使主机与外围设备能协调地工作。它们是通过总线
与 CPU 相连的，I/O 接口又称适配器或设备控制器。一些适配器一般做成电路板的形式插在扩
展槽内，所以常把它们简称为"××卡"，如声卡、显卡、视频卡、网卡等，计算机常见的接
口如图 2-15 所示。

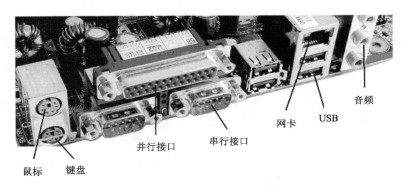

图 2-15　计算机常见接口

（1）显卡

显卡是显示器适配卡的简称，由寄存器组、显示存储器和控制电路 3 部分组成，其功能是
连接显示器和主机。它插在系统主板的某个扩展槽中，显卡上的连接器同显示器连线的插头相连。
随着微型计算机的发展，显卡也经历了 MGA、CGA、EGA、VGA、SVGA、AVGA 的发展过程。

根据显卡给显示器传送信号的方式，显卡分为数字型和模拟型。早期的 MGA、CGA、
EGA 等数字显卡分辨率较低，已被淘汰。常用的模拟显卡为 VGA、SVGA、AVGA 等。随着微
型计算机总线的改进，推出了 PCI 总线的显卡和 AGP 总线的显卡，它们均属于 VGA 显示方式，
比以前 ISA 总线的 VGA 显卡的性能提高很多，一般均有 3D 加速功能，显示速度也提高很多，
目前多使用 PCI Express 显卡。

（2）网卡

网卡是网络适配器的简称。它的作用是将计算机与通信线缆连接起来，保证信号匹配。安
装网卡的计算机可以接入网络。网卡根据传输速率的不同，可分为 10 Mbit/s、10/100 Mbit/s

自适应、100 Mbit/s、1 000 Mbit/s、10 000 Mbit/s 网卡等。

（3）声卡

声卡又称音效卡。它的作用是对一般的语音模拟信号进行数字化，即进行采集、转换、压缩、存储、解压、缩放等快速处理，并提供各种音乐设备（录放机、CD、合成器等）的数字接口（MIDI）和集成能力。可以将声卡做成一块专用电路板插在主板的扩展槽中，也可将声卡集成在主板上。目前，大部分微型计算机的声卡均集成在主板上。

6. 输入设备

键盘和鼠标是计算机最常用的输入设备，扫描仪、磁卡阅读机等也都是输入设备。

① 键盘：键盘是最常用也是最基本的输入设备，用来输入字符数据、文本、程序和命令，它通过电缆与主板的键盘接口相连。当用户击键时，键盘内的控制电路根据键的位置就把该键的二进制码通过电缆传送给主机。目前，常用的标准键盘有 101 键盘、104 键盘及 Windows 专用键盘等。另外，许多家用计算机还在键盘上增加了许多特殊功能键，以方便家庭用户使用。

标准键盘按各键的功能和位置划分为四个区域：主键盘区、数字小键盘区、功能键区、编辑键区，键盘如图 2-16 所示。

② 鼠标：鼠标是一种手持式坐标定位设备，是图形界面环境下不可缺少的输入设备。鼠标的主要技术指标有分辨率（即每英寸多少点）、轨迹速度等。鼠标通过 RS-232C 串行口（PS/2 鼠标通过 6 针的微型 DIN 接口）、USB 接口或无线和主机连接。目前，鼠标有光电式鼠标和无线鼠标，如图 2-17 所示。

③ 扫描仪：一种计算机外部仪器设备，通过捕获图像并将其转换成计算机可以显示、编辑、存储和输出的数字化输入设备。对照片、文本页面、图纸、美术图画、照相底片、菲林软片，甚至纺织品、标牌面板、印制板样品等三维对象都可作为扫描对象，提取和将原始的线条、图形、文字、照片、平面实物转换成可以编辑及加入文件中的装置，如图 2-18 所示。

图 2-16　键盘　　　　图 2-17　鼠标　　　　图 2-18　扫描仪

④ 游戏操作杆：用于控制游戏程序运行的一种输入设备，只有操作方向和简单的几个按钮，其结构是在一个小盒子上伸出一个像万向头样的小棒，其倾斜度控制盒内两个电位器，从而操纵光标在 X、Y 坐标移动，如图 2-19 所示。

7. 输出设备

显示器和打印机是计算机最基本的输出设备，其他常用输出设备还有绘图仪等。

图 2-19　游戏操纵杆

（1）显示器

显示器是微型计算机不可缺少的输出设备，它和显卡一起构成了微型计算机的显示系统。

它用来显示输入的程序、数据或程序的运行结果，能以数字、字符、图形或图像等形式将数据、程序及运行结果或信息的编辑状态显示出来。显示器有以下几个主要技术参数：

① 屏幕尺寸：矩形屏幕的对角线长度，以英寸（in）为单位，表示显示屏幕的大小。主流的有 19 in、21.5 in、22.1 in、23 in、24 in、26 in、27 in 等。

② 宽高比：屏幕横向与纵向的比例，一般显示器为 4:3，宽屏显示器为 16:9。

③ 点距：屏幕上两个相邻的荧光点之间的距离，它决定屏幕能达到的最高显示分辨率，点距越小，屏幕能达到的最高显示分辨率越高。点距规格有 0.20 mm、0.24 mm、0.25 mm、0.26 mm、0.27 mm、0.28 mm、0.29 mm、0.31 mm、0.39 mm 等，其中 0.26 mm、0.27 mm、0.28 mm、0.29 mm 较为普遍。

④ 像素（px）：屏幕上能被独立控制其颜色和亮度的最小区域，即荧光点，是显示画面的最小组成单位。屏幕像素点数的多少与屏幕尺寸和点距有关。例如，14 in 显示器，横向长 240 mm，点距为 0.28 mm，相除后横向像素点数是 857。

⑤ 显示分辨率（resolution）：屏幕像素点阵，通常写成"水平点数 × 垂直点数"的形式。一台显示器可支持多种显示分辨率，一般以可支持的最高显示分辨率作为衡量显示器的指标。显示器可支持的显示分辨率有 640×480、800×600、1 024×768、1 200×800、1 600×1 200 等。

⑥ 灰度和颜色（gray scale & color depth）：灰度指像素亮度的差别，在单色显示方式下，灰度的级数越多图像层次越清晰。灰度用二进制数进行编码，位数越多，级数越多。灰度编码使用在彩色显示方式时代表颜色，即一屏所能显示的颜色数。颜色种类和灰度等级主要受显示存储器容量的限制。

⑦ 刷新频率（refresh rate）：每秒屏幕画面更新的次数。刷新频率越高，画面闪烁越小。人眼在刷新频率低于 85 Hz 时，就会感觉到闪烁（仅为 CRT 显示器）。

（2）打印机

打印机是计算机的重要输出设备，它可以将计算机的运行结果和需要输出的中间信息打印在纸上。打印机（见图 2-20）的主要技术指标有：打印速度，用字符 / 秒或页 / 分钟表示；打印分辨率，用 dpi（点 / 英寸）表示；打印纸最大尺寸。

（a）激光打印机　　　　　　　　　　（b）喷墨打印机

图 2-20　打印机

打印机按打印颜色有单色、彩色之分；按输出方式有并行打印机和串行打印机之分；按工作方式分为击打式打印机和非击打式打印机。击打式打印机用得最多的是点阵打印机，非击打式打印机用得最多的是激光打印机和喷墨打印机。

① 点阵打印机：又称针式打印机，打印出的字符或图形以点阵的形式构成。它由走纸机构、

打印头和色带组成。打印头有排列成两排的 24 根打印针，打印头左右移动，根据主机并行口送出的各种信号，一部分打印针击打色带，于是在打印纸上印出一个个由点阵构成的字符。点阵打印机噪声大、打印针易坏、速度慢，但打印成本低，可打印蜡纸。20 世纪 90 年代末，不管是办公领域还是家用市场，针式打印机逐渐被喷墨打印机和激光打印机取代。但是，针式打印机的击打式输出特点，使它可以集打印与复写功能于一体，一般均可实现 1+3 层打印，高品质的打印机甚至能够进行 7 层复写，所以，在票据打印、存折打印等场合仍然不可或缺，目前广泛应用于银行、税务、证券、邮电、商业等领域的票据输出方面。

② 喷墨打印机：使用喷墨代替针打及色带。在控制电路的控制下，墨水通过喷头喷射到纸面上，形成字符或图形从而实现印刷。喷墨打印机体积小、无噪声、打印质量高、价格便宜，适于家庭用户。但对纸张要求高，墨水消耗大，打印成本也高。目前，常用的有 HP DeskJet 系列、Epson、Canon BJC-265CP 等。

③ 激光打印机：是激光技术与电子照相技术的复合产物。它利用电子照相原理，在控制电路的控制下，输出的字符或图形变换成数字信号来驱动激光器的打开和关闭，对充电的感光鼓进行有选择的曝光，被曝光部分产生放电现象，而未曝光部分仍有电荷，随着鼓的圆周运动，感光鼓充电部分通过碳粉盒时，使有字符式图像的部分吸附碳粉，当鼓和纸接触时，在纸的反面给以反向静电电荷，将鼓上的碳粉附到纸上，这称为转印，最后经高压区定影，使碳粉永久黏附在纸上。激光打印机打印质量高，打印时无噪声，打印速度快，但对纸要求高。常用的激光打印机有 HP LaserJet 系列、联想 LaserJet 系列、方正 A5000、Canon、Epson 系列等。

④ 热转换（thermal transfer）打印机：又称染色升华打印机，利用透明的染料进行打印。这种打印是让一张覆盖着青蓝色、黄色、深红色和黑色颜料的塑料胶片从一个打印头面前经过，打印头里含有大约 2 400 个热电阻，每个热电阻可以产生 255 种不同温度，电阻越热，就有越多的颜料得到传送，专用的覆盖聚酯树脂的纸张从热电阻前经过 4 次，就被染色 4 次，然后染料被升华成蒸汽扩散到覆盖层上，产生颜色点，染料密度的变化被传送到纸张上，从而产生连续的色调。热转换打印机以其极好的色彩还原特性，使用户获得近于照片质量的连续色调图片，其输出品质不仅让彩色喷墨打印机望尘莫及，就是彩色激光打印机也略逊一筹。在所有彩色输出设备中，热转换彩色打印机的彩色输出性能是最优越的，但由于其昂贵的价格和运转费用，只能定位在专业彩色输出领域。热转换打印机主要有热升华打印机、固体喷蜡打印机、热蜡打印机、微干处理打印机几种类型。

⑤ 3D 打印机："3D 打印机"是"3D 打印技术"的同义词。3D 打印技术已是全球最受关注的新兴技术之一，实际上是利用光固化和纸层叠等方式实现快速成形的技术。它与普通打印机工作原理基本相同，只是打印材料有些不同，普通打印机的打印材料是墨水和纸张，而 3D 打印机内装有金属、陶瓷、塑料、砂等不同的"打印材料"，是实实在在的原材料，打印机与计算机连接后，可以把"打印材料"一层层叠加起来，最终把计算机上的数字设计模型变成 3D 实体。3D 打印通常采用数字技术材料打印机来实现，过去常在模具制造、工业设计等领域被用于制造模型，现在逐渐用于一些产品的直接制造，已经有使用这种技术打印而成的零部件。该技术在珠宝、鞋类、工业设计、建筑、工程和施工、汽车，航空航天、牙科和医疗产业、教育、地理信息系统、土木工程、枪支以及其他领域都有所应用。3D 打印过程分为三步：三维设计、切片处理和完成打印。

2.3　计算机软件系统

计算机软件是指在计算机硬件上运行的各种程序、数据和一些相关的文档、资料等。一台性能优良的计算机硬件系统能否发挥其应有的功能，取决于为之配置的软件是否完善、丰富。因此，在使用和开发计算机系统时，必须要考虑到软件系统的发展与提高，必须熟悉与硬件配套的各种软件。计算机系统的软件分为系统软件和应用软件两类。

2.3.1　系统软件

系统软件一般包括操作系统、语言编译程序、数据库管理系统。

1.　操作系统（operating system）

操作系统是最基本，最重要的系统软件。它负责管理计算机系统的全部软件资源和硬件资源，合理地组织计算机各部分协调工作，为用户提供操作和编程界面。随着计算机技术的迅速发展和计算机的广泛应用，用户对操作系统的功能、应用环境、使用方式不断提出了新的要求，因而逐步形成了不同类型的操作系统，常用的操作系统有 MS-DOS、UNIX、Linux、Windows、Mac OS 等。根据操作系统的功能和使用环境，大致可分为以下几类：

（1）批处理操作系统

批处理操作系统是以作业为处理对象，连续处理在计算机系统运行的作业流。这类操作系统的特点是：作业的运行完全由系统自动控制，系统的吞吐量大，资源的利用率高。

（2）分时操作系统

分时操作系统使多个用户同时在各自的终端上联机地使用同一台计算机，CPU 按优先级分配各个终端的时间片，轮流为各个终端服务，对用户而言，有"独占"这一台计算机的感觉。分时操作系统侧重于及时性和交互性，使用户的请求尽量能在较短的时间内得到响应。常用的分时操作系统有：UNIX、VMS 等。

（3）实时操作系统

实时操作系统是对随机发生的外部事件在限定时间范围内作出响应并对其进行处理的系统。外部事件一般指来自与计算机系统相联系的设备的服务要求和数据采集。实时操作系统广泛用于工业生产过程的控制和事务数据处理中，常用的系统有 RDOS 等。

（4）网络操作系统

为计算机网络配置的操作系统称为网络操作系统。它负责网络管理、网络通信、资源共享和系统安全等工作。常用的网络操作系统有 NetWare、Windows NT Server、Windows 2003 Server、Windows Server 2008、UNIX 和 Linux 等。

（5）分布式操作系统

分布式操作系统是用于分布式计算机系统的操作系统。分布式计算机系统是由多个并行工作的处理机组成的系统，提供高度的并行性和有效的同步算法和通信机制，自动实行全系统范围的任务分配并自动调节各处理机的工作负载。如 MDS、CDCS 等。

2.　语言编译程序

人和计算机交流信息使用的语言称为计算机语言或者程序设计语言。计算机语言通常分为机器语言、汇编语言和高级语言三类。

（1）机器语言（machine language）

机器语言是一种用二进制代码"0"和"1"形式表示的，能被计算机直接识别和执行的语言。

用机器语言编写的程序，称为计算机机器语言程序。它是一种低级语言，用机器语言编写的程序不便于记忆、阅读和书写。通常不用机器语言直接编写程序。

（2）汇编语言（assemble language）

汇编语言是一种用助记符表示的面向机器的程序设计语言。汇编语言的每条指令对应一条机器语言代码，不同类型的计算机系统一般有不同的汇编语言。用汇编语言编制的程序称为汇编语言程序，机器不能直接识别和执行，必须由"汇编程序"（或汇编系统）翻译成机器语言程序才能运行。这种"汇编程序"就是汇编语言的翻译程序。汇编语言适用于编写直接控制机器操作的底层程序，它与机器密切相关，不容易使用。

（3）高级语言（high level language）

高级语言是一种比较接近自然语言和数学表达式的一种计算机程序设计语言。一般用高级语言编写的程序称为"源程序"，计算机不能识别和执行，要把用高级语言编写的源程序翻译成机器指令，通常有编译和解释两种方式。编译方式是将源程序整个编译成目标程序，然后通过连接程序将目标程序连接成可执行程序。解释方式是将源程序逐句翻译，翻译一句执行一句，边翻译边执行，不产生目标程序。由计算机执行解释程序自动完成。如 BASIC 语言和 Perl 语言。常用的高级语言程序有 VB、C/C++、Java、PHP 等。

3. 数据库管理系统

数据库管理系统（database management system，DBMS）的作用是管理数据库。数据库管理系统是有效地进行数据存储、共享和处理的工具。目前适合于网络环境的大型数据库管理系统有 Sybase、Oracle、DB2、SQL Server 等。当今数据库管理系统主要用于档案管理、财务管理、图书资料管理、仓库管理、人事管理等数据处理。

2.3.2 应用软件

应用软件（application software）是指计算机用户为某一特定应用而开发的软件。例如文字处理软件、表格处理软件、绘图软件、财务软件、过程控制软件等。

软件技术发展需要新思想，软件技术发展速度很快，需要我们以新的思想应对新的需求。软件技术的发展有以下几个特征：软件的运行环境已经从传统的单机环境发展为网络环境，用户数量和复杂程度都急剧增加；需要解决可信性问题、多核计算环境下的"软件执行效能墙"问题、基于语义的信息资源聚合和互操作问题等；下一代互联网、网格技术、软件中间件技术、Agent 技术和云计算异军突起；软件加速向开源化、智能化、高可信和服务化方向发展。

常用的应用软件分为以下几类：

1. 办公自动化软件

应用较为广泛的有 Microsoft 公司开发的 MS Office 软件，它由几个软件组成，如文字处理软件 Word、电子表格软件 Excel 等。国内优秀的办公软件还有 WPS 等，IBM 公司的 Lotus 也是一套非常优秀的办公软件。

2. 多媒体应用软件

多媒体处理软件是用于处理图形、图像、动画、声音、视频等的各种软件。常用的有：

① 图形图像处理类：Photoshop、CorelDRAW、Freehand。

② 动画制作类：AutoDesk Animator Pro、3ds Max、Maya、Flash。

③ 声音处理类：Ulead Media Studio、Sound Forge、CoolEdit、WaveEdit。

④ 视频处理类：Ulead Media Studio、Adobe Premiere。

3. 辅助应用软件

如机械、建筑辅助设计软件 AutoCAD、网络拓扑设计软件 Visio、电子电路辅助设计软件 Protel 等。

4. 网络应用软件

网页浏览器 IE，即时通信软件 QQ、微信等软件。

5. 安全防护软件

如 360 杀毒软件、金山毒霸杀毒软件等。

6. 系统工具软件

如文件压缩软件 WinRAR、数据恢复软件 EasyRecovery、系统优化软件 Windows 优化大师、磁盘克隆软件 Ghost 等。

2.4 计算机系统性能指标

完整的计算机系统是由多个组成部分构成的一个复杂系统，其功能和性能是由其系统结构、硬件组成、指令系统、软件配置等多种因素综合决定的，这也导致了计算机系统性能评价指标繁多，评价计算机系统的性能，需要结合多个因素，综合分析。

计算机的技术指标包括以下几个方面：

1. 字长

字长是指 CPU 能够同时处理的二进制位数目，与运算器的二进制位数相等，有 16 位、32 位、64 位、128 位等。字长越长，计算精度越高，相应的指令长度和存储单元长度越长，寻址范围也越大，目前，微型计算机字长主要是 32 位和 64 位。

2. 主频

主频是计算机的主要性能指标之一。主频很大程度上决定了计算机的运行速度，主频的单位为兆赫兹（MHz）和吉赫兹（GHz）。现在中高档微型计算机的主频均在 3 GHz 以上。

3. 运算速度

衡量计算机运算速度的早期方法是每秒执行加法指令的次数，现在通常用等效速度或平均速度，以每秒所能执行的指令条数来表示，其单位是百万条指令每秒（MIPS），目前微机的运算速度一般在 200 ~ 300 MIPS。现在计算机的运行速度快到每秒千亿条或万亿条指令。

4. 存储容量

存储器是微型计算机的重要部件，存储容量的大小及其存取速度的快慢直接影响系统的运行速度，它是衡量微型计算机性能的重要指标之一。

5. 存取周期

存取周期是指对内存进行一次完整存 / 取操作所需要的时间，即存储器进行连续存取操作所允许的最小时间间隔，一般以时间周期的倍数来描述。存取周期越短，计算机存取速度越快，从而计算机性能越好。

6. CPU 核数

一块 CPU 上面能处理数据的芯片组的数量。以前微型计算机的 CPU 都是单核，但目前都是双核或四核，甚至八核。核数越多处理能力就强。

7．外部配置

计算机的输入 / 输出设备。不同的外部设置将影响计算机性能的发挥。例如显示器的分辨率影响图像质量，磁盘容量大小影响信息的存储量。

8．系统可靠性和可维护性

系统可靠性是一个十分重要的指标，可用平均无故障时间来衡量。平均无故障时间越长，系统可靠性越高。系统维护性是指系统出了故障能否尽快恢复的性能，一般用平均修复时间来衡量。

9．软件配置

软件配置包括安装的操作系统、工具软件、程序设计语言、数据库管理系统、网络通信、汉字处理及其他各种应用软件等。计算机只有配备了必要的系统软件和应用软件，才能高效地完成相关任务。

10．性能价格比

性能一般指计算机的综合性能，包括硬件和软件等方面；价格指购买整个计算机系统（包括硬件和软件）的价格。购买时，应从实际应用领域所要求的性能和价格两个方面考虑。

习　题

单项选择题

1．CPU 不能直接访问的存储器是（　　　　）。

   A．ROM　　　　　　B．RAM　　　　　　C．cache　　　　D．光盘

2．（　　　　）不能破坏磁盘中的数据。

   A．强烈碰撞　　　　B．强磁场　　　　　C．强刺激性气味　　　D．潮湿的空气

3．存取速度、存储容量和存储器件价格这三方面的矛盾，人们提出了多层次存储系统的概念，即由（　　　　）共同组成计算机中的存储系统。

   A．cache、RAM、ROM、辅存　　　　　B．RAM、辅存

   C．RAM、ROM、软盘、硬盘　　　　　　D．cache、RAM、ROM、磁盘

4．微型计算机的主机，通常由（　　　　）组成。

   A．显示器、机箱、键盘和鼠标　　　　　B．机箱、输入设备和输出设备

   C．运算控制单元、存储器及一些配件　　D．硬盘、软盘和内存储器

5．内存储器的每一个存储单元，都被赋予唯一的序号，作为它的（　　　　）。

   A．地址　　　　　　B．标号　　　　　　C．容量　　　　　　D．内容

6．显示器的规格中，数据 640×480、1 024×768 等表示（　　　　）。

   A．显示器屏幕的大小　　　　　　　　　B．显示器显示字符的最大列数和行数

   C．显示器的显示分辨率　　　　　　　　D．显示器的颜色指标

7．在存储器容量的表示中，M 的准确含义是（　　　　）。

   A．1 米　　　　　　B．1 024 K　　　　　C．1 024 字节　　　D．100 万

8．在工作中，若微型计算机的电源突然中断，则只有（　　　　）不会丢失。

   A．RAM 和 ROM 中的信息　　　　　　B．RAM 中的信息

C. ROM 中的信息　　　　　　　　　D. RAM 中部分的信息

9. 所谓计算机程序（　　　）。

    A. 实质上是一个可执行文件　　　　B. 就是一串计算机指令的序列

    C. 是用各种程序设计语言编写而成的　D. 在计算机系统中属于软件系统

10. 第一代电子计算机采用的主机电器元件为（　　　）。

    A. 中小规模集成电路　　　　　　　B. 晶体管

    C. 电子管　　　　　　　　　　　　D. 超大规模集成电路

11. 用电子计算机进行地震预测方面的计算，是计算机在（　　　）领域中的应用。

    A. 数据处理　　　　　　　　　　　B. 过程控制

    C. 科学计算　　　　　　　　　　　D. 计算机辅助系统

12. 计算机辅助系统中，CAD 是指（　　　）。

    A. 计算机辅助制造　　　　　　　　B. 计算机辅助设计

    C. 计算机辅助教学　　　　　　　　D. 计算机辅助测试

13. 计算机硬件系统由（　　　）组成。

    A. 控制器、CPU、存储器和输入 / 输出设备

    B. CPU、运算器、存储器和输入 / 输出设备

    C. CPU、主机、存储器和输入 / 输出设备

    D. 运算器、控制器、存储器和输入 / 输出设备

第**3**章
──Windows 10 操作系统的应用

本章导读

操作系统是协调和控制计算机各部分进行和谐工作的一个系统软件，是计算机所有软、硬件资源的管理者和组织者。计算机只有在操作系统的统一管理下，软、硬件资源才能协调一致，有条不紊地工作。本章以 Windows 10 为平台，主要介绍 Windows 10 操作系统的基本操作、资源管理、程序管理、系统管理和 Windows 10 操作系统的使用技巧。

通过对本章内容的学习，读者应该能够做到：

- 了解：操作系统的基本知识和相关概念，Windows 10 帮助和支持中心。
- 理解：快捷方式、剪贴板的含义，文件、文件夹及路径的概念，文件的关联及打开方式。
- 应用：熟练掌握 Windows 10 窗口、文件和文件夹的基本操作，资源管理器的使用，系统设置以及常用附件程序的使用。

3.1　Windows 10 操作系统概述

Windows 操作系统是由微软公司开发，具有窗口化界面的操作系统。通过多年的不断升级和完善，已成为一款使用广泛、成熟稳定的操作系统。

Windows 10 是微软公司研发的新一代跨平台和设备应用的操作系统。该操作系统于 2015 年 7 月正式发布，它继承了前代操作系统的优点，并且在很多方面进行了改进，拥有大量非常有用的新功能和新特性，相比前一代操作系统发生了很大的变化，Windows 10 操作系统给用户带来了一个全新的体验。

3.1.1　Windows 10 简介

1. Windows 10 的版本

对于 Windows 10 操作系统，微软共提供了七个不同版本，以适应不同用户群的需求：

① 家庭版（Windows 10 Home）：此版本面向使用 PC、平板电脑和二合一设备的消费者。它拥有 Windows 10 的主要功能：如 Cortana 语音助手、Edge 浏览器、面向触控屏设备的 Continuum 平板电脑模式、Windows Hello、串流 Xbox One 游戏的能力以及微软开发的通用 Windows 应用。

② 专业版（Windows 10 Professional）：此版本面向使用 PC、平板电脑和二合一设备的企

业用户。除具有家庭版的功能外，用户还可以管理设备和应用，保护敏感的企业数据，支持远程和移动办公，使用云计算技术等。

③ 企业版（Windows 10 Enterprise）：此版本是以专业版为基础，增添了大中型企业用来防范针对设备、身份、应用和敏感企业信息的现代安全威胁的先进功能，供微软的批量许可（volume licensing）客户使用。

④ 教育版（Windows 10 Professional for Education）：此版本以企业版为基础，面向学校职员、管理人员、教师和学生提供了教学环境的系统。它将通过面向教育机构的批量许可计划提供给客户。

⑤ 移动版（Windows 10 Mobile）：此版本面向尺寸较小、配置触控屏的移动设备，例如智能手机和小尺寸平板电脑，集成了 Windows 10 家庭版相同的通用 Windows 应用和针对触控操作优化的 Office 功能。

⑥ 企业移动版（Windows 10 Mobile Enterprise）：此版本以移动版为基础，面向企业用户。它将提供给批量许可客户使用，增添了企业管理更新，以及及时获得更新和安全补丁软件的方式。

⑦ 物联网核心版（Windows 10 IoT Core）：此版本面向小型低价设备，主要针对物联网设备。

2. Windows 10 的硬件配置要求

安装 Windows 10 对计算机的硬件配置要求并不是很高，但更高的硬件配置会给用户带来更好的操作体验。

（1）最低配置

CPU：1.0 GHz 或更高级别的处理器（包括 32 位及 64 位两种版本，安装 64 位操作系统必须使用 64 位处理器）。

内存：1 GB（32 位）或 2 GB（64 位）及以上。

硬盘：20 GB 以上可用空间 (32 位) 或 24 GB 以上可用空间 (64 位)。

显卡：带有 WDDM 1.0 驱动的支持 DirectX 9 或更高版本的显卡。

显示设备：800×600 像素以上分辨率。

（2）推荐配置

CPU：2 GHz 及以上的多核处理器 (包括 32 位及 64 位两种版本，安装 64 位操作系统必须使用 64 位处理器)。

内存：2 GB 及以上。

硬盘：40 GB 以上可用空间。

显卡：带有 WDDM 1.0 驱动的支持 DirectX 9 或更高版本的显卡。

显示设备：800×600 像素以上分辨率。

3. Windows 10 的部分新功能

（1）经典"开始"菜单回归

熟悉的桌面"开始"菜单在 Windows 10 中正式回归，不过它的旁边新增加了一个 Modern 风格的区域，将改进的传统"开始"菜单风格与新的 Modern 风格结合在一起。这种改进既考虑了 Windows 7 等老用户的使用习惯，同时也考虑到了 Windows 8/8.1 用户的习惯，使原来不管是使用 Windows 7 的用户还是使用 Windows 8/8.1 的用户，在升级到 Windows 10 后均能很快适应，不会产生不习惯的违和感。

（2）虚拟桌面

Windows 10 新增了 Multiple Desktops 功能，该功能可让用户使用多个桌面环境，即用户可以根据自己的需要，在不同桌面环境之间进行来回切换。

（3）分屏多窗口功能增强

用户可以在屏幕上同时开启四个窗口，Windows 10 会在单独窗口内显示正在运行的其他应用程序，同时还会智能地给出分屏建议。

（4）多任务管理界面

在 Windows 10 的任务栏中出现了一个全新的按键"任务视图" ⊞。桌面模式下可以运行多个应用和对话框，并且可以在不同桌面间自由切换。能将所有已打开的窗口缩放并排列，以方便用户迅速找到目标任务。

（5）Windows 用户

微软在 Windows 10 中特别照顾了高级用户的使用习惯，如在命令提示符（Command Prompt）中增加了对粘贴快捷键（Ctrl+V）的支持，用户可以直接在命令提示符窗口下使用粘贴快捷键（Ctrl+V）快速粘贴输入命令。

（6）通知中心

Windows 10 增加了通知中心功能，可以显示信息、更新内容、电子邮件和日历等消息，还可以收集来自 Windows 10 应用的信息。

3.1.2　Windows 10 的启动与退出

1. Windows 10 的启动

在计算机中只要硬件系统工作正常，硬件连接无误，在安装 Windows 10 操作系统后，打开计算机的电源开关就可自动进入 Windows 10 系统，本书以 Windows 10 教育版为例进行介绍。

在硬件无误的情况下，按下开机键，系统先进行自检，如自检通过，系统会自动加载内核文件及系统服务，稍等片刻就会进入登录界面，如图 3-1 所示。

图 3-1　Windows 10 登录界面

在登录界面的输入框中输入正确的密码，按【Enter】键或者单击密码输入框右侧的 → 按钮，即可进入 Windows 10 系统桌面。

2. Windows 10 的退出

单击屏幕左下角的"开始"按钮，在打开菜单栏的右下角单击电源按钮，可以打开下一级菜单，单击"关机"按钮，即可关机，如图 3-2 所示。

3.1.3 Windows 10 的帮助和支持中心

方法一：【F1】快捷键

传统上，【F1】一直是 Windows 内置的快捷帮助键。Windows 10 只将这种传统继承了一半，如果你在打开的应用程序中按下【F1】键，而该应用提供了自己的帮助功能的话，则会将其打开。

反之，Windows 10 会调用用户当前的默认浏览器打开 Bing 搜索页面，以获取 Windows 10 中的帮助信息。

图 3-2　Windows 10 关机界面

方法二：询问 Cortana

Cortana 是 Windows 10 中自带的虚拟助理，它不仅可以帮助用户安排会议、搜索文件，回答用户问题也是其功能之一，因此有问题找 Cortana 也是一个不错的选择。当我们需要获取一些帮助信息时，最快捷的办法就是询问 Cortana，看它是否可以给出一些回答。

方法三：使用入门应用

Windows 10 内置了一个入门应用，可以帮助用户在 Windows 10 中获取帮助。该应用就有点像之前版本按【F1】键呼出的帮助文档，但在 Windows 10 中是以一个 App 应用来提供，通过它可以获取到新系统各方面的帮助和配置信息。例如，如果用户想了解有关"记事本"的帮助信息，可以在获取帮助的"搜索"栏中，输入关键词"记事本"进行相应搜索，从而找到所需的"记事本"帮助信息，如图 3-3 所示。

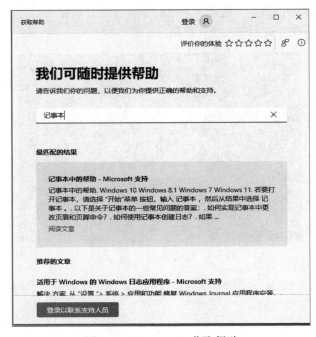

图 3-3　Windows 10 获取帮助

3.2　Windows 10 的基本操作

3.2.1　Windows 10 桌面

　　"桌面"是图形操作界面一种形象化的说法，计算机正常启动并登录到 Windows 之后，所看到的屏幕区域就是桌面，如图 3-4 所示，桌面是用户在 Windows 10 中进行各种操作、完成各项任务的工作平台。桌面主要包括桌面图标和任务栏。

图 3-4　Windows 10 桌面布局

1. Windows 10 图标

　　启动 Windows 10 后，它的桌面上显示了一系列常用程序图标，如"计算机""网络""回收站""控制面板""Microsoft Edge"等，把这类桌面图标称为系统图标。在桌面上往往还有一些图标，这些图标的左下角大多有一个非常小的箭头，把这类桌面图标称为快捷方式图标，这个小箭头是快捷方式图标的标识。当然，有些快捷方式图标的左下角是不带小箭头的，比如"任务栏"中的快捷方式图标。

　　所谓快捷方式是一些指向相关应用程序或文档的快速链接，是 Windows 为快速启动程序、打开文件或文件夹而提供的一种方法。快捷方式一般存放在三个位置：桌面、开始菜单和任务按钮区，使用户能够更加方便地操作和使用计算机资源。

温馨提示

　　快捷方式只是用来快速启动程序，它并不是程序本身，它只是指向程序的一个链接命令，从而方便用户通过该指定的链接，运行特定的程序。所以，添加和删除快捷方式图标，不会影响到它所指向的程序和文件本身。

（1）添加系统图标

　　系统安装完成后，用户首次进入 Windows 10 操作系统时，桌面上只有一个"回收站"图标，如需添加"计算机""网络""用户的文件""控制面板"等常用的系统图标，可进行如下操作：

　　在桌面上右击，在弹出的快捷菜单中选择"个性化"命令，打开"个性化"窗口，单击左侧的"主题"超链接，在窗口的右侧找到并单击"桌面图标设置"超链接，打开"桌面图标设置"对话框，如图 3-5 所示。在"桌面图标"区域选中所需要的复选框，然后单击"确定"按钮，即可在桌面上添加相应的图标。

（2）添加其他快捷方式图标

除了可以在桌面上添加系统图标外，还可以添加其他应用程序或文件夹的快捷方式图标。一般情况下，安装了一个新的应用程序后，都会自动在桌面上建立相应的快捷方式图标，如果该程序没有自动建立快捷方式图标，可采用如下方法进行添加。

在程序的启动图标上单击并拖动到桌面上，即可创建一个快捷方式，并将其显示在桌面上。也可在程序的启动图标上右击，在弹出的快捷菜单中选择"固定到'开始屏幕'"命令，或选择"更多"|"固定到任务栏"命令。

图 3-5　桌面图标设置

（3）排列桌面图标

当桌面上的图标杂乱无章地排列时，用户可以按照名称、大小、类型和修改日期排列桌面图标。操作方法是：在桌面上右击，在弹出的快捷菜单中选择"排序方式"命令，然后选择相应的排序方式即可。

（4）对桌面图标重命名

用户可根据自己的需要和喜好对桌面图标重新命名。操作方法是：右击要重命名的图标，在弹出的快捷菜单中选择"重命名"命令，输入新的图标名称后按【Enter】键即可完成图标重命名，也可在桌面其他位置单击。

（5）删除桌面图标

用户可根据自己的需要删除桌面上的图标。操作方法是：右击要删除的图标，在弹出的快捷菜单中选择"删除"命令，即可删除该图标。

2．Windows 10 任务栏

任务栏一般位于屏幕的底部，如图 3-6 所示。任务栏从左至右依次是"开始"按钮、搜索栏、Cortana 按钮、"任务视图"按钮、任务按钮区、资讯和兴趣、隐藏的图标、电量显示、网络、声音、语言栏、输入法、日期和时间、通知区域和"显示桌面"按钮。

图 3-6　任务栏

（1）任务栏的组成

①"开始"按钮：该按钮是 Windows 10 操作的关键部件，单击该按钮，会打开"开始"菜单，Windows 10 的所有功能设置项都可以从该菜单中找到，单击其中的任意选项均可启动对应的系统程序或应用程序。

②搜索栏：在这里可以输入你要搜索的内容。

③Cortana 按钮：单击该按钮，可调出小娜，使用语音助手。

④"任务视图"按钮：任务视图允许用户快速定位到已打开的窗口，快速隐藏所有窗口并显示另一个桌面，以及管理多个监视器或虚拟桌面上的窗口。单击任务栏中的"任务视图"按钮或从屏幕左侧滑动将展示所有窗口，然后允许用户切换这些窗口，或者切换多个工作区。

⑤任务按钮区：这里显示了用户固定在任务栏上的常用程序图标以及当前已打开的应用程

序图标。对于固定在任务栏上的常用程序，只要单击该图标（不需要双击），就可以启动相应的程序。对于当前已打开的应用程序图标，单击该图标可以进行还原窗口到桌面、切换或最小化程序窗口等操作，左右拖动这些图标还可以改变它们之间的排列顺序。Windows 10 在这里还会对打开的程序进行合并归类，让相同的程序放在一起，并使用同一个图标来显示。此时，图标会表现为多层的立体图形，将鼠标指针悬停其上方，则会显示此组程序的预览窗口，单击其一，即可实现切换，以方便用户查看和选择。

⑥ 资讯和兴趣：此处显示"资讯和兴趣"的推送内容。

⑦ 隐藏的图标：单击可显示被隐藏的图标。

⑧ 语言栏：进行文本内容输入时，可在语言栏中进行选择和设置有关输入法等操作。

⑨ 通知区域：显示系统日期与时间、网络与声音等正在后台运行的程序图标，单击其中的按钮可以看到被隐藏的其他活动图标。

⑩ "显示桌面"按钮：位于任务栏的最右边，正常情况下是透明的。当将鼠标指针悬停其上，可以预览桌面。单击该按钮，可以在当前打开的窗口与桌面之间进行快速切换。

（2）定制任务栏

任务栏在默认情况下总是位于 Windows 10 桌面的底部，而且不被其他窗口覆盖，其高度只能容纳一行的按钮。但也可以对任务栏的这种状态进行调整，称为定制任务栏。

右击"任务栏"，在弹出的快捷菜单中选择"属性"命令，打开"任务栏"窗口，其中列出了任务栏的若干属性，如图 3-7 所示。

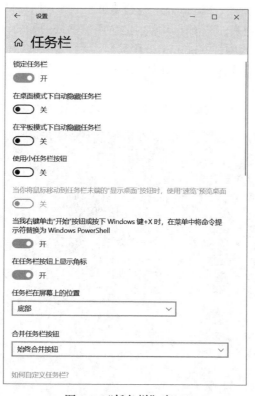

图 3-7　"任务栏"窗口

"任务栏"窗口中包含如下设置选项：

① 锁定任务栏：打开该开关，将锁定任务栏，此时不能通过鼠标拖动的方式改变任务栏的大小或移动任务栏的位置。如果取消了锁定，可以用鼠标拖动任务栏的边框线，改变任务栏的大小；也可以用鼠标拖动任务栏到桌面的四个边上，即移动任务栏的位置。

② 自动隐藏任务栏：打开该开关，系统将把任务栏隐藏起来。如果想看到任务栏，只要将鼠标指针移到任务栏的位置，任务栏就会显示出来。移走鼠标后，任务栏又会重新隐藏起来。隐藏起任务栏后可以为其他窗口腾出更多的显示空间。

③ 使用小任务栏按钮：该属性使任务栏上的程序图标以小图标的样式显示。

④ 使用"速览"预览桌面：当用户将鼠标移动到任务栏末端的"显示桌面"按钮时，使用"速览"预览桌面。

⑤ 显示 Windows PowerShell 选项：当右击"开始"按钮或按【Windows+X】组合键时，在菜单中将命令提示符替换为 Windows PowerShell。

⑥ 显示角标：在任务栏按钮上显示角标。

⑦ 任务栏在屏幕上的位置：默认是底部，单击下拉列表按钮，选择顶部、左侧或右侧，可以将任务栏放置在桌面的顶部、左侧或右侧。

⑧ 合并任务栏按钮：通过下拉列表的选取，可以选择将同一应用程序的多个窗口进行组合管理的方式。

3. Windows 10"开始"菜单

Windows 10 开始菜单是其最重要的一项变化，它融合了 Windows 7 开始菜单以及 Windows 8/ Windows 8.1 开始屏幕的特点。Windows10 开始菜单左侧为常用项目和最近添加项目显示区域，另外还用于显示所有应用列表；右侧是用来固定应用磁贴或图标的区域，方便快速打开应用。与 Windows 8/Windows 8.1 相同，Windows 10 中同样引入了新类型 Modern 应用，对于此类应用，如果应用本身支持的话还能够在动态磁贴中显示一些信息，用户不必打开应用即可查看一些简单信息。

单击屏幕左下角的"开始"按钮，即可调出图 3-8 所示的"开始"菜单。

图 3-8 "开始"菜单

（1）将应用固定到开始菜单 / 开始屏幕

操作方法：在左侧右击应用项目，在弹出的快捷菜单中选择"固定到开始屏幕"命令，之后应用图标或磁贴就会出现在右侧区域中。

（2）将应用固定到任务栏

从 Windows 7 开始，系统任务栏升级为超级任务栏，可以将常用的应用固定到任务栏方便日常使用。在 Windows 10 中将应用固定到任务栏的方法为：

在开始菜单中右击某个应用项目，在弹出的快捷菜单中选择"固定到任务栏"命令。

（3）调整动态磁贴大小

调整动态磁贴尺寸的方法为：右击动态磁贴，在弹出的快捷菜单中选择"调整大小"命令，然后选择合适的大小即可。

（4）关闭动态磁贴

如果用户不喜欢磁贴中显示的内容，可以选择关闭动态磁贴，方法：右击动态磁贴，在弹出的快捷菜单中选择"关闭动态磁贴"命令。

（5）在开始菜单左下角显示更多内容

在开始菜单的左下角可以显示更多文件夹，包括下载、音乐、图片等，这些文件夹在 Windows 7 开始菜单中是默认显示的。Windows 10 中需要在设置中打开，具体操作方法如下：选择"设置"|"个性化"|"开始"，打开"在'开始'菜单中显示应用列表"，如图 3-9 所示。

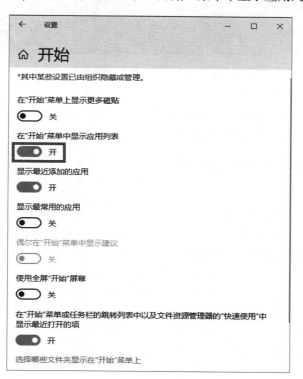

图 3-9　"'开始'菜单"设置

（6）在所有应用列表中快速查找应用

Windows 10 所有应用列表提供了首字母索引功能，方便快速查找应用，当然，这需要事先对应用的名称和所属文件夹有所了解。比如，在 Windows 10 中 IE 浏览器位于 Windows 附件之下，要打开 IE 浏览器应用程序，可以在"开始"菜单中单击任意一个排序的字母，调出排序字母表，单击字母 W，使"开始"菜单快速定位到以字母 W 开头的程序上，展开"Windows 附件"，就可以找到 IE11 浏览器，单击即可打开 IE11 浏览器，如图 3-10 所示。除此之外，还可以通过 Cortana 小娜搜索快速查找应用。

图 3-10　在"开始"菜单中快速查找应用程序

（7）将应用项目从常用应用中删除

如果你不希望某个你经常使用的应用出现在常用应用列表中，可以右击该应用程序，在弹出的快捷菜单中选择"从'开始'屏幕取消固定"命令即可将其删除。

3.2.2　Windows 10 鼠标和键盘操作

1. 鼠标操作

在 Windows 10 中，使用鼠标在屏幕上的图标之间进行交互操作就如同现实生活中用手取用物品一样方便，使用鼠标可以充分发挥操作简单、方便、直观、高效的特点。可以用鼠标选择操作对象并对选择的对象进行复制、移动、打开、更改和删除等操作。

每个鼠标都有一个主要按钮（又称左按钮、左键或主键）和一个次要按钮（又称右按钮、右键或次键）。鼠标左按钮主要用于选定对象和文本、在文档中定位光标以及拖动项目。单击鼠标左按钮的操作称为"单击"。鼠标右按钮主要用于"打开根据单击位置不同而变化的任务或选项的快捷菜单"，该快捷菜单对于快速完成任务非常有用。单击次要鼠标按钮的操作称为"右击"。现在多数鼠标在两键之间还有一个鼠标轮（又称第三按钮），主要用于"前后滚动文档"。

（1）鼠标指针符号

在 Windows 中，鼠标指针用多种易于理解的形象化的图形符号表示，每个鼠标指针符号出现的位置、含义各不相同，在使用时应注意区分。表 3-1 中给出了 Windows 10 中常用的鼠标指针符号及对应功能。

表 3-1　Windows 10 中常用鼠标指针符号及对应功能

鼠标指针形状	对应操作功能	鼠标指针形状	对应操作功能
↖	正常选择	↕	垂直调整
↖?	帮助选择	⇔	水平调整
↖⚙	后台运行	↖↘	沿对角线调整 1
◯	忙	↗↙	沿对角线调整 2
＋	精确选择	⬥	移动
Ⅰ	文本选择	↑	候选
✎	手写	👆	连接选择
⊘	不可用		

（2）鼠标操作

常用的鼠标操作有指向、单击、双击、右击和拖动，见表 3-2。

表 3-2　常用鼠标操作

操　作	说　　明
指向	移动鼠标，把鼠标指针指向某一对象或选项
单击	按下鼠标左键，再立即松开
双击	快速而连续做两次单击操作
右击	下鼠标右键，再立即松开
拖动	选中要移动的对象，按住鼠标左键，拖动对象到目标位置，再松开鼠标左键

（3）自定义鼠标形状

Windows 10 系统为用户提供了很多鼠标指针方案，用户可以根据自己的喜好设置。此外，Internet 上提供了很多样式可爱、色彩绚丽的鼠标指针图标（扩展名为 ani 或 cur），用户可以根据自己的需要下载。

① 单击"开始"|"设置"|"个性化"|"主题"|"鼠标光标"。

② 打开"鼠标 属性"对话框，在"指针"选项卡中设置不同状态下对应的鼠标图案，如选择"正常选择"选项，单击"浏览"按钮，如图 3-11 所示。

③ 打开"浏览"对话框，选择需要的图标，如图 3-12 所示。单击"打开"按钮。返回到"鼠标 属性"对话框，单击"确定"按钮，即可更改鼠标形状。

图 3-11　"鼠标 属性"对话框

图 3-12　"浏览"对话框

2. 键盘操作

不管是输入字母还是计算数字数据，键盘都是向计算机中输入信息的主要方式。我们只需了解一些简单的键盘命令（计算机指令）即可有助于提高工作效率。

（1）键盘的布局

① 主键盘区。这是标准的打字机键盘，包括字母键、数字键、专用符号键（如！、@、#、$等），以及一些特殊的功能键（如【Shift】、【Enter】、【Esc】等）。有些键上标有两个字符，称为双字符键。

② 功能键区。主键盘最上一排【F1】～【F12】共十二个功能键，它们的作用在不同的软件系统中被定义为不同的功能。使用功能键的优点是操作简便，节省输入时间。

③ 编辑键区。在主、小键盘中间部分（中区）分上中下三个键位组，上面一组包括三个功能键，中间为六个编辑键，下面一组是四个光标控制键，控制光标在屏幕上的移动。

④ 数字键区。这是一个十七键的小键盘，它的结构与计算器的键盘类似。它与主键盘区的数字键和编辑键区的光标控制键是重复的，主要是为方便录入大量数字时采用右手操作而设的，如银行营业员等。

（2）各类键的使用方法

① 常用键。包括【Enter】、【Backspace】、【Esc】、【Space】、【Tab】、【Print Screen】等键。

【Enter】（回车键）：表示执行输入的命令或信息输入结束。

【Backspace】键：删除光标前面（左侧）的一个字符，光标左移一格，俗称退格键。在进行键盘输入时，如果输入有误，可按退格键删除。

【Esc】（取消键）：在DOS状态下可取消刚刚输入的行，在应用程序中常用来取消某个操作、退出某种状态（如退到上一级菜单）或进入某种状态等。

【Space】（空格键）：按一次输入一个空格，光标右移一格。

【Tab】（制表定位键）：用来定位移动光标。每按一次【Tab】键，光标就跳到下一个位置。系统隐含约定的位置是1、8、15等，在很多编辑软件中，用户可以根据需要定义自己的Tab位置。

【Print Screen】（打印屏幕键）：将屏幕上显示的内容保存到剪贴板上，然后通过剪贴板将屏幕画面插入到文档中。如果只按该键，则将整屏复制到剪贴板；如果按住【Alt】键的同时按下该键，则只将当前活动窗口画面复制到剪贴板。

② 编辑键。编辑键在主、小键盘之间。这些键在编辑工作中（包括行编辑和屏幕编辑）被频繁使用，作用如下：

【Insert】（插入/改写状态转换键）：在插入状态下，输入的字符插在光标之前，光标后的字符后移让位。在改写状态下，输入的字符将覆盖原有字符。

【Delete】（删除键）：删除所选字符或光标后的一个字符。删除字符后光标位置不动。

【Home】键：将光标放到起始位置，如行首。

【End】键：将光标放到末尾位置，如行尾。

【Page Up】键：往前翻页。

【Page Down】键：往后翻页。翻页键一般用于全屏幕编辑。

③ 上档键。【Shift】键实现双字符键的输入。有些键代表两个字符，如数字【2】键上刻有2和@，如果单独按此键，则输入2；按住【Shift】键不放再按【2】键，输入的就是@。【Shift】键与字母键配合使用时，可实现字母的大小写输入。如果按下字母键是小写字母时，按住【Shift】键不放再按下字母键就是大写；当按下字母键为大写字母（大写锁定）时，按住【Shift】键不

放再按下字母键则为小写字母输入。另外，该键在某些软件中还有其他作用。

④ 控制键。【Ctrl】、【Alt】、【Shift】这三个键不能单独使用，要与其他键联合使用，才能完成各种选择功能和其他控制功能。

这三个键的操作方法都一样，需要先按住不放，然后再去按其他键。例如【Ctrl+S】组合键，表示在按住【Ctrl】键不放再按字母键【S】，常用来暂停翻页。再如按【Ctrl+Break】组合键可终止当前操作，它可以停止一条命令或一个程序的执行。按【Ctrl+Home】组合键可将光标移到文件起始处，按【Ctrl+End】组合键将光标移到文件的最后。

⑤ 状态锁定键

【Caps Lock】（大写锁定键）：当按下此键后，键盘右上方的 Caps Lock 指示灯变亮，表明当前键盘处于大写锁定状态，此后再按字母键都是输入大写字母。在此状态下按一次【Caps Lock】键，就又回到非锁定状态，按下字母键都是输入小写字母。

【Num Lock】（数字锁定键）：按下此键后，键盘右上方的 Num Lock 指示灯变亮，表示小键盘上的数字键起数字输入作用，否则这些键起功能键的作用（如移动光标等）。

（3）Windows 中常用的快捷键及其功能

Windows 中常用的快捷键及其功能见表 3-3。

表 3-3　Windows 中常用的快捷键及其功能

序　号	快 捷 键	功　能
1	F1	帮助
2	Ctrl + C（Ctrl + Insert）	复制选中项目
3	Ctrl + X	剪切选中项目
4	Ctrl + V（Shift + Insert）	粘贴选中项目
5	Ctrl + Z	撤销
6	Ctrl + Y	重做
7	Delete（Ctrl + D）	删除选中项目至回收站
8	Shift + Delete	直接删除选中项目
9	F2	重命名选中项目
10	Ctrl + A	全选
11	F3	搜索
12	Alt + Enter	显示选中项目属性
13	Alt + F4	关闭当前项目或退出当前程序
14	Alt + 空格	打开当前窗口的快捷方式菜单
15	Alt + Tab	在当前运行的窗口中切换
16	Ctrl + Alt + Tab	使用方向键在当前运行的窗口中切换
17	Ctrl + 滚轮	改变桌面图标大小
18	Windows 徽标 + Tab	开启 Aero Flip 3D
19	Ctrl + Windows 徽标 + Tab	使用方向键在 Aero Flip 3D 程序中切换
20	Alt + Esc	在当前打开的程序间切换
21	F4	显示资源管理器的地址栏列表
22	Shift + F10	显示选中项目的快捷方式菜单
23	Ctrl + Esc	打开开始菜单

续表

序　号	快捷键	功　　能
24	F10	激活当前窗口的菜单栏
25	F5（Ctrl + R）	刷新
26	Alt + ↑	资源管理器中返回文件夹的上一级菜单
27	Esc	取消当前操作
28	Ctrl + Shift + Esc	打开任务栏管理器
29	插入碟片时按住 Shift	禁止 CD/DVD 的自动运行
30	右边或左边的 Ctrl + Shift	改变阅读顺序

3.2.3　Windows 10 中文输入

1. 输入法切换方法

（1）比较常用的使用【Windows 徽标 + 空格键】即可调出输入界面，高亮的输入法即为当面输入法。

（2）按【Windows 徽标 + 空格键】出现选择输入法的界面后，再按一次就是切换另一个输入法。

（3）中英文快速切换法：按【Shift+Alt】组合键，如果需要快速切换可以使用这种方法。不过国内的输入法都自带快速切换的按键【Shift】。

（4）单击任务栏中的"语言"按钮，然后选择想要的输入法。

2. 输入法添加方法

（1）单击任务栏中的"语言"按钮，在弹出的菜单中选择"语言首选项"选项。

（2）进入"语言"设置窗口，单击"中文（简体，中国）"，如图 3-13 所示。

（3）单击"选项"，再单击"添加键盘"|"微软五笔"，如图 3-14 所示。

（4）即可添加微软五笔输入法。

图 3-13　语言设置

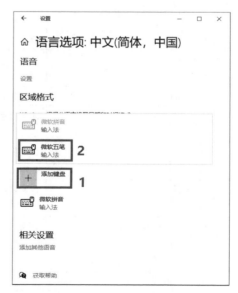

图 3-14　语言选项

3. 系统外汉字输入法的添加

由于 Windows 10 操作系统自带的输入法有限，在实际工作中许多用户都习惯使用其他汉字输入法，如极品五笔输入法、搜狗拼音输入法等。不过，这些输入法需要用户进行手动添加。要添加这些输入法，首先需要下载这些输入法的安装程序，再将其安装到系统中。一般安装完成后，即可使用。例如，下载好极品五笔输入法后，双击即可启动安装向导，如图 3-15 所示。按照向导提示，可以快速完成输入法的安装。安装完成后，极品五笔会自动加入系统的输入法中，如图 3-16 所示。

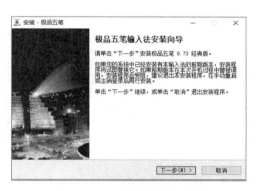
图 3-15　极品五笔输入法安装

图 3-16　极品五笔添加到系统输入法中

在中文标点方式下，键面符与中文标点之间有对应关系，如表 3-4 所示。

表 3-4　键面符与中文标点之间的对应关系

键 面 符	中文标点	键 面 符	中文标点
`	·间隔号	,	，逗号
$	￥人民币符号	.	。句号
^	……省略号	⟨	《左书名号
\ 或 /	、顿号	⟩	》右书名号
'	'' 单引号（第二次按为右引号）	[	【
"	"" 双引号（第二次按为右引号）	]	】

注：未列出的键面符与中文标点一致。

3.2.4　Windows 10 窗口

窗口是 Windows 操作系统的重要组成部分，是程序运行的场地，很多操作都是通过窗口完成的。窗口具有通用性，大多数窗口的基本元素都是相同的。窗口可以打开、关闭、移动、缩放和最小化。

1. Windows 10 窗口的组成

图 3-17 所示为一个典型的 Windows 10 窗口，它由快速访问工具栏、控制按钮区、导航窗格、状态栏、标题栏、菜单栏、地址栏、搜索栏、工作区和视图按钮等部分组成。

Windows 10 主要提供了如下四种不同窗口：

（1）文件夹窗口，用于显示该文件夹中的文档组成内容和组织方式。

（2）应用程序窗口，作为应用程序运行时的工作界面。

（3）文档窗口，该窗口只能出现在应用程序窗口之内，用于显示某文档的具体内容。

（4）对话框窗口，用来提醒用户进行某种操作。它比较简单，与其他窗口的最大区别是：对话框大小是固定的，不能改变其大小。

图 3-17　典型的 Windows 10 窗口

标题栏：窗口最上方的区域为标题栏，主要显示了当前目录的位置，如果是根目录，则显示对应的分区号。双击标题栏空白区域，可以进行窗口的最大化和还原操作。

快速访问工具栏：标题栏左侧的按钮区域称为快速访问工具栏。默认图标的功能为查看属性和新建文件夹。

菜单栏：菜单栏位于标题栏的下方，显示了针对当前窗口或窗口内容的一些常用操作工具菜单选项。通过选择具体菜单实现各种操作。在菜单栏右侧为下拉列表的打开和收回的快捷按钮∨，最右边为"帮助"按钮❷。

工作区域：在窗口中央显示各种文件或执行某些操作后，显示内容的区域称为窗口的工作区域。如果窗口内容过多，则会在窗口右侧或下方出现滚动条，用户可以使用鼠标拖动滚动条查看更多内容。

导航窗格：在工作区域的左侧显示计算机中多个具体位置的区域称为导航窗格，用户可以使用导航窗格快速定位到需要的位置来浏览文件或完成文件的常用操作。

控制按钮区：在导航窗格上方的图形按钮区域为控制按钮区，主要功能是实现目录的后退、前进或返回上级目录。单击前进按钮后的下拉菜单可以看到最近访问的位置信息，在需要进入的目录上单击，即可快速进入。

地址栏：控制按钮区右侧的矩形区域为地址栏，主要反映了从根目录开始到现在所在目录的路径，用户可以单击各级目录名称访问上级目录。单击地址栏的路径显示文本框，直接输入要查看的路径目录地址，可以快速到达要访问的位置。

搜索栏：地址栏右侧为搜索栏，如果当前目录文件过多，可以在搜索栏中输入需要查找信息的关键字，实现快速筛选、定位文件。要注意的是，此时搜索的位置为地址栏目录下所包含的所有子目录文件，如果要搜索其他位置或进行全盘搜索，需要进入相应目录中。

状态栏：状态栏位于窗口的最下方，会根据用户选择的内容，显示出容量、数量等属性信息，用户可以参考使用。

视图按钮：状态栏右侧为视图按钮。视图按钮的作用是让用户选择视图的显示方式，有列表和大缩略图两种类型。用户可以使用鼠标单击的方式选择所需的视图方式，默认显示大缩略图。

2. Windows 10 窗口的操作

（1）窗口最大化 / 还原、最小化和关闭

单击"最大化"按钮 ![]，使窗口充满桌面，此时按钮变成"还原"按钮 ![]，单击可使窗口还原；单击"最小化"按钮 ![]，将使窗口缩小为任务栏上的按钮；单击"关闭"按钮 ![]，将使窗口关闭，即关闭了窗口对应的应用程序。

（2）改变窗口的大小

将鼠标移到窗口的水平 / 垂直边框变成水平 / 垂直双向箭头时，按下鼠标左键拖动窗口的水平 / 垂直边框，即可改变窗口水平 / 垂直方向的大小；将鼠标移到窗口的四角变成 45° 双向箭头时，按下鼠标左键拖动窗口即可同时改变窗口水平 / 垂直方向的大小。

（3）移动窗口

用鼠标直接拖动窗口的标题栏即可随意移动窗口的位置。

（4）窗口之间的切换

当多个窗口同时打开时，单击要切换到的窗口中的某一点，或单击要切换到的窗口中的标题栏，即可切换到该窗口；在任务栏上单击某窗口对应的按钮，也可切换到该按钮对应的窗口。利用【Alt+Tab】和【Alt+Esc】组合键也可以在不同窗口间切换。

根据窗口的状态，还可以将窗口分为活动窗口和非活动窗口。当多个应用程序窗口同时打开时，处于最顶层的那个窗口拥有焦点，即该窗口可以和用户进行信息交流，这个窗口称为活动窗口（或前台程序）。其他的所有窗口都是非活动窗口（后台程序）。在任务栏中，活动窗口所对应的按钮是按下状态。

（5）在桌面上排列窗口

当同时打开多个窗口时，如何在桌面上排列窗口就显得尤为重要，好的排列方式有利于提高工作效率，减少工作量。Windows 10 提供了排列窗口的命令，可使窗口在桌面上有序排列。

在任务栏空白处右击，在弹出的快捷菜单中显示"层叠窗口""堆叠显示窗口""并排显示窗口"三个与排列窗口有关的命令。

①层叠窗口：将窗口按照一个叠一个的方式，一层一层地叠放，每个窗口的标题栏均可见，但只有最上面窗口的内容可见。

②堆叠显示窗口：将窗口按照横向两个，纵向平均分布的方式堆叠排列起来。

③并排显示窗口：将窗口按照纵向两个，横向平均分布的方式并排排列起来。

堆叠和并排的方式可以使每个打开的窗口均可见且均匀地分布在桌面上。

3. Windows 10 的对话框

对话框是 Windows 操作系统的一个重要元素，在 Windows 菜单命令中，选择带有省略号的命令后会弹出一个对话框，其中列出了该命令所需的各种参数、项目名称、提示信息及参数可选项，如图 3-18 所示。

图 3-18　"页面设置"对话框

对话框是一种特殊的窗口，它没有控制菜单图标、"最大化"和"最小化"按钮，对话框的大小不能改变，但可以移动或关闭。

Windows 对话框中通常有以下几种控件：

（1）文本框（输入框）：接收用户输入信息的区域。

（2）列表框：列表框中列出可供用户选择的各种选项，这些选项称为条目，用户单击某个条目，即可选中它。

（3）下拉列表框：与文本框类似，右端带有一个下拉按钮，单击该下拉按钮会展开一个列表，在列表中选中某个条目，会使文本框中的内容发生变化。

（4）单选按钮：是一组相关的选项，在这组选项中，必须选中一个且只能选中一个选项。

（5）复选框：在复选框选项中，给出了一些具有开关状态的设置项，可选定其中一个或多个，也可一个不选。

（6）微调框（数值框）：一般用来接收数字，可以直接输入数字，也可以单击微调按钮增大数字或减小数字。

（7）命令按钮：当在对话框中选择了各种参数，进行了各种设置之后，单击命令按钮，即可执行相应命令或取消命令执行。

3.2.5　Windows 10 菜单

菜单和桌面一样，也是一种形象化的说法，主要是用来方便用户执行程序的某个功能或者进行相关的设置操作。在 Windows 操作系统中，菜单主要有"下拉式"菜单和"弹出式"快捷菜单两种。例如，位于应用程序窗口标题下方的菜单栏，采用的就是"下拉式"菜单方式；而右击后弹出的快捷菜单采用的则是"弹出式"菜单方式。

温馨提示

对于快捷菜单，要注意的是：单击的对象不同，弹出的快捷菜单内容也不尽相同。

对菜单的基本操作主要包括选择菜单和选择菜单中的命令。单击菜单或按快捷键【Alt+字母】（菜单名称旁边的字母）可以选择菜单，在菜单中单击菜单项或直接使用相应快捷键，即可选择菜单中的命令。

观察图 3-19 所示的菜单命令，可以发现菜单命令的表现形式也不尽相同。

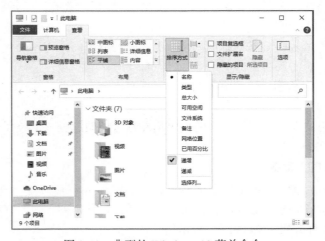

图 3-19　典型的 Windows 10 菜单命令

- 命令名后有"…"符号，表示会打开一个对话框。
- 命令名后有向右的箭头，表示会打开下一级子菜单。
- 命令呈灰色，表示此时该命令暂不可用。
- 命令名前有"√"标记，表示该命令已被选中（复选）。
- 命令名前有"·"标记，表示该命令已被选中（单选）。

3.2.6　Windows 10 个性化设置

Windows 10 用户界面的个性化设置，主要包括桌面、任务栏、"开始"菜单、快捷方式的个性化设置。

1. 桌面主题的个性化设置

实际上，Windows 10 操作系统为了满足不同的用户需求，已经内置了一些不同显示效果的桌面主题，用户可以方便地选择和调用这些主题，使桌面更加符合自己的要求和爱好。如果用户对这些内置主题不满意，还可以设置全新的、更加符合自己个性化特色的桌面主题，使桌面变得更加协调、漂亮，具有自己的个性气息。

一般来讲，更改桌面主题就是更改 Windows 为用户提供的桌面配置方案。它主要包括桌面墙纸和图标、屏幕保护程序、窗口外观、屏幕分辨率和颜色质量等设置内容。

设置和修改桌面主题的操作方法是：右击桌面空白处，在弹出的快捷菜单中选择"个性化"命令，进入图 3-20 所示的"背景"设置窗口。

在"背景"设置窗口中可以在图片、纯色和幻灯片放映三种方式中选择桌面背景，如选择"幻灯片放映"方式，又可为幻灯片选择相册、图片切换频率、是否按序播放，以及在使用电池供电时是否仍进行幻灯片放映，还可以选择图片与屏幕的契合度方式。

在图 3-20 中单击 ⌂ 按钮，转到"Windows 设置"｜"个性化"｜"主题"，进入"主题"设置窗口，如图 3-21 所示。

图 3-20　Windows 10 的"背景"设置窗口

图 3-21　Windows 10 的"主题"设置窗口

在"主题"设置窗口中，除了可以对背景进行设置外，还可以对颜色、声音和鼠标光标进行设置，设置完成后单击"保存主题"对自定义的主题进行保存。

2. 桌面图标设置

用户若想对桌面图标进行设置和美化，除了使用专业美化软件外，普通用户可以使用系统自带的相关功能对图标进行适当排列或更换图标图片操作，也可以达到美化的目的。

更改排序方式：桌面图标的默认排列顺序并不是一成不变的，用户可以在桌面空白处右击，在弹出的快捷菜单中选择"排序方式"命令，根据需要在子菜单中选择所需的命令，如图3-22所示。

图 3-22　Windows 10 桌面排序方式

调节查看效果：如果感觉桌面图标过小，可以将桌面图标适当放大。在桌面空白处右击，在弹出的图3-22所示的快捷菜单中选择"查看"|"大图标"命令。如果勾选"自动排列图标"选项，则系统将对图标进行自动排列。如果不勾选"自动排列图标"选项，则图标可以根据需要移动到桌面的任意位置。

更改图标样式：桌面图标的外形不是一成不变的，用户可以根据需要更改桌面图标的外形样式。单击"开始"|"设置"|"个性化"|"主题"|"桌面图标设置"，如图3-23所示。选择需要更改的图标，单击"更改图标"按钮，在图3-24所示对话框中选择一个新替换图标，单击"确定"按钮完成图标更改。

图 3-23　"桌面图标设置"对话框

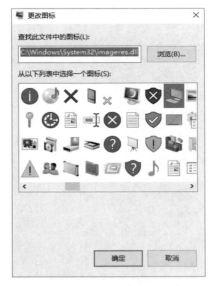

图 3-24　"更改图标"对话框

3. 屏幕分辨率设置

屏幕分辨率是指显示器所显示像素的多少，分辨率越高屏幕显示越精细、越清晰，因此分辨率是显示器和操作系统一个非常重要的性能指标。

具体设置为：在桌面空白处右击，在弹出的快捷菜单中选择"显示设置"|"显示器分辨率"命令，在显示器分辨率右侧下拉菜单中选择合适的分辨率，如图 3-25 所示。

图 3-25　显示器分辨率设置

4. 任务栏的个性化设置

对于任务栏，用户也可以根据自己的需要和操作习惯，进行个性化设置。

任务栏的设置操作主要是：右击任务栏空白处，在弹出的快捷菜单中选择"任务栏设置"命令，打开"任务栏"设置窗口。任务栏设置的主要内容如图 3-26 所示。用户只要简单地打开或关闭这些项目开关，即可进行任务栏属性的设置。

在"任务栏"设置窗口的下部"通知区域"中单击"选择哪些图标显示在任务栏上"，可以在打开的窗口中通过对应的开关，打开或关闭显示在任务栏上的图标，如图 3-27 所示。单击"打开或关闭系统图标"可以打开或关闭显示在任务栏上的系统图标。

图 3-26　"任务栏"设置窗口

图 3-27　"选择哪些图标显示在任务栏上"窗口

5. 日期和时间的设置

在任务栏时间区域右击，在弹出的快捷菜单中选择"调整日期/时间"命令，打开"日期和时间"设置窗口，如图 3-28 所示，关闭"自动设置时间"开关，单击"手动设置日期和时间"下方的"更改"按钮，弹出"更改日期和时间"对话框，如图 3-29 所示，在该对话框中即可更改日期和时间，完成后单击"更改"按钮即可完成对日期和时间的更改。

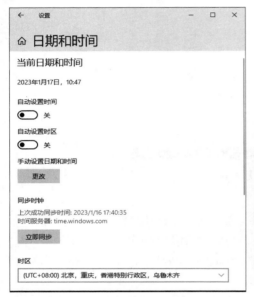

图 3-28 "日期和时间"设置窗口   图 3-29 "更改日期和时间"对话框

6. 创建快捷方式

用户可以依据自己日常操作计算机的需要，在某个位置（桌面上或者某文件夹中）创建自己最常用的程序、文档或文件夹的快捷方式。创建快捷方式的方法很多，但它们都有一些共同的关键点，就是必须明确在哪个位置（桌面或某个文件夹），创建一个指向什么对象（某个确定的程序、文档或文件夹）的快捷方式。也就是说要明确快捷方式的创建位置和指向目标。

创建快捷方式的最常用操作方法有如下两种：

（1）如果已经找到了快捷方式要指向的对象，则用鼠标右键将该对象拖动到桌面或某个文件夹窗口的内容窗格，释放鼠标右键后，从弹出的快捷菜单中选择"在当前位置创建快捷方式"命令即可。

（2）如果已经知道指向目标文件的路径和名称，则可以在要创建快捷方式的文件夹窗口空白处（创建在桌面上，则是在桌面空白处）右击，在弹出的快捷菜单中选择"新建"|"快捷方式"命令，弹出图 3-30 所示"创建快捷方式"对话框，直接输入指向目标文件的路径和文件名，或者单击"浏览"按钮找到要指向的文件或文件夹，然后单击"下一步"按钮，再输入所要创建快捷方式的名称，单击"完成"按钮即可在指定位置创建一个快捷方式。图 3-30 所示的界面是在桌面上创建了一个记事本的快捷方式，双击该快捷方式图标，将运行 C:\Windows\notepad.exe 程序。

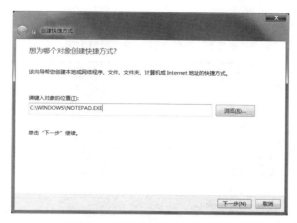

图 3-30　"创建快捷方式"对话框

温馨提示

特别地，若要在桌面上创建一个快捷方式，可以右击目标文件，在弹出的快捷菜单中选择"发送到"|"桌面快捷方式"命令。

3.3　Windows 10 的资源管理

文件是计算机操作系统中的核心概念，计算机中的所有程序、数据、设备等都以文件的形式存在。所以，只有管理好计算机中的文件，才能有效地管理计算机系统中所有的软硬件资源。

3.3.1　文件和文件夹的概念

在计算机操作系统中，文件就是相关信息的集合。一个程序、一篇文章、一幅画、一段视频等都可以是文件的内容，它们都能以文件的形式存放在磁盘等介质上。

文件夹是组织文件的一种方式，可以把同一类型的文件保存在一个文件夹中，也可以让用途不同的文件保存在一个文件夹中，它的大小由系统自动分配。

1. 文件名

文件是 Windows 操作系统中最基本的存储单位，计算机中任何程序和数据都是以文件的形式存储的。在操作系统中，每个文件都必须有一个确定的文件名，以便进行管理。文件名一般由两部分组成，中间用点相隔，格式为：

主文件名 . 扩展名

文件名可以由字母、数字、汉字、空格和其他符号组成。其中，主文件名给出了文件的名称，扩展名给出了文件的类型。需要注意的是："*""? "":"" " ""/""\\""|""<"">"这 9 个字符是不能用于文件名中的。它们另有一些特殊的用途。例如，在进行文件的某些操作（如搜索与查找文件）时，文件名可以使用通配符"？"和"*"。其中，"？"表示在该位置可以是任意一个合法字符；"*"表示在该位置可以是任意若干个（一串）合法字符。

2. 文件类型

根据文件中存储信息的不同以及功能的不同，文件分为不同的类型。不同类型的文件使用不同的扩展名，在 Windows 中，一般新建文件时，根据文件类型其扩展名系统会自动给出，并

且赋予相关图标。表 3-5 列出了常用文件扩展名及其含义

表 3-5　常用文件扩展名及其含义

扩 展 名	含　　义	扩 展 名	含　　义
.com	系统命令文件	.doc、.docx	Word 文档
.sys	系统文件	.xls、.xlsx	Excel 文档
.exe	可执行文件	.ppt、.pptx	PowerPoint 文档
.txt	文本文件	.htm、.html	网页文件
.rtf	带格式的文本文件	.zip	ZIP 格式的压缩文件
.bas	BASIC 源程序	.rar	RAR 格式的压缩文件
.c	C 语言源程序	.avi	视频文件
.swf	Flash 动画发布文件	.bmp	位图文件
.bak	备份文件	.wav	声音文件

3. 文件夹及其组织结构

文件夹是为便于文件管理而设立的，文件夹又称目录，是 Windows 用来组织与管理文件的方法。文件夹常用作其他对象（如子文件夹、文件）的容器，可以将相同用途或类别的文件存放在同一个文件夹中，以方便对众多文件对象进行有条理、有层次的组织和管理。文件夹的命名规则和文件基本相似，只是文件夹的名字不需要扩展名。

打开文件夹窗口，其中包含的内容以图符方式显示。如图 3-31 所示，在 Windows 中，文件目录以树状结构进行组织。

图 3-31　文件组织的树状结构

在目录树中，凡带有"〉"的结点，表示其有下层子目录，单击可以展开；而带有"〜"的结点，表示其下层的子目录已经展开，单击可以折叠。

采用树状结构的优点是：层次分明，条理清晰，便于进行查找和管理。

需要注意的是，命名文件或文件夹时，大小写被认为是相同的。例如，myfile 和 MyFile 被

认为是相同的文件名。它们不能同时存在于同一个文件夹下。

4. 路径

每个文件和文件夹都位于磁盘中的某个位置，要访问一个文件，就需要知道该文件的位置，即它处在哪个磁盘的哪个文件夹中。文件的位置又称文件的路径。路径是操作系统描述文件位置的地址，是描述文件位置的一条通路，它告诉操作系统如何才能找到该文件。一个完整的路径包括盘符（又称驱动器号），后面是要找到该文件所顺序经过的全部文件夹。文件夹间则用"\"隔开。如 C:\Windows\System32\notepad.exe，表示文件 notepad.exe 位于 C 盘根目录下的 Windows 文件夹下的 System32 文件夹中。

5. 文件和文件夹的属性

在 Windows 10 中，文件与文件夹主要有以下四种属性：
- 只读：表示该文件或文件夹只能被读取而不能被修改。
- 隐藏：将该对象隐藏起来而不被显示。
- 存档：当用户新建一个文件或文件夹时，系统自动为其设置存档属性。
- 索引：允许索引该文件的内容。

6. 文件和文件夹属性的设置

在文件和文件夹"只读""隐藏""存档""索引"四种属性中，"存档"属性是创建文件和文件夹时，系统自动设置的，而"索引"属性在文件属性的高级选择中。所以，文件和文件夹属性主要是设置其"只读"和"隐藏"属性。

文件和文件夹属性的设置方法：右击文件或文件夹，在弹出的快捷菜单中选择"属性"命令，打开文件或文件夹的属性对话框（分别见图 3-32 和图 3-33）。在"常规"选项卡中，勾选要设置的属性选项，最后单击"确定"按钮即可。

图 3-32　文件属性的设置　　　　　　图 3-33　文件夹属性的设置

3.3.2 资源管理器

Windows 采用资源管理器来管理代表各个软、硬件资源的文件。资源管理器使用树状结构管理目录与文件，直观且便捷。

1. 资源管理器的打开

打开资源管理器一般有以下几种方法：

- 单击任务栏左侧任务按钮区中的"文件资源管理器"图标 。

- 单击任务栏左侧任务按钮区中的"文件资源管理器"图标。
- 右击"开始"菜单，在弹出的快捷菜单中选择"文件资源管理器"命令。
- 双击桌面"计算机"图标或者某个文件夹（或其快捷方式）。
- 按组合键：【Windows 徽标 +E】。
- 选择"开始"|"Windows 系统"|"文件资源管理器"命令。

2. 资源管理器外观设置

资源管理器窗口和其他程序窗口一样，有标题栏、菜单栏、工具栏、状态栏等，窗口主体部分还有左右窗格（左窗格是导航窗格，右窗格是内容窗格）。如图 3-34 所示，通过选择不同的布局方式，可以设置资源管理器窗口界面的不同外观形式，以适应不同的使用需要。

图 3-34　资源管理器窗口

3. 文件与文件夹的浏览方式

（1）文件和文件夹的查看方式

在资源管理器窗口的"查看"菜单下，选择"超大图标""大图标""中等图标""小图标""列表""详细信息"等命令，可以按不同的形式在资源管理器的内容窗格中显示文件和文件夹的内容。其中，在"大图标"显示方式下，可以方便地看到图形文件的大致内容，如图 3-35 所示；而在"详细资料"显示方式下，则可以显示出文件更加详细的信息，如名称、大小、类型和修改时间等。

（2）文件和文件夹的排列顺序

在资源管理器窗口中，单击"查看"选项卡|"当前视图"组|"排序方式"下拉按钮，再从展开的菜单中分别选择"名称""类型""修改日期""大小"等命令，并可以按照递增或

递减的不同顺序显示文件夹的内容，如图 3-36 所示，按文件类型的"递增"顺序对文件和文件夹进行排序。

特别地，在"详细资料"显示方式下，可以通过单击内容窗格中的标题，如名称、大小、类型和修改日期等，方便地进行递增或递减排列，这对查找文件提供了极大的方便。

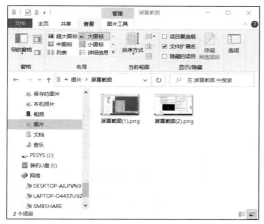

图 3-35　"大图标"显示方式　　　　　　　图 3-36　文件和文件夹的排序

4. 文件夹选项的设置

在资源管理器中，还可以通过文件夹选项的设置，来显示或隐藏有关文件、文件夹和扩展名。操作方法是：在资源管理器窗口中单击"查看"选项卡 |"选项"按钮，弹出"文件夹选项"对话框，如图 3-37 所示。在"文件夹选项"对话框的"查看"选项卡中，可以通过勾选以下项目设置来实现：

- 隐藏已知文件类型的扩展名。
- 不显示隐藏的文件、文件夹或驱动器。
- 隐藏受保护的操作系统文件。

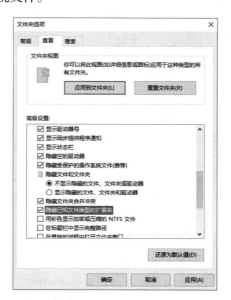

图 3-37　"文件夹选项"对话框的"查看"选项卡

3.3.3 文件和文件夹的基本操作

文件和文件夹的操作是计算机中最基本的操作，文件和文件夹基本操作的内容主要包括文件和文件夹的创建、选定、打开、复制、移动、删除、重命名、显示或更改属性、查找搜索等。这些操作往往也是在资源管理器中进行的。

1. 文件和文件夹的创建

（1）创建文件夹

① 在资源管理器窗口的导航窗格中，选定要创建的文件夹位置。

② 在资源管理器窗口的内容窗格空白处右击，在弹出的快捷菜单中选择"新建"|"文件夹"命令（也可直接单击"主页"选项卡|"新建"组|"新建文件夹"按钮）。

③ 在新建文件夹名称框中输入文件夹名。

④ 按【Enter】键确认。

（2）创建文件

与创建文件夹操作方法类似，只不过需要选择创建文件的类型。在要创建文件的文件夹空白处右击，在弹出的快捷菜单中选择创建一个文本文件，如图 3-38 所示。新建文件的内容暂时是空白的，如果需要向文件中添加内容，可以双击打开已创建的文件，再进一步添加与编辑其中的内容，最后保存即可。

图 3-38　创建文本文件

2. 文件和文件夹的选择

在 Windows 操作系统中，很多针对文件和文件夹的操作，都必须首先明确是针对哪个或者哪些文件和文件夹进行的，所以首要任务就是要选定将要进一步操作的文件和文件夹。一般来讲，按选择对象的数量可以分为：单选和多选，具体操作可采用以下方法。

（1）单选

鼠标直接单击目标文件，即可选定。

（2）多选

① 连续多选：单击第一个对象，按住【Shift】键的同时单击最后一个对象。

② 不连续多选：单击第一个对象，按住【Ctrl】键的同时依次单击各个对象。

③ 全选：单击"主页"选项卡|"选择"组|"全部选择"按钮或按【Ctrl+A】组合键。

④ 反选：先选择好不需要的各个对象，再单击"主页"选项卡|"选择"组|"反向选择"按钮。

3. 文件和文件夹的复制和移动

文件和文件夹的复制和移动操作的相同之处：都是要在目的地位置生成一个选定的对象（文件或文件夹）；不同之处：移动操作不保留原位置的对象，而复制操作则是保留了原位置的对象。复制或移动的常用操作方法有如下两种。

（1）鼠标拖动法

① 在同一磁盘上操作。在同一磁盘上用鼠标直接拖放文件或文件夹执行移动命令；若拖放时按住【Ctrl】键则执行复制操作。

② 在不同磁盘上操作。在不同磁盘之间用鼠标直接拖放文件或文件夹则执行复制命令；若拖放时按住【Shift】键则执行移动操作。

（2）剪贴板法

操作步骤如下：

① 选定对象。

② 执行剪切（用于移动）或复制（用于复制）命令。

温馨提示

剪切和复制命令可通过下列方法实现：单击"主页"选项卡 |"剪贴板"组 |"剪切"或"复制"按钮；或按【Ctrl+X】或【Ctrl+C】组合键。

③ 定位到目标位置。

④ 执行"粘贴"命令。

温馨提示

粘贴命令也可通过下列方法实现：单击"主页"选项卡 |"剪贴板"组 |"粘贴"按钮；或按【Ctrl+V】组合键。

对于剪贴板法，在执行复制或剪切命令时，是将选中的内容复制或移动到剪贴板上，而执行粘贴命令时，则是将剪贴板上的内容取出来，放到目标位置。

温馨提示

剪贴板是 Windows 系统在内存中开辟的临时数据存储区，是内存中的一块特定区域，其作用就是作为那些待传递信息的中间存储区。

将信息存放到剪贴板的方法主要有：

• 使用"剪切"和"复制"命令，将已选定的对象信息存放到剪贴板中。

• 按【PrintScreen】键，可将整个桌面的图形界面信息存放到剪贴板中。

• 按【Alt+PrintScreen】组合键，将当前活动窗口的图形界面信息存放到剪贴板中。

由于整个系统共用一块剪贴板，所以移动和复制操作不仅可以在同一应用程序和文档的窗口中进行，也可以在不同应用程序和文档窗口中进行。

4. 文件的保存

在工作中，经常要创建和编辑文件。在编辑过程中，文件暂时存储在内存中，因为内存断电后信息易失的特点，所以在编辑过程中和编辑完成后，都需要及时把文件存储到磁盘中，以保存好自己的工作成果。

应用程序窗口一般都有"文件"菜单，其中都有"保存"和"另存为"这两个命令，利用它们就可以保存文件。

① "保存"命令的具体功能包括：

• 保存未命名文档：实现文档的命名与保存（须输入文件名称、选择保存路径和类型）。

• 保存已命名文档：会以修改后的文件覆盖掉原来的同名文件，实现文档的更新。

② "另存为"命令的功能主要是对文档进行新路径另存或重新命名（可输入新的名称，选择新的路径和类型）。

温馨提示

第一次使用"保存"命令时，与使用"另存为"命令一样，都会弹出图 3-39 所示的"另存为"对话框。在该对话框中，设置保存路径、文件名和保存类型。

图 3-39　"另存为"对话框

5. 文件与文件夹的重命名

文件和文件夹的重命名方法相同，都可以通过以下几种方法实现：

• 右击欲重命名的文件或文件夹，在弹出的快捷菜单中选择"重命名"命令，然后输入新的名称，按【Enter】键确认即可。

• 两次单击（注意：不是双击，两次单击鼠标的间隔时间比双击长）欲重命名的文件或文件夹，然后输入新名称，按【Enter】键确认即可。

• 选中欲重命名的文件和文件夹，按【F2】键，然后输入新名称，按【Enter】键确认即可。

温馨提示

给文件重命名时，必须先关闭文档窗口，即文件打开时是不能重命名的；给文件夹重命名时，必须先关闭该文件夹中所有已打开文件的窗口，否则重命名也无法进行；给文件重命名时，可以同时修改文件名及其扩展名，但由于修改扩展名也就更改了文件类型，所以文件的扩展名不要随便更改，以避免更改后的文件不能被正常打开；给文件重命名时，若确须更改扩展名，必须先在"查看"选项卡 | "显示 / 隐藏"组中勾选"文件扩展名"复选框，设置文件扩展名为可见，然后才能更改。

6. 文件与文件夹的删除与恢复

（1）删除操作与回收站

在计算机中，对于已经不再需要的文件或文件夹可以执行删除操作，从而避免文件的多余和杂乱。为了稳妥，一般来讲，删除操作只是将欲删除的文件或文件夹放入"回收站"中，而不是简单地直接"扔掉"。回收站是操作系统在磁盘上预先划定的一块特定存储区域，专门用来存放被删除的文件和文件夹。也就是说，删除的文件和文件夹，只是暂时存放在磁盘上的一个特定区域。这样，如果发现删除失误，还可以将其恢复，如果确实不再需要，再进行彻底删除的有关操作。对于回收站，可以把它形象地理解为日常生活中的垃圾桶。在没有把垃圾桶里的垃圾倒掉之前，仍然可以找回错扔到垃圾桶里的东西；同样，也需要不定期地把垃圾桶清空，但一旦把垃圾倒掉后，也就彻底清除了垃圾桶里的垃圾。

（2）删除文件与文件夹

文件与文件夹的删除，可以采用以下几种操作方法：

① 右击欲删除的文件与文件夹，在弹出的快捷菜单中选择"删除"命令。

② 选中欲删除文件与文件夹，按【Delete】键。

③ 选中欲删除文件与文件夹，单击"主页"选项卡 |"组织"组 |"删除"按钮。

由于删除操作是比较危险的操作，所以对于这样的操作，操作系统一般都会弹出确认对话框，以避免误操作，如图 3-40 所示，在"删除文件"对话框中，单击"是"按钮即可执行删除操作，单击"否"按钮即可取消删除操作。

当然，有些文件或文件夹，在准备删除时，就已经非常明确地知道肯定要将其删除，那么就可以先按住【Shift】键不放，然后再执行删除操作，这样文件或文件夹将被直接删除，而不再进入"回收站"。当然，这样也就不可能再使用"还原"操作将其恢复了。

如果对于删除需要确认的操作觉得太烦琐，也可单击"删除"下拉按钮取消勾选"显示确认回收"复选框，这样进行删除操作时就不会有确认提示框弹出，简化了操作过程。

（3）恢复文件与文件夹

恢复文件与文件夹，就是将已删除到回收站中的文件和文件夹还原到其删除前的位置。因此，还原操作是删除操作的逆操作。

要恢复已删除的文件或文件夹，首先需要双击桌面上的"回收站"图标（或在资源管理器中选择回收站），在图 3-41 所示"回收站"窗口中，选中欲恢复的文件或文件夹，然后可采用以下方法进行操作，即可将这些已删除文件或文件夹恢复到原来位置：

图 3-40　"删除文件"对话框　　　　　　　　　　　　图 3-41　"回收站"窗口

① 右击欲还原的文件或文件夹，在弹出的快捷菜单中选择"还原"命令。

② 选中欲还原的文件或文件夹，单击"还原选定的项目"按钮。

（4）文件的彻底删除与清空回收站

在"回收站"中，如果对部分文件与文件夹进行删除操作，就可以彻底删除这部分文件与文件夹；而如果对"回收站"进行清空操作，就可以全部清空回收站，从而彻底删除回收站中的全部文件与文件夹。

温馨提示

清空回收站是彻底删除回收站中的全部文件与文件夹的操作，彻底删除的内容将不易恢复。

清空回收站操作的一般方法是：打开"回收站"窗口，单击"清空回收站"按钮，或者选择右键快捷菜单中的"清空回收站"命令。

3.3.4　文件的搜索

计算机中有数以万计的各类文件，计算机操作人员要快速从中找出需要的文件，这就需要使用 Windows 的搜索功能。

1. "任务栏"搜索

Windows 10 的搜索可以直接在"任务栏"的搜索框中输入关键词进行。这种搜索方式面向的是计算机中整个硬盘和网络，并将搜索结果分本地和网页分别显示在列表框中。

2. 文件夹窗口搜索

另外一种搜索方式是在文件夹窗口右上方的搜索栏中进行的。如果用户能确定文件所在的大致范围，则可以打开该文件夹的窗口，在右上方的搜索栏中进行搜索。例如，要查找 C 盘 Windows 文件夹中名称为 system.ini 的文件。可以打开 C 盘的 Windows 文件夹窗口，在搜索栏中输入 system.ini；单击"搜索"按钮或者按【Enter】键，开始执行搜索。搜索结果将显示在文件夹窗口中，如图 3-42 所示。

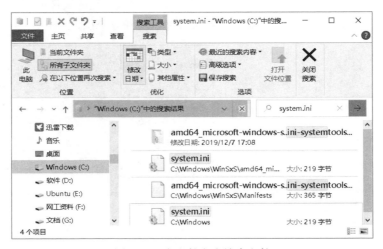

图 3-42　在文件夹中搜索文件

又如：查找"G:\20222-2023-2\"文件夹下文件名以"网络"开头，扩展名为".pptx"的文件。根据要求，可以先打开 G 盘中的"20222-2023-2"文件夹窗口，如图 3-43 所示，在搜索栏中输入"网络 *.pptx"即可搜索到符合条件的文件。

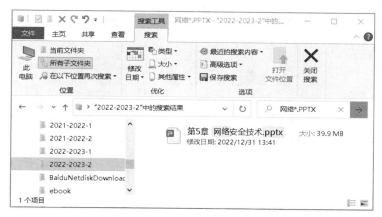

图 3-43　文件搜索中通配符的使用

温馨提示

通配符"*"代表若干个不确定的字符，通配符"?"仅代表一个不确定的字符。借助于通配符，可以快速搜索到符合指定条件的文件。

在 Windows 10 文件资源管理器搜索栏中还为用户提供了"搜索工具"选项卡，在功能区中单击"修改日期"下拉按钮，从下拉列表中选择合适的日期选项进行进一步的过滤，使搜索结果范围进一步缩小，如图 3-44 所示。

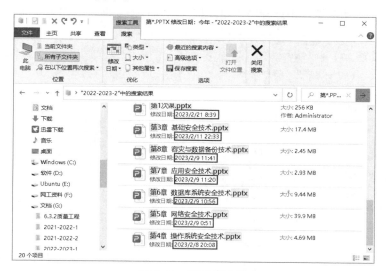

图 3-44　搜索筛选器

另外，系统还提供了"类型""大小""其他属性"等过滤条件方便用户做更进一步的过滤搜索。

3.3.5　Windows 10 的快速访问和库

1. 快速访问

在 Windows 10 系统中，微软提供了许多改进功能来帮助用户有效进行文件管理，Windows 10 的快速访问就是其中之一。打开文件资源管理器，首先可以看到快速访问目录，也就是窗口左侧包含了桌面、下载、文档、图片等四个文件夹分支，右侧窗口则显示的是常用文件夹和最近使用的文件这两个组的内容，如图 3-45 所示。

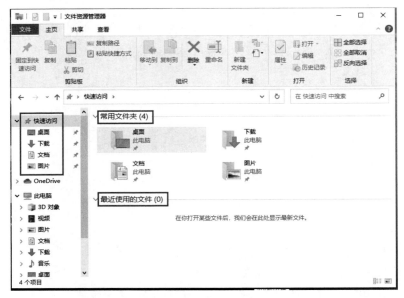

图 3-45　快速访问

如果经常要访问某个文件夹，可以将该文件夹固定到快速访问目录中。操作方法是：右击该文件夹，在弹出的快捷菜单中选择"固定到快速访问"命令即可，如图 3-46 所示。

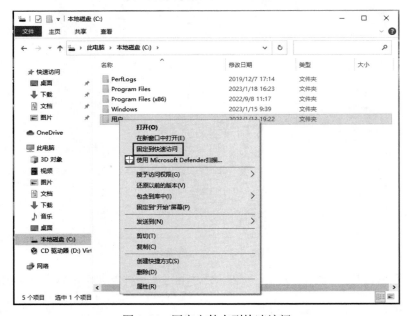

图 3-46　固定文件夹到快速访问

2. 库

在 Windows 7 中，系统引入了"库"功能，这是一个强大的文件管理器。从资源的创建、修改，

到管理、沟通、备份和还原，都可以在基于库的体系下完成，通过这个功能也可以将越来越多的视频、音频、图片、文档等资料进行统一管理、搜索，大大提高了工作效率。Windows 10 保持了这一优秀功能，但在 Windows 10 中，"库"功能默认是隐藏的。不过要找出来也非常方便，打开文件资源管理器，单击"查看"选项卡 |"窗格"组 |"导航窗格"下拉按钮，在弹出的菜单中选中"显示库"命令，如图 3-47 所示。

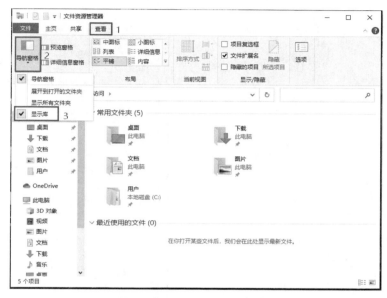

图 3-47　显示"库"功能设置

（1）了解库及库的功能

"库"其实是一个特殊的文件夹，不过系统并不是将所有文件保存到"库"文件夹中，而是将分布在硬盘上不同位置的同类型文件进行索引，将文件信息保存到"库"中，简单地说库中保存的只是一些文件夹或文件的快捷方式，这并没有改变文件的原始路径，这样可以在不改动文件存放位置的情况下集中管理，提高了我们的工作效率。

"库"的出现，改变了传统的文件管理方式，简单地说，"库"是把搜索功能和文件管理功能整合在一起的一个进行文件管理的功能。"库"所倡导的是通过搜索和索引访问所有资源，而非按照文件路径、文件名的方式来访问。搜索和索引就是建立对内容信息的管理，让用户通过文档中的某条信息访问资源。抛弃原先使用文件路径、文件名来访问，这样一来用户并不需要知道该文件的文件名叫什么、路径在哪，就能方便地找到。

简单地讲，文件库可以将用户需要的文件和文件夹集中到一起，就如同网页收藏夹一样，只要单击"库"中的链接，就能快速打开添加到"库"中的文件夹，而不管它们原来深藏在本地计算机或局域网中的位置。另外，它们都会随着原始文件夹的变化而自动更新，并且可以以同名的形式存在于文件库中。

（2）创建库

Windows 10 系统中"库"默认有视频、图片、文档、音乐四个库，用户可以根据需要创建其他库。首先在资源管理中右击"库"图标，在弹出的快捷菜单中选择"新建"|"库"命令，创建一个新库，并输入库的名称，如图 3-48 所示。

（3）文件入库

建立好自己的库之后，就可以将文件夹加入"库"中，要将文件"入库"，具体操作步骤如下：

在新建的"教材编写"库中右击"教材编写"库名，在弹出的快捷菜单中选择"属性"命令，打开"库属性"对话框，在"库属性"对话框中单击"添加"按钮，在此选择好要添加的文件夹，全部添加完毕后，单击"确定"按钮，如图 3-49 所示。库创建好之后，单击该库的名称即可快速打开。

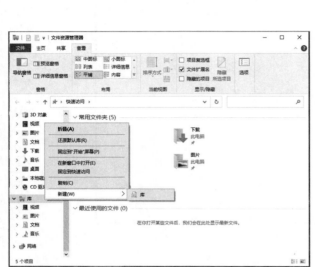

图 3-48　新建库　　　　　　　　　　图 3-49　文件入库

（4）在"库"中查找文件

搜索时，在"库"窗口上面的搜索框中输入需要搜索文件的关键字，随后按【Enter】键，这样系统自动检索当前"库"中的文件信息。随后在该窗口中列出搜索到的信息，"库"的搜索功能非常强大，不但能搜索到文件夹、文件标题、文件信息、压缩包中的关键字信息外，还能对一些文件中的信息进行搜索，搜索关键字以黄色背景显示，如图 3-50 所示。

图 3-50　在库中查找文件

3.4　Windows 10 的程序管理

使用计算机的目的是解决各种各样的实际问题。为此，人们设计了许许多多的应用程序，而对这些应用程序进行有效管理，就是操作系统的重要任务之一。在 Windows 10 中，提供了多种方法来运行程序。

3.4.1　程序的运行

程序的运行有多种方式，归纳起来，主要有以下六种：
- 在"开始"菜单中，选择打开菜单中的程序。
- 双击程序的快捷方式。
- 在文件资源管理器中，找到程序文件双击。
- 双击打开任意一个与此程序关联的文档。
- 在任务栏"搜索"框中输入程序名称，然后按【Enter】键。
- 右击"开始"在弹出的快捷菜单中选择"运行"命令，在"运行"对话框的"打开"文本框中输入程序名称，然后单击"确定"按钮。

下面以 Windows 10 附件中的"记事本"程序为例，分别使用这六种不同方式打开该程序：
- 单击"开始" |"记事本"磁贴图标。
- 双击桌面上的"记事本"快捷方式。
- 在文件资源管理器中，找到"记事本"应用程序 C:\windows\system32\notepad.exe，双击该应用程序（这一方式需要预先知道"记事本"应用程序的文件名称及其所在位置）。
- 任选一个以".txt"为扩展名的文件，双击将其打开。
- 在任务栏"搜索框"中输入"notepad"，然后按【Enter】键，如图 3-51 所示。
- 右击"开始"按钮，在弹出的快捷菜单中选择"运行"命令，在"运行"对话框的"打开"文本框中输入 notepad，然后单击"确定"按钮，如图 3-52 所示。

图 3-51　任务栏"搜索"框打开程序

图 3-52　"运行"对话框

3.4.2　任务管理器

Windows 10 是一个多任务操作系统，可以同时运行多个程序任务。为此，Windows 10 设立了一个任务管理器。按【Ctrl+Shift+Esc】组合键，选择打开"任务管理器"窗口，如图 3-53 所示。在"进程"选项卡中，列出了当前正在运行的所有应用程序、后台进程及其运行状态。当运行某个程序而计算机停止响应，即所谓的"死机"时，可以打开任务管理器，会发现此时该任务的状态是"未响应"。这时，就可以选择该任务，然后单击"结束任务"按钮结束这个停止响应的程序，从而解除当前的死锁状态。

另外，通过"任务管理器"的"性能"选项卡，还可以了解当前 CPU、内存、磁盘等硬件的使用情况，如图 3-54 所示。

图 3-53 "任务管理器"窗口的"进程"选项卡

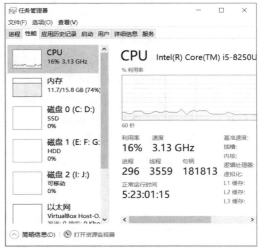

图 3-54 "任务管理器"窗口的"性能"选项卡

3.4.3 文件关联与打开方式

1. 文件关联

在双击某类文件时，通常会启动某一程序打开该文件，此类文件与此程序之间建立的联系，即为文件关联。例如，在"记事本"中将文本存成一个文件，其默认扩展名总是".txt"，而在资源管理器中打开一个扩展名为".txt"的文件，总是在"记事本"程序中被打开。由此可以说，扩展名为".txt"的文本文件和"记事本"应用程序之间建有关联。同样，扩展名为".docx"的文档文件和 Word 程序之间建有关联，扩展名为".bmp"的文件和"画图"程序之间建有关联等。

2. 打开方式

能打开某类文件的程序，称为此类文件的默认打开方式。通过设置打开方式，可以改变文件关联，也就是设置一个新的文件关联。例如，要在 TXT 文件与写字板应用程序之间建立关联，首先右击一个 TXT 文件，在弹出的快捷菜单中选择"打开方式"|"选择默认程序"命令，如图 3-55 所示。随后打开"打开方式"对话框，如图 3-56 所示，选择写字板后，单击"确定"按钮。这样就在 TXT 文本文件与写字板应用程序之间建立了关联，即该 TXT 文本文件就不是用记事本程序而是用写字板程序打开了。如果在图 3-56 中勾选了"始终使用此应用打开 .txt 文件"复选框，那么以后双击任意一个 TXT 文件，将直接调用写字板程序打开它了。

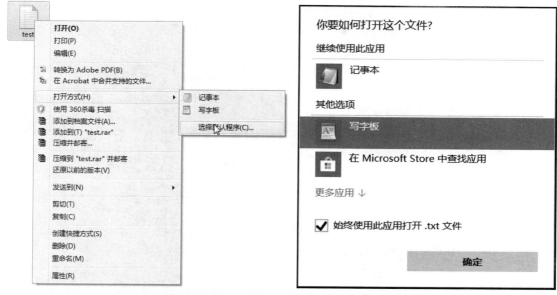

图 3-55　设置文件关联　　　　　　　　图 3-56　打开方式设置

　　在计算机中，经常有一些文件的图标是一张白纸的形状，这是因为它尚未建立任何一个与之相关联的程序文件。双击这种文件，会打开"打开方式"对话框。这时，用户可以在计算机中寻找一种适当的应用程序将其打开，并可进一步让其与此程序建立永久性关联；如果用户的计算机中没有能打开它的程序文件，那么用户也可以在互联网中搜索适当的应用程序来打开它。

3.4.4　应用程序的安装与卸载

1.　应用程序的安装

　　对于大型软件，一张光盘往往只含有一个软件。对这种软件，只要把光盘插入光驱，光盘的自启动安装程序就开始运行，用户只需要根据屏幕提示进行操作即可完成安装。

　　对于小型软件，比如从网上下载的一些软件，在资源管理器中打开软件所在的文件夹，其中一般都会有一个安装文件 Setup.exe，双击该文件使之运行，同样只需要根据屏幕提示进行操作即可。

2.　应用程序的卸载

　　已经安装、但不再需要使用的软件（特别是游戏）应及时卸载。但需要注意的是，在 Windows 操作系统下卸载软件并不是简单的删除操作，仅删除软件文件夹是不够的。因为一般情况下软件在 Windows 目录下安装了许多支持程序，这些程序并不在软件文件夹下，所以简单地删除软件文件夹并不会改变 Windows 的配置文件。

　　在 Windows 10 中，通常使用如下两种方法卸载已安装的软件：

• 利用软件自身所带的卸载程序。

• 利用控制面板中的"程序"|"卸载程序"选项，如图 3-57 和图 3-58 所示。

图 3-57　控制面板中的卸载程序　　　　图 3-58　卸载或更改程序

3.5　Windows 10 的系统管理与维护

3.5.1　控制面板

控制面板是 Windows 10 自带的、用来对计算机系统进行管理、维护和设置的一组应用程序。如图 3-57 所示，控制面板有多个选项，这些选项可供用户灵活地对计算机外观和系统资源进行配置，包括各类硬件和软件资源的配置。

用户可通过控制面板自定义计算机的外观和个性化，设置用户账户和家庭安全，添加或删除输入法，设置网络连接，设置打印机和其他硬件资源，等等。例如，在图 3-59 所示的控制面板"硬件和声音"窗口中单击"设备和打印机"选项下的"鼠标"超链接，弹出"鼠标 属性"对话框，在其中可以设置鼠标的有关特性参数，如图 3-60 所示，可以定义鼠标按键的功能、双击速度、指针形态方案等参数。

图 3-59　单击"鼠标"超链接

图 3-60　"鼠标 属性"对话框

又如，如图 3-61 所示，单击控制面板"时钟和区域"窗口中的"区域"选项，打开图 3-62

所示"区域"对话框，在其中可以对日期和时间进行格式设置。

图 3-61　"时钟和区域"窗口

图 3-62　"区域"对话框"格式"选项卡

3.5.2　硬件的安装

在 Windows 10 系统中安装新硬件，通常需要三个步骤：

① 将新设备正确地连接到计算机。

② 为该设备安装相应的驱动程序。

③ 设置该设备的有关属性。

Windows 10 具有硬件即插即用功能。所谓即插即用，就是指在计算机上接入一个新的硬件设备，Windows 操作系统会自动为其配备驱动程序，使该硬件正常工作。Windows 10 已经在系统中收集了大量的驱动程序，不借助外部程序就可以成功安装常见的硬件驱动程序。如果系统中没有与新添加硬件相匹配的驱动程序，则会要求用户提供。这时，应把硬件附带光盘插入光驱，以供系统读取其驱动程序。例如，安装打印机，在打印机的包装中，都会带有一张驱动程序光盘。将此光盘插入光驱，运行其中的 Setup 程序即可成功安装打印机。另外，也可按照以下具体操作步骤进行安装：

在"控制面板"窗口中单击"硬件和声音"|"查看设备和打印机"超链接，如图 3-63 所示。单击"添加打印机"按钮，打开"添加设备"向导，根据向导提示完成打印机安装。

图 3-63　单击"添加打印机"按钮

3.5.3　磁盘管理与维护

1. 磁盘属性

在"此电脑"窗口中右击磁盘图标，在弹出的快捷菜单中选择"属性"命令，打开"磁盘属性"对话框，如图 3-64 所示，在"常规"选项卡中，可以查看磁盘的有关信息。

2. 磁盘检查

当计算机进行了非法关机或其他意外操作时，可以在"磁盘属性"对话框中，选择"工具"选项卡，如图 3-65 所示，单击"查错"选项组中的"检查"按钮，即可检查该驱动器中的文件系统错误。

图 3-64 "磁盘属性"对话框的"常规"选项卡　　图 3-65 "磁盘属性"对话框"工具"选项卡

3. 磁盘清理

计算机运行一段时间后，会产生一些垃圾文件，这些文件积累太多时，不仅占用磁盘空间，而且影响计算机的运行速度。这时，可以在图 3-64 所示的"常规"选项卡中单击"磁盘清理"按钮，启动磁盘清理程序，如图 3-66 所示，先计算可以释放的空间，然后打开图 3-67 所示的"磁盘清理"确认对话框，并列出磁盘上的各种可删除文件和程序，以释放出更多的磁盘空间；根据实际需要，勾选需要清理的磁盘文件，单击"确定"按钮实施磁盘清理操作。

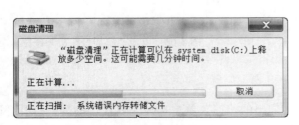

图 3-66 "磁盘清理"准备　　　　　　　图 3-67 "磁盘清理"确认对话框

磁盘清理的其他手段还有：清空回收站、删除临时文件和不再使用的文件、卸除不再使用的程序等。

3.6　Windows 10 的常用附件程序

3.6.1　记事本

"记事本"程序是 Windows 10 在附件程序中提供的一个文本编辑器，它简单实用，非常适合记录一些格式简单的文字信息。

记事本程序生成的文件默认为文本文件（扩展名为".txt"），这种类型的文件占用磁盘空间很小。另外，还可以利用记事本程序创建和编辑其他类型的 ASCII 码文件。

单击"开始"|"记事本"磁贴图标，可以启动"记事本"程序，也可以通过双击某个 TXT 文本文件启动"记事本"程序。

记事本程序还可以在其他情况下使用：

- 在不同应用程序之间进行文本传递。
- 消除文章格式（见图 3-68）。
- 表格原始数据的准备（见图 3-69）。

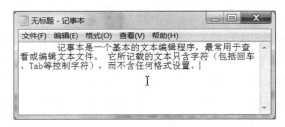

图 3-68　不包含格式设置的文本内容

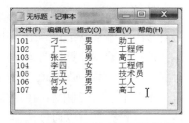

图 3-69　为表格准备原始数据

3.6.2　画图

"画图"程序是 Windows 10 在附件程序中提供的一个图形图像编辑器。该程序生成的文件可以保存为图 3-70 所示的各种不同的图片格式。

单击"开始"|"画图"磁贴图标，即可启动"画图"程序。"画图"程序虽然简单，但方便实用。使用"画图"程序可以实现以下任务。

1. 编辑和保存屏幕抓图

从"剪贴板"的描述中可知，若单独按下【PrintScreen】键可抓取整个屏幕，而按下【Alt+PrintScreen】组合键则可以抓取活动窗口。但这些图形界面被抓取到剪贴板后，只是存放在内存的一个临时存储区域中，断电即丢失。如果希望永久保存该剪切图像，可以打开"画图"程序，单击"主页"选项卡|"剪贴板"组|"粘贴"按钮，将其

图 3-70　"画图"程序可以保存的格式

调入"画图"编辑器的编辑区。使用画图编辑器对其进行编辑后，生成图片文件保存到本地磁盘。

2. 图形图像的对称变换及旋转

在"画图"程序里，可以非常方便地实现图形图像的对称变换及旋转。例如，打开一幅原始图像（见图 3-71），单击"主页"选项卡 |"图像"组 | "旋转"下拉按钮，选择"水平翻转"命令，将出现图 3-72 所示的效果。

图 3-71　准备转换的原始图像

图 3-72　水平翻转后的图像

3. 简单的图形编辑

对于一些简单的图形，可以单击"主页"选项卡中的"形状""颜色"组中的各个控件，在编辑区中进行绘制。

3.6.3　计算器

"计算器"程序是 Windows 10 在附件程序中提供的一个计算工具。单击"开始"|"计算器"磁贴图标，即可启动"计算器"程序。

"计算器"有五种不同界面，分别是："标准"（见图 3-73）、"科学"（见图 3-74）、"绘图"、"程序员"和"日期计算"。其中，前两种较为常用，可满足日常的计算需求；后三种则为专业应用。"计算器"的五种类型可以通过选择"导航"菜单 ≡ 下的选项进行切换。

图 3-73　标准"计算器"程序界面

图 3-74　科学"计算器"程序界面

3.6.4　截图工具

在 Windows 10 系统中，提供了截图工具。它灵活性高，并且自带简单的图片编辑功能，方便对截取的内容进行处理。单击"开始"｜"截图工具"磁贴图标，即可启动"截图工具"程序。启动截图工具后，整个屏幕会被半透明的白色覆盖，与此同时只有截图工具的窗口处于可操作状态。单击"新建"下拉按钮，在展开的列表中即可选取相应的截取模式，如"矩形截图"，如图 3-75 所示。当鼠标指针变成十字形状时，拖动鼠标在屏幕上将希望截取的部分框选起来。截取图片后，用户可以直接对截取的内容进行处理，如添加文字标注、用荧光笔突出显示其中的部分内容。这里单击"笔"下拉按钮，在展开的下拉列表中选择"蓝笔"选项，如图 3-76 所示。选择后即可在截取的图中绘制图形或文字，处理好后，可以单击"保存"按钮，保存图片，或者单击 按钮发送截图。

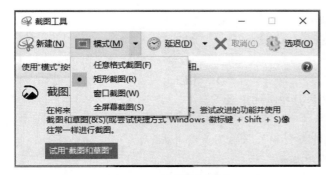

图 3-75　选择截取类型

图 3-76　编辑图形

习　　题

单项选择题

1. 桌面图标的排列方式可以通过（　　）进行设定。
   A. 任务栏快捷菜单　　　　　　　　　　B. 桌面快捷菜单
   C. 任务按钮栏　　　　　　　　　　　　D. 图标快捷菜单
2. 在 Windows 10 的资源管理器中，对磁盘信息进行管理和使用是以（　　）为单位的。
   A. 程序　　　　　　　B. 文件夹　　　　　　C. 窗口　　　　　　D. 文件
3. 在 Windows 中操作时，右击对象则（　　）。
   A. 复制该对象的备份
   B. 弹出针对该对象操作的一个快捷菜单
   C. 激活该对象
   D. 可以打开一个对象的窗口
4. 在 Windows 的图形界面中，按（　　）组合键可以打开"开始"菜单。
   A. 【Alt + Tab】　　　　　　　　　　　B. 【Ctrl + Esc】
   C. 【Alt + Esc】　　　　　　　　　　　D. 【Ctrl + Tab】
5. 在 Windows 的"开始"菜单中，为某应用程序添加一个菜单项，实际上就是（　　）。
   A. 在"开始"菜单所对应的文件夹中建立该应用程序的快捷方式

  B. 在"开始"菜单所对应的文件夹中建立该应用程序的副本

  C. 在桌面上建立该应用程序的副本

  D. 在桌面上建立该应用程序的快捷方式

6. 在 Windows 10 中，"任务栏"的作用包含（ ）。

  A. 只显示当前活动程序窗口名   B. 实现程序窗口之间的切换

  C. 只显示正在后台工作的程序窗口名 D. 显示系统的所有功能

7. 在资源管理器窗口中，若要选定多个连续文件或文件夹，则先选中第一个，然后按住（ ）键，再选择这组文件中要选择的最后一个。

  A.【Tab】   B.【Shift】   C.【Ctrl】   D.【Alt】

8. 在资源管理器窗口中，如果要选择多个不相邻的文件，则先选中第一个，然后按住（ ）键，再选择其余的文件。

  A.【Tab】   B.【Shift】   C.【Ctrl】   D.【Alt】

9. 在 Windows 10 下，与剪贴板有关的组合键是（ ）。

  A.【Ctrl + S】   B.【Ctrl + N】

  C.【Ctrl + V】   D.【Ctrl + A】

10. 在 Windows 10 操作系统中，默认打印机的数量是（ ）个。

  A. 4   B. 3   C. 1   D. 2

11. （ ）是关于 Windows 的文件类型和关联的不正确说法。

  A. 一种文件类型可不与任何应用程序关联

  B. 一个应用程序只能与一种文件类型关联

  C. 一般情况下，文件类型由文件扩展名标识

  D. 一种文件类型可以与多个应用程序关联

12. 在 Windows 10 中，可以通过按【（ ）+ PrintScreen】组合键复制当前窗口的内容。

  A. Tab   B. Shift   C. Ctrl   D. Alt

13. 在 Windows 10 中，关于文件夹的正确说法是（ ）。

  A. 文件夹名不能有扩展名

  B. 文件夹名不可以与同级目录中的文件同名

  C. 文件夹名可以与同级目录中的文件同名

  D. 文件夹名在整个计算机中必须唯一

14. 剪贴板的作用是（ ）。

  A. 临时存放应用程序剪贴或复制的信息

  B. 作为资源管理器管理的工作区

  C. 作为并发程序的信息存储区

  D. 在使用 DOS 时划给的临时区域

15. Windows 的文件系统规定（ ）。

  A. 同一文件夹中的文件可以同名

  B. 不同文件夹中，文件不可以同名

  C. 同一文件夹中，子文件夹可以同名

  D. 同一文件夹中，子文件夹不可以同名

第4章
Word 2016 的应用

本章导读

Word 2016 是 Microsoft 公司推出的 Office 软件中的一个重要组件，是 Windows 平台下的常用字处理办公软件。Word 2016 可以对文字进行编辑和排版，还能制作书籍、名片、杂志、报纸等。

通过对本章内容的学习，读者应该能够做到：

- 了解：Word 2016 的新增功能及软件的工作环境。
- 理解：样式的使用，批量制作文档——邮件合并的使用。
- 应用：熟练掌握文档的创建和编辑与基本排版，插入制作精美的表格和各种图形元素，图文混排，页面的设置与打印，毕业论文轻松排版。

4.1　Word 2016 概述

Microsoft Word 2016 软件主要用于文字处理，不仅能够制作常用的文本、信函、备忘录，还专门为国内用户定制了许多应用模板，如各种公文模板、书稿模板、档案模板等。Word 2016 在原有版本的基础上又做了改进，使用户能在更为合理和友好的界面环境中体验其强大的功能。

4.1.1　任务一　新建"二十四节气.docx"文档

1. 任务引入

二十四节气是古人对自然时间与农耕生产关系的精准把握，体现了中华民族传统农耕社会的生活经验和文化记忆，蕴含着丰富的生活智慧和文化财富。2016 年 11 月 30 日，中国"二十四节气"被正式列入联合国教科文组织人类非物质文化遗产代表作名录。为了科普传统二十四节气，下面制作"二十四节气.docx"的科普文档。

2. 任务分析

这个任务比较简单，主要是使用 Word 2016 新建一个空白文档，并将其保存在 D 盘的素材文件夹下。这需要制作者熟悉 Word 软件环境以及基本操作。

4.1.2　Word 2016 的启动和退出

1. Word 2016 的启动

Word 2016 的启动有如下几种方法：

① 利用"开始"菜单启动。单击 Windows 任务栏最左侧的"开始"按钮▦，在弹出的菜单中选择 Word 2016 命令，即可启动 Word 2016。

② 利用桌面上的快捷方式启动。如果桌面上有 Word 2016 的快捷方式，也可以直接用鼠标双击快捷方式图标启动 Word 2016。

③ 利用已有的 Word 文档启动。在"资源管理器"（或"此电脑"）中双击扩展名为 .docx 或者 .doc（使用 Word 2003 创建的文档）的文件，即可启动 Word 2016，并在该环境下打开指定的 Word 文档。

2. Word 2016 的退出

当对文档完成了所有编辑和设置工作之后，即可退出 Word。退出 Word 2016 的方法有多种，以下是常用的退出方法：

① 单击标题栏右上角的"关闭"按钮✕。

② 单击工作界面左上角的"文件"|选择"关闭"命令。

③ 右击系统任务栏的 Word 2016 缩略图，在弹出的快捷菜单中选择"关闭窗口"命令。

4.1.3 Word 2016 工作环境

启动 Word 2016 后，进入 Word 2016 窗口，其主要由标题栏、快速访问工具栏、功能区、文档编辑区、状态栏、视图栏等组成，如图 4-1 所示。

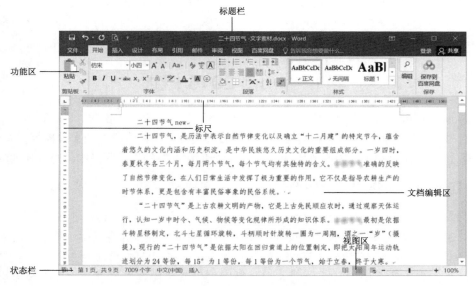

图 4-1 Word 2016 窗口的组成

（1）标题栏

标题栏位于窗口的最上方，主要由快速访问工具栏、文档标题区、窗口控制按钮组成，如图 4-2 所示。

图 4-2 Word 2016 标题栏

快速访问工具栏：位于标题栏的左侧。快速访问工具栏主要用于快速执行某些常用的文档操作，它上面的工具按钮可根据需要进行添加或者删除，单击其右侧的 ■ 按钮，在弹出的下拉菜单中选择需要添加的工具即可，如图 4-3 所示。

文档标题区：位于标题栏的中间，由 Word 文档名称和软件名称（Word）构成。

窗口控制按钮：位于标题栏右端，由"最小化""最大化""关闭"控制按钮构成。

"最小化"按钮 ▬：位于标题栏右侧，单击此按钮可以将窗口最小化，缩小成一个小按钮显示在任务栏上。

"最大化"按钮 ▢ 和"还原"按钮 ◱：位于标题栏右侧，这两个按钮不可以同时出现。当窗口不是最大化时，可以看到，单击它可以使窗口最大化，占满整个屏幕；当窗口是最大化时，可以看到，单击它可以使窗口恢复到原来的大小。

"关闭"按钮 ✕：位于标题栏最右侧，单击它可以退出整个 Word 2016 应用程序。

（2）功能区

功能区位于标题栏的下方，它几乎包含了 Word 2016 所有的编辑功能。功能区以选项卡的形式进行组织，单击选项卡名称即可在不同的选项卡间进行切换，每个选项卡下有许多自动适应窗口大小的组，在其中为用户提供了常用的命令按钮或者列表框。如"开始"选项卡中包括"字体""段落""样式"等组。

有的组的右下角还有"扩展按钮" ◪，单击它可打开相关的对话框或任务窗格，进行更详细的设置。

（3）文档编辑区

文档编辑区是用户输入、编辑和排版文本的工作区域。在文档编辑区有一条不停闪烁的黑色竖直短线"|"，就是文本插入点，提示下一个文字输入的位置。在文档编辑区中，用户可以尽情发挥自己的聪明才智和丰富的想象力，编辑出图文并茂的作品。

（4）标尺

标尺位于文档编辑区的上方和左侧，有水平标尺和垂直标尺两种，用来设置段落缩进、页边距、制表符和栏宽等。标尺的显示或隐藏可以通过勾选"视图"选项卡|"显示"组|"标尺"复选框实现。

（5）状态栏

状态栏位于窗口的底部左下角，显示当前文档的基本信息，如文档的当前节、页及总页数、字数、校对及语言、改写/插入状态等信息，如图 4-4 所示。如需对状态栏的状态进行增删，则右击状态栏，在弹出的"自定义状态栏"中进行设置，如图 4-5 所示。

图 4-3　"自定义快速访问工具栏"下拉菜单

节:1　第 1 页，共 4 页　2846 个字　英语(美国)　插入

图 4-4　Word 2016 的状态栏

图 4-5　Word 2016 的自定义状态栏

（6）视图区

视图区位于窗口的底部右下角，由视图切换区和比
例缩放区构成，如图 4-6 所示。

图 4-6　Word 2016 的视图区

视图切换有三种方式，从左到右依次是"阅读视
图" 📖、"页面视图" 📄、"Web 版式视图" 📑，单击
各按钮可以切换文档的视图显示方式。下面分别简单介绍三种视图的主要特点与用途。

- 阅读视图：如果打开的文档无须编辑而仅仅是为了阅读，可以选择阅读视图。该视图是
  一种全屏阅览文档的视图模式，隐藏了选项卡、功能区及状态栏，适合阅读或审核文档。
- 页面视图：该视图是最常用的工作视图，也是启动 Word 后默认的视图方式。在页面视图
  下"所见即所得"，显示的效果与打印的效果基本一致，适合于排版工作。
- Web 版式视图：Web 版式视图是专门用来创作 Web 页的视图形式。在该视图中，可以
  看到背景和为适应窗口而自动换行显示的文本，并且图形位置与在 Web 浏览器中的位置
  一致。

显示比例位于状态栏的最右侧，用户可以通过拖动滑块或者单击 +（放大）/-（缩小）按钮
对文档编辑区的显示比例进行设置。

4.1.4　Word 2016 文档的基本操作

1. 新建空白文档

启动 Word 2016 后，自动创建一个基于 Normal 模板的空白文档，并以"文档 1"作为默认
文件名。若用户已经打开了一个或者多个文档，需要再创建一个新文档时，可以单击功能区中
的"文件"选项卡 |"新建"命令，在"新建"选项区单击"空白文档"，就会创建一个空白文档，
如图 4-7 所示。

图 4-7 "新建"选项区

2. 利用模板创建新文档

除了新建空白文档外，Word 2016 还预置了许多文档模板。模板是预先设置好的最终文档外观框架的特殊文档。如果新建 Word 文档时没有选择模板，系统将默认使用 Normal.dotx 正文模板文件（在此模板中对正文的设置是宋体、五号字、单倍行距等格式）。此外 Word 提供了许多常见文档类型的模板，如信函、报告、简历、报表等。用户可以根据这些模板快速创建文档，提高工作效率。

使用模板创建文档的操作步骤如下：

① 单击功能区中的"文件"选项卡 | "新建"命令，打开图 4-7 所示的"新建"选项区。

② 拖动右侧的滚动条，单击所需要的模板，即可基于该模板创建相应的模板文档。

3. 保存文档

文档建立或修改好之后，需要将其保存到磁盘上。由于编辑工作在内存中进行，断电很容易使未保存的文档丢失，所以要养成随时保存文档的习惯。

（1）保存新建文档

如果新建的文档从未保存过，则通过单击功能区中的"文件"选项卡 | "保存"命令，或者单击快速访问工具栏中的"保存"按钮█，在"另存为"选项区单击"浏览"按钮，打开"另存为"对话框，如图 4-8 所示。在对话框中设定保存的位置和文件名，然后单击"保存"按钮。

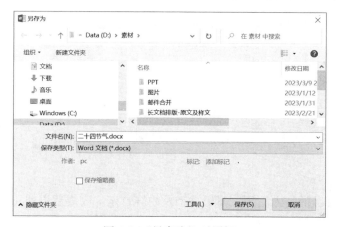

图 4-8 "另存为"对话框

（2）保存已有的文档

保存已有的文档有两种形式：第一种，是将所做的编辑修改依然保存到原文档中；第二种，是以另外的文件名或位置保存。

① 如果将以前保存过的文档打开修改后，想要保存修改，直接按【Ctrl+S】组合键或者单击快速访问工具栏中的"保存"按钮 即可。

② 如果不想破坏原文档，但是修改后的文档还需要进行保存，可以选择功能区中的"文件"选项卡 | "另存为"命令，在"另存为"选项区单击"浏览"按钮，打开图4-8所示的"另存为"对话框，在其中为文档另外选择保存位置或者文件名，然后单击"保存"按钮即可。

（3）自动保存文档

Word 2016 提供了自动保存的功能，用户可以通过设置自动保存时间，防止在录入、编辑过程中忘记保存而导致内容丢失，也就是隔一段时间系统自动保存文档。操作步骤如下：

① 选择功能区中的"文件"选项卡 | "选项"命令，打开图4-9所示的"Word 选项"对话框。

② 在左侧列表中选择"保存"选项，在其中根据需要进行相关保存选项的设置。例如，勾选"保存自动恢复信息时间间隔"复选框，然后单击右侧的微调按钮 ，或者直接输入数字，用于设置两次自动保存之间的间隔时间。

③ 单击"确定"按钮。

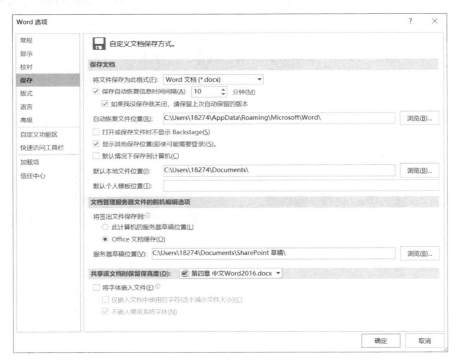

图 4-9 "Word 选项"对话框的"保存"选项卡

4.1.5 拓展练习

使用模板制作自己的个人简历。简历类型及内容自定，完成后以"××个人简历.docx"为文件名保存。

4.2　文档的基本排版

使用 Word 进行文档的基本排版是一项最基础最重要的工作，这里面涉及文档的建立、文字录入、特殊符号选择、选定文本、移动及保存等基础知识点，掌握良好的操作方法和操作习惯对完成录入工作有很大帮助，同时也为进一步的处理奠定基础。

4.2.1　任务二　输入"二十四节气"并进行基本排版

1. 任务引入

本任务是在任务一创建的"二十四节气 .docx"文档中输入文本内容后，进行基本排版。

2. 任务分析

分析该任务，要从以下几个方面入手：

（1）输入文本

打开任务一创建的"二十四节气 .docx"，输入文本并编辑文本。

输入的内容如下（输入时不需要考虑任何排版，如开头空两格、标题置于中间等）：

二十四节气百科 new

二十四节气，是历法中表示自然节律变化以及确立"十二月建"的特定节令，蕴含着悠久的文化内涵和历史积淀，是中华民族悠久历史文化的重要组成部分。一岁四时，春夏秋冬各三个月，每月两个节气，每个节气均有其独特的含义。二十四节气准确地反映了自然节律变化，在人们日常生活中发挥了极为重要的作用。它不仅是指导农耕生产的时节体系，更是包含有丰富民俗事象的民俗系统。

"二十四节气"是上古农耕文明的产物，它是上古先民顺应农时，通过观察天体运行，认知一岁中时令、气候、物候等变化规律所形成的知识体系。二十四节气最初是依据斗转星移制定，北斗七星循环旋转，斗柄顺时针旋转一圈为一周期，谓之一"岁"（摄提）。现行的"二十四节气"是依据太阳在回归黄道上的位置制定，即把太阳周年运动轨迹划分为 24 等份，每 15°为 1 等份，每 1 等份为一个节气，始于立春，终于大寒。

春：立春、雨水、惊蛰、春分、清明、谷雨

夏：立夏、小满、芒种、夏至、小暑、大暑

秋：立秋、处暑、白露、秋分、寒露、霜降

冬：立冬、小雪、大雪、冬至、小寒、大寒

经历史发展，农历吸收了干支历的节气成分作为历法补充，并通过"置闰法"调整使其符合回归年，形成阴阳合历，"二十四节气"也就成为农历的一个重要部分。

二十四节气是中国古代劳动人民总结出来，反映太阳运行周期的规律，古人们依此来进行农事活动。2006 年 5 月 20 日，"二十四节气"作为民俗项目经国务院批准列入第一批国家级非物质文化遗产名录。2016 年 11 月 30 日，联合国教科文组织正式通过决议，将中国申报的"二十四节气——中国人通过观察太阳周年运动而形成的时间知识体系及其实践"列入联合国教科文组织人类非物质文化遗产代表作名录。在国际气象界，二十四节气被誉为"中国的第五大发明"。本词条由"科普中国"科学百科词条编写与应用工作项目审核。

（2）对文本内容进行格式设置，包括字符格式及段落格式、边框和底纹、项目符号、首字下沉、分栏等，设置如下：

- 全篇文字设置为仿宋、小四、1.5 倍行距。
- 标题"二十四节气"设为小二号、楷体、加粗、居中、字符间距加宽 3 磅。
- new 设为五号、红色、文字位置提升 10 磅。
- 标题所在段落段前 1 行、段后 1 行。
- 正文开始的各个段落设置首行缩进 2 个字符。
- 最后一个段落右对齐。
- 查找和替换。
- 分栏、首字下沉、边框和底纹及项目符号和编号的设置如图 4-10 样文所示。

【二十四节气样文】

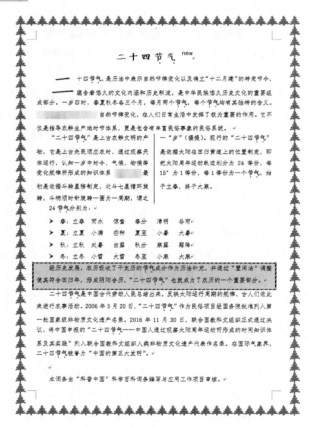

图 4-10　样文

下面对任务二中涉及的知识点进行梳理及详细讲解。

4.2.2　文本的编辑

1. 输入文本

人们在使用 Word 2016 制作文档时一般是先输入文档的文本内容，然后对内容进行编辑，最后进行排版和打印输出。文档的制作是从输入文本或者从网络上获取文本这两种途径开始的。

（1）文字的录入

在文档中输入文本是从当前插入点之后开始。输入文本时，应注意以下几点：

- 通过 Insert 键或双击状态栏上的"插入 / 改写"按钮，可以改变当前字符输入状态为"改写"或"插入"方式。
- 输入标题和段落首行时，不需要利用输入空格进行居中或缩进，可利用段落的格式化实现。
- Word 2016 具有自动换行功能，只有当一个段落结束时，才按【Enter】键。因此，在Word 2016 中，一个自然段只能含有一个硬回车↵；若在同一段内要换行，可采用软回车，方法是将插入点放在要换行处，单击"布局"选项卡 |"页面设置"组 |"分隔符"下拉按钮，选择"自动换行符"命令，也可以通过按【Shift+Enter】组合键实现。软回车的标记是↓。
- 输入错误时，可利用【Backspace】键删除当前光标插入点之前的字符，利用【Delete】键删除光标插入点之后的字符。

（2）插入符号

输入文本时，经常会遇到键盘上没有的符号，这时就需要使用 Word 2016 提供的插入符号的功能。操作步骤如下：

① 将插入点定位到要插入符号的位置。

② 单击"插入"选项卡 |"符号"组 |"符号"下拉按钮，选择"其他符号"命令，打开"符号"对话框，选择需要的字体以及该字体下的符号，可通过输入字符代码如 124，找到某个字符，如图 4-11 所示。

③ 选择要插入的符号，单击"插入"按钮，或者双击要插入的符号。

（3）插入日期和时间

在 Word 2016 中，用户可以在文档中插入当前日期和时间。操作步骤如下：

① 将插入点定位到要插入日期和时间的位置。

② 单击"插入"选项卡 |"文本"组 |"日期和时间"按钮，打开"日期和时间"对话框，在其中选择可用格式，单击"确定"按钮完成时间或日期的插入，如图 4-12 所示。

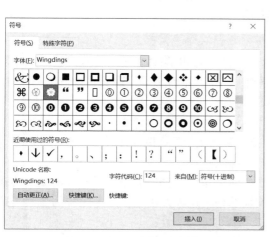

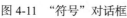

图 4-11　"符号"对话框

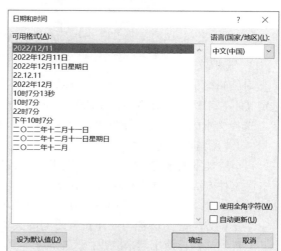

图 4-12　"日期和时间"对话框

2. 从网络上获取文字素材

制作文档时，用户除了自己输入文本，还可以从网络上复制所需的文本。由于网络上的文本多数都带有格式，而将其粘贴在文档中不需要格式，因此用户要特别注意"选择性粘贴"命令的使用。具体操作步骤如下：

图 4-13　"粘贴选项"列表

① 在浏览器窗口中搜索自己所需的文本并右击，在弹出的快捷菜单中选择"复制"命令。

② 切换到 Word 文档窗口，在需要插入文本的位置处单击，定位插入点。

③ 单击功能区中的"开始"选项卡 |"剪贴板"组 |"粘贴"下拉按钮，在图 4-13 所示的"粘贴选项"中单击"只保留文本"按钮 。

④ 还可以在"粘贴选项"中选择"选择性粘贴"命令，打开图 4-14 所示的"选择性粘贴"对话框，从中选择"无格式文本"选项，单击"确定"按钮。

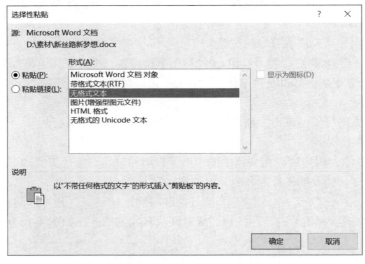

图 4-14　"选择性粘贴"对话框

3. 选取文本

对编辑区的内容进行任何的编辑操作（如从简单的移动、删除到复杂的格式设置）都必须选定文本，用户一定要遵循"先选取后操作"的原则，选定文本后文本呈现反显状态。

选择文本的方法大体分为如下两大类：

（1）用鼠标选定文本

- 小块文本的选定：按住鼠标左键从起始位置拖动到终止位置，鼠标拖过的文本即被选中。这种方法适合选定小块的、不跨页的文本。

- 大块文本的选定：先用鼠标在起始位置单击，然后按住【Shift】键的同时单击文本的终止位置，起始位置与终止位置之间的文本就被选种。这种方法适合选定大块的尤其是跨页的文档，使用起来既快捷又准确。

- 选定一行：鼠标移至左侧的选定栏，鼠标指针变成向右上方箭头，单击可以选定所在的一行。

- 选定一句：按住【Ctrl】键的同时，单击句中的任意位置，可以选定一句。
- 选定一段：鼠标移至左侧的选定栏，双击可以选定所在的一段，或在段落内的任意位置快速三击可以选定所在的段落。
- 选定整篇文档：鼠标移至左侧的选定栏，快速三击或者按住【Ctrl】键的同时单击，也可以按【Ctrl+A】组合键选定整篇文档。
- 选定矩形块：按住【Alt】键的同时，按住鼠标向下拖动可以纵向选定矩形文本。

（2）用键盘选定文本

- 【Shift+←】（→）方向键：分别向左（右）扩展选定一个字符。
- 【Shift+↑】（↓）方向键：分别由插入点处向上（下）扩展选定一行。
- 【Ctrl+Shift+Home】：从当前的位置扩展选定到文档开头。
- 【Ctrl+Shift+End】：从当前位置扩展选定到文档结尾。
- 【Ctrl+A】：选定整篇文档。

（3）取消文本的选定

要取消选定的文本，用鼠标单击文档中的任意位置即可。

4. 移动、复制和删除选定文本

在 Word 中经常要对选定的文本进行移动、复制或者删除等操作。

在 Windows 系统中专门在内存中开辟了一块存储区域作为移动或者复制的中转站，称为系统剪贴板。当用户选定内容（如文本或者图片），执行"剪切"或者"复制"命令后，该内容就存在于剪贴板中了；执行"粘贴"命令，剪贴板中的内容就复制到当前文档的插入点位置。简言之，剪贴板就是用户在文档中和文档间交换多种信息的中转站。

（1）移动文本块

在编辑文档的过程中，经常需要将整块文本移动到其他位置，用来组织和调整文档的结构。常用的移动文本的方法主要有以下两种：

第一，使用鼠标拖放移动文本。操作步骤如下：

① 选定要移动的文本。

② 鼠标指针指向选定的文本，鼠标指针变成向左上的箭头，按住鼠标左键，鼠标指针尾部出现虚线方框，指针前出现一条直虚线。

③ 拖动鼠标到目标位置，即虚线指向的位置，松开鼠标左键即可。

第二，使用剪贴板移动文本。操作步骤如下：

① 选定要移动的文本。

② 单击功能区中的"开始"选项卡 |"剪贴板"组 |"剪切"按钮✂，也可直接按【Ctrl+X】组合键，将选定的文本移到剪贴板上。

③ 将插入点定位到目标位置，单击"开始"选项卡 |"剪贴板"组 |"粘贴"按钮📋，也可直接按【Ctrl+V】组合键，从剪贴板粘贴文本到目标位置。

（2）复制文本块

复制文本块有两种方法：

第一，用鼠标拖放复制文本。操作步骤如下：

① 选定要复制的文本。

② 鼠标指针指向选定的文本，鼠标指针变成向左的箭头，按住【Ctrl】键的同时，按住鼠

标左键，鼠标指针尾部出现虚线方框和一个"+"号，指针前出现一条竖直虚线。

③ 拖动鼠标到目标位置，松开鼠标左键即可。

第二，使用剪贴板复制文本。操作步骤如下：

① 选定要复制的文本。

② 单击功能区中的"开始"选项卡 |"剪贴板"组 |"复制"按钮，也可直接按【Ctrl+C】组合键，将选定的文本移到剪贴板上。

③ 将插入点定位到目标位置，单击"剪贴板"组 |"粘贴"按钮，也可直接按【Ctrl+V】组合键，从剪贴板粘贴文本到目标位置。

"复制"和"剪切"操作均将选定的内容复制到剪贴板，用户可以单击"剪贴板"组右下角的"扩展按钮"，在文档编辑窗口左侧打开"剪贴板"任务窗格，根据自己的需要选择内容进行粘贴。

（3）删除文本块

当要删除一段文本时，首先要选中它，按【Delete】键删除。

5. 查找与替换

在 Word 2016 中，可以在文档中搜索指定的内容，并将搜索到的内容替换为别的内容，还可以快速地定位文档，用户在修改、编辑大篇幅文档时，使用非常方便。

（1）查找

如果要在文档中查找文本，最常用的方法是使用"导航"任务窗格进行查找。例如，要在文档中查找"节气"，则需单击"开始"选项卡 |"编辑"组 |"查找"按钮，在左侧打开"导航"任务窗格，在搜索框中输入要查找的关键字后，系统将自动在文档中进行查找，并将找到的文本以高亮度方式显示，如图 4-15 所示。

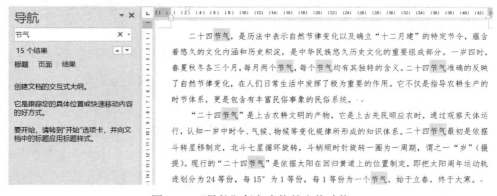

图 4-15 "导航"任务窗格的查找功能

（2）替换

如果在编辑文档的过程中，需要将文中所有的"节气"替换为红色加粗带着重号的"节气"，一个一个地手动设置，不但浪费时间，而且容易遗漏。Word 2016 为用户提供了"替换"功能，可以轻松地解决这个问题。在文档中替换字符串的操作步骤如下：

① 单击"开始"选项卡 |"编辑"组 |"替换"按钮，或按【Ctrl+H】组合键，打开"查找和替换"对话框。

② 在"查找内容"文本框中输入"节气"，在"替换为"文本框中输入"节气"，单击"更多"按钮设置搜索选项，通过"格式"按钮设置字体或者段落等格式，例如字体颜色为标准色红色，

选择着重号，如图 4-16 所示，单击"确定"按钮回到"查找和替换"对话框。

③ 单击"全部替换"按钮，完成替换后 Word 2016 会提示已经完成了多少处替换，如图 4-17 所示。

图 4-16　设置替换的格式

图 4-17　"查找和替换"对话框的"替换"选项卡

注意：

① 如果在"查找内容"文本框中的文本或"替换为"文本框中的文本格式设置错了，可以单击"不限定格式"按钮将格式去掉。例如，不小心为查找内容设置了格式，则在"查找内容"文本框中单击，再单击"不限定格式"按钮即可将查找内容的格式删掉，如图 4-18 所示。

图 4-18　"查找和替换"对话框的不限定格式应用

② 使用"查找和替换"对话框还可以对文档中的特殊符号进行替换。例如，将文档中间"二十四节气分别为："下面四段中的所有顿号"、"替换为"制表符 →"，则应该先选中这四个段落，再进行替换，替换时注意在"替换为"文本框中单击后，再单击 "特殊格式"按钮，从中选择"制表符"，如图 4-19 所示。

图 4-19 "查找和替换"对话框中特殊字符的使用

6. "撤销"和"恢复"操作

在输入和编辑文档的过程中，Word 2016 会自动记录下最新的击键和刚执行过的命令。利用 Word 2016 提供的撤销与恢复功能可以使用户有机会改正错误的操作。

（1）撤销

如果刚才的操作有误，可使用以下方法之一撤销刚才的操作：

- 单击快速访问工具栏中的"撤销"按钮，可撤销最近一步操作。多次单击可撤销连续的多步操作。如果单击"撤销"下拉按钮，在弹出的下拉列表中记录了之前所执行的操作，选择其中的某个操作即可撤销该操作之后的多步操作。
- 按【Ctrl+Z】组合键可撤销最近一步操作。

（2）恢复

在经过撤销操作后，"撤销"按钮右边的"恢复"按钮将被激活。恢复是对撤销的否定，如果认为不应该撤销刚才的操作，可以通过下列方法恢复：

- 单击快速访问工具栏中的"恢复"按钮。
- 按【Ctrl+Y】组合键可恢复最近一步被撤销的操作。

7. 拼写与语法检查

在 Word 中，录入中、英文，有时会在某些单词或词语的下方出现一些红色或绿色的波浪线，这表示该单词或词语可能存在拼写或语法错误。这种波浪线并不影响文字录入，也不会打印出来。

这是 Word 的"拼写和语法检查"功能造成的，用户在录入文档内容时，Word 会自动检查文档，红色的波浪线表示拼写问题，绿色的波浪线表示语法问题。

对于文档中由 Word 标出的拼写与语法错误，通常会显示有相应的拼写建议或语法建议。在更正拼写或语法错误时，可在波浪线上右击，弹出拼写错误或语法错误的快捷菜单。

用户也可以设置 Word 自动检查文档中的所有拼写和语法错误，操作步骤如下：

① 将插入点定位于需要检查的文字部分的起始位置。

② 单击"审阅"选项卡 |"校对"组 |"拼写与语法"按钮，Word 将自动对插入点之后的文档内容进行拼写和语法检查。如果发现有拼写和语法错误，会在文档窗口右侧打开"拼写和语法"任务窗格，显示当前光标位置后查找到的第一个可能性错误。例如，文档中的 new 错写为 nwe，则右侧的任务窗格会给出拼写检查的修改意见，用户可对检查结果进行相关的选择，如图 4-20 所示。又如，文中如有重复的词汇，则在任务窗格中给出语法的错误提示，提示内容为重复错误，如图 4-21 所示。

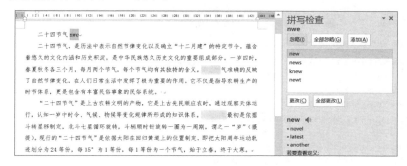 

图 4-20　"拼写和语法"任务窗格 - 拼写检查　　　　图 4-21　"拼写和语法"任务窗格 - 语法

默认情况，在 Word 中输入内容时会自动进行拼写和语法的检查。单击"文件"选项卡 |"选项"命令，打开"Word 选项"对话框，切换到"校对"选项下，将"在 Word 中更正拼写和语法时"下面的"键入时检查拼写"和"键入时标记语法错误"复选框选中或者取消选中，则可以打开或者关闭自动拼写和语法检查，如图 4-22 所示。

图 4-22　"Word 选项"对话框的"校对"选项卡

此功能更适合于英文文章，对于中文文章，尤其是古文，并不准确。

8. 自动更正

如果文档中经常出现"考试管理中心"这一词条，为了快速输入这一词条，用户可以通过简单的英文符号去定义该词条。例如，将"zx"自动用"考试管理中心"这一词条替换，具体操作步骤如下：

① 选择"文件"选项卡|"选项"命令，打开"Word 选项"对话框，切换到"校对"选项卡。

② 单击"自动更正选项"按钮，打开"自动更正"对话框，在"替换"文本框中输入词条简写"zx"，在"替换为"文本框中输入中文完整的词条"考试管理中心"。单击"添加"按钮，成功添加该词条，如图 4-23 所示。

③ 单击"确定"按钮，返回"Word 选项"对话框，单击"确定"按钮，完成自动更正设置。

图 4-23　"自动更正"对话框

此后，当用户在文档中输入"zx"并按空格键后，Word 将自动用"考试管理中心"进行替换。

4.2.3　设置字体格式和段落格式

1. 字体格式

字体格式包括字体、字号、粗体、斜体、上下标、字符间距调整、字体颜色及特殊文字效果等。

（1）通过"快捷字体工具栏"设置字体格式

选定要设置格式的文本，Word 2016 会自动弹出"快捷字体工具栏"，如图 4-24 所示。此时该工具栏显示为半透明状态，当鼠标指针移入工具栏区域时，工具栏将变成实体可见状态，用户可以设置选中文本的字体。

（2）通过"字体"组设置字体格式

单击"开始"选项卡 |"字体"组中的按钮可以对选中文本进行字体、字形、字号、颜色、下画线、特殊效果的设置，如图 4-25 所示。

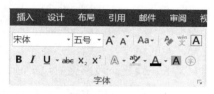

<table>
<tr><td>图 4-24　快捷字体工具栏</td><td>图 4-25　"开始"选项卡 |"字体"组</td></tr>
</table>

（3）通过"字体"对话框设置字体格式

使用"字体"对话框可以进行更加丰富的字体格式设置。在选中要设置格式的文本后，单击"开始"选项卡 |"字体"组右下角的扩展按钮，打开"字体"对话框，如图 4-26 所示。

在"字体"对话框的"字体"选项卡中，用户可以设置字体、字形、字号、字体颜色、下画线线型、下画线颜色、着重号等，还可以在"效果"选项组中设置上下标、删除线等，在预览框中显示文本的字体格式设置之后的效果。在"字体"对话框的"高级"选项卡中，可设置字符间距、缩放、位置等，如图 4-27 所示。单击"字体"对话框下方的"文字效果"按钮，还可以设置更为丰富的文本效果格式，例如，文本填充与轮廓、文字效果等。

<table>
<tr><td>图 4-26　"字体"对话框的"字体"选项卡</td><td>图 4-27　"字体"对话框的"高级"选项卡</td></tr>
</table>

温馨提示

字号大小有两种表达方式，分别以"号"和"磅"为单位。以"号"为单位的字体中，

初号最大，八号最小；以"磅"为单位的字体中，72 磅最大，5 磅最小。当然还可以输入比 72 磅字更大的特大字。根据页面的大小，文字的磅值最大可以达到 1 638 磅。格式化特大字 的方法是：选定要格式化的文本，在"开始"选项卡 | "字体"组的"字号"文本框中输入需 要的磅值后，按【Enter】键即可。

2. 段落格式

段落是 Word 文档的重要组成部分。每次按下【Enter】键时，就插入一个段落标记（↵）， 该标记表示一个段落的结束，同时也标志着另一个段落的开始。段落格式包括段落的对齐方式、 缩进设置、段间距与行间距、分页等。

当对某一段落进行段落格式设置时，首先要选中该段落，或者将"插入点"定位到该段落中； 如果对多个段落进行段落格式设置，则一定要将多个段落同时选中，再进行段落格式设置。

（1）段落缩进

段落缩进分为四类：首行缩进、悬挂缩进、左缩进、右缩进。

- 首行缩进：段落中的第一行缩进一定值，其余行不缩进，通过它可以实现开头空两格的 效果。
- 悬挂缩进：是指段落中除了第一行之外，其余所有行缩进一定值。
- 左缩进：是对整个段落的左侧缩进一定的距离。
- 右缩进：是对整个段落的右侧缩进一定的距离。

设置缩进的方法如下：

第一，使用水平标尺拖动缩进标记。

段落缩进可以使用水平标尺的方法快速设置。如果水平标尺没有显示出来，可勾选"视图" 选项卡 | "显示"组中的"标尺"复选框，即可显示标尺。

文档编辑区的上方是水平标尺。在水平标尺的左侧有上、中、下三个滑块，分别表示首行 缩进、悬挂缩进和左缩进，右侧只有一个滑块，表示右缩进，如图 4-28 所示。当选中需要设置 缩进的段落后，就可以使用相应的滑块进行缩进设置（如果需要微调，可在拖动滑块的同时按 【Alt】键）。

图 4-28　水平标尺上的缩进标记

第二，使用菜单方法。

使用标尺进行缩进的方法虽然快捷，但如果有具体度量单位的要求，则需要使用菜单的方法。 操作步骤如下：

① 选中要设置格式的段落。

② 单击"开始"选项卡 | "段落"组右下角的扩展按钮，或者单击"页面布局"选项卡 | "段落"组右下角的扩展按钮，打开图 4-29 所示的"段落"对话框。

③ 选择"缩进和间距"选项卡，在"缩进"选项组中进行相应的设置。例如，设置首行缩 进 2 字符，需单击"特殊格式"下拉按钮，选择"首行缩进"，在其右侧的"缩进值"微调框

中设置 2 字符。

拓展知识：缩进的常用度量单位主要有三种：厘米、磅和字符。度量单位的设定可以通过单击"开始"选项卡 | "选项"命令，打开"Word 选项"对话框，选择"高级"选项卡，在"显示"选项组的"度量单位"下拉列表中设定，如图 4-30 所示。设置完毕，单击"确定"按钮，完成度量单位的设定。

图 4-29　"段落"对话框的"缩进和间距"选项卡　　图 4-30　"Word 选项"对话框的"高级"选项卡

（2）段落的对齐方式

段落对齐是指文档边缘的对齐方式，Word 2016 提供了五种段落对齐方式，分别为左对齐、居中对齐、右对齐、两端对齐、分散对齐。其中两端对齐是默认设置，除一个段落的最后一行外，该段的两侧则具有整齐的边缘，而文字的水平间距会自动进行调整。分散对齐是段落具有两侧均对齐，当段落的最后一行不满一行时，将拉开字符水平间距使该行文字均匀分布。

设置段落对齐的方法有如下两种：

第一，使用工具按钮方法。

在"开始"选项卡 | "段落"组中有五个工具按钮，依次是左对齐、居中对齐、右对齐、两端对齐、分散对齐，单击可以进行相应的对齐设置。

第二，使用菜单方法。

选中要设置对齐方式的段落后，单击"开始"选项卡 | "段落"组右下角的扩展按钮，打开"段落"对话框，在"对齐方式"下拉列表中选择对齐方式，如图 4-31 所示。

（3）段间距和行间距

有时用户需要在文档的段落和段落之间以及行与行之间的有一定距离，这就需要设置段落的段间距和行距。

- 段间距：在段前、段后分别设置一定的空白间距，通常以"行"或"磅"为单位。
- 行距：指行与行之间的距离，通常有单倍、1.15倍、1.5倍、2倍、多倍行距等，用于设定标准行距相应倍数的行距。此外，还可以选择最小值、固定值，用固定的磅值作为行间距。

行距和段间距可以通过"开始"选项卡|"段落"组|"行和段落间距"按钮 进行设置。单击该按钮右侧的下拉按钮，在图 4-32 所示的下拉列表中进行所需设置。如果选择"行距选项"命令，打开"段落"对话框，在其中可以进行更多的段落格式设置。

图 4-31 "段落"对话框的"缩进和间距"选项卡

图 4-32 行和段落间距列表

（4）段落与分页

通过设置 Word 文档段落分页选项，可以有效控制段落在两页之间的断开方式。控制段落的换行和分页，操作步骤如下：

① 选择要控制换行和分页的段落，或将插入点置于此段落中。

② 单击"开始"选项卡|"段落"组右下角的扩展按钮，打开"段落"对话框。

③ 选择"换行和分页"选项卡，其中列有四个分页选项：

- 孤行控制：选中此项，可以避免段落的首行出现在页面底端，也可以避免段落的最后一行出现在页面顶端。
- 与下段同页：将所选段落与下一段落归于同一页。
- 段中不分页：使一个段落不被分在两个页面中。
- 段前分页：在所选段落前插入一个人工分页符强制分页。

④ 设置完毕后，单击"确定"按钮。

4.2.4 复制格式

如果在文档的格式设置过程中两部分内容的格式完全相同，可以通过"格式刷"实现格式的复制，该工具主要用于复制选定对象的格式，包括字体格式和段落格式。

1. 复制字体格式

字体格式包括字体、字形、字号、文字颜色等，操作步骤如下：

① 选中要复制格式的文本。

② 单击"开始"选项卡|"剪贴板"组|"格式刷"按钮 ，此时鼠标指针呈刷子形状。

③ 按住鼠标左键刷（即拖动）要应用新格式的文字。

2．复制段落格式

段落格式包括对齐、缩进、行距等，操作步骤如下：

① 选中要复制格式的整个段落，或将插入点定位到此段落内。

② 单击"开始"选项卡 |"剪贴板"组 |"格式刷"按钮 ✄。

③ 在应用该段落格式的段落中单击。如果同时要复制段落格式和文本格式，则需拖选刷子形状的鼠标指针至整个段落。

温馨提示

单击"格式刷"按钮，进行一次复制格式后，按钮将自动弹起，不能继续使用；如要连续多次使用，则双击"格式刷"按钮，可多次复制格式。如要停止使用，可按【Esc】键，或再次单击"格式刷"按钮。

4.2.5　设置项目符号和编号

使用项目符号和编号，可以使文档有条理、层次清晰、可读性强。项目符号使用的是符号，而编号使用的是一组连续的数字或字母，出现在段落前。用户可以在文档中添加已有的项目符号和编号，也可以自定义项目符号和编号。

1．添加项目符号

添加项目符号的操作步骤如下：

① 选中需要添加项目符号的多个段落。

② 单击"开始"选项卡 |"段落"组 |"项目符号"按钮 ≡，可为多个段落添加默认的项目符号，如果单击"项目符号"按钮右侧的下拉按钮，打开"项目符号库"列表框，如图 4-33 所示，用户可以在列表框中选择所需的项目符号。

③ 如果项目符号库中没有需要的项目符号时，用户可以添加自定义的项目符号，选择"定义新项目符号"命令，打开"定义新项目符号"对话框，如图 4-34 所示，在其中单击"符号"按钮，选择相应的符号，也可以使用图片或对项目符号进行字体的设置。

④ 单击"确定"按钮，完成项目符号的设置。

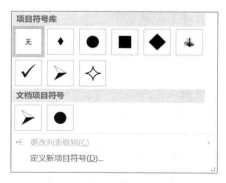

图 4-33　"项目符号库"列表

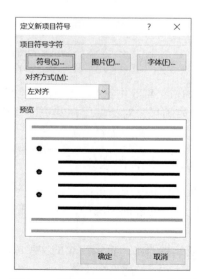

图 4-34　"定义新项目符号"对话框

2. 添加编号

为文档中的段落添加编号的方法与添加项目符号类型，具体操作步骤如下：

① 选中需要添加编号的多个段落。

② 单击"开始"选项卡 | "段落"组 | "编号"按钮 ，可为多个段落添加默认的编号，如果单击"编号"按钮右侧的下拉按钮，则打开"编号库"列表框，如图 4-35 所示，用户可以在列表框中选择所需的编号。也可以通过单击"定义新编号格式"命令，在"定义新编号格式"对话框中进行新编号样式、格式及对齐方式的选择和设置，如图 4-36 所示。

③ 单击"确定"按钮，完成编号的设置。

图 4-35 "编号库"列表

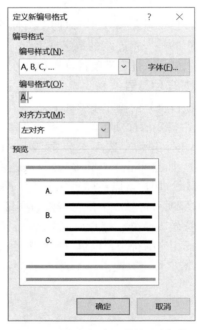

图 4-36 "定义新编号格式"对话框

如果在图 4-35 中选择"设置编号值"命令，则弹出图 4-37 所示的"起始编号"对话框，在其中设置编号的起始值，例如编号样式是 A,B,C,…，编号从 C 开始。

4.2.6 设置边框和底纹

在 Word 2016 中，可以为选定的字符、段落、页面及各种图形设置各种颜色的边框和底纹，使文档格式达到理想的效果。具体操作步骤如下：

① 选定要添加边框或底纹的文字或段落,任务二中需要选择"经历史发展，……"这一个段落。

图 4-37 "起始编号"对话框

② 单击"开始"选项卡 |"段落"组 |"边框"按钮 右侧的下拉按钮，在下拉列表中选择
"边框和底纹"命令，打开"边框和底纹"对话框，如图 4-38 所示。

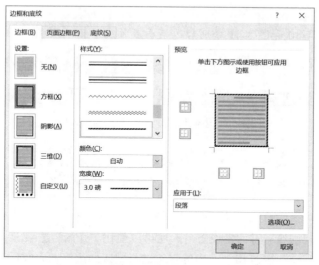

图 4-38　"边框和底纹"对话框的"边框"选项卡

③ 选择"边框"选项卡，分别设置边框的样式、颜色、宽度、应用范围等，应用范围可以
是选定的"文字"或"段落"，对话框右侧会出现效果预览，用户可以根据预览效果随时进行调整，
直到满意为止。

④ 选择"页面边框"选项卡，可以在页面四周添加边框，使文档获得不同凡响的页面外观
效果。在添加页面边框时，可以为整篇文档的所有页添加边框，也可以为文档的个别页添加边
框，除了线型边框外，还可以在页面周围添加艺术型边框，单击"艺术型"按钮右侧的下拉按钮，
从下拉列表中进行选择，应用范围可以是：整篇文档、本节、本节 – 仅首页、本节 – 除首页外
所有页，如图 4-39 所示。

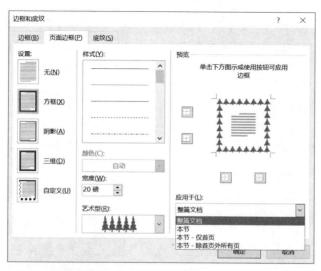

图 4-39　"边框和底纹"对话框的"页面边框"选项卡

⑤ 选择"底纹"选项卡，分别设定填充底纹的图案、样式、颜色和设定应用范围等。

⑥ 所有设置完毕后单击"确定"按钮，完成边框和底纹的设置。

注意： 在"边框和底纹"对话框中的"应用于"下拉列表可以选择"段落"和"文字"，它们的效果不同。图 4-40 和图 4-41 分别为边框和底纹应用于"文字"和"段落"的不同效果。

> 经历史发展，农历吸收了干支历的节气成分作为历法补充，并通过"置闰法"调整
> 使其符合回归年，形成阴阳合历，"二十四节气"也就成为了农历的一个重要部分。

图 4-40 边框和底纹应用于文字的效果

> 经历史发展，农历吸收了干支历的节气成分作为历法补充，并通过"置闰法"调整
> 使其符合回归年，形成阴阳合历，"二十四节气"也就成为了农历的一个重要部分。

图 4-41 边框和底纹应用于段落的效果

除了使用"边框和底纹"对话框设置外，还可以使用"开始"选项卡|"字体"组|"字符边框"按钮 Ａ 和"字符底纹"按钮 Ａ 为选中的字符进行默认的边框和底纹设置，但样式比较单一。

4.2.7 首字下沉

我们在浏览杂志或报纸书籍时，常常看到有些段落的开头第一个字或字母有下沉的效果，这就是首字下沉。这种效果在 Word 文档中是非常容易实现的。

在 Word 文档中，首字下沉有两种效果："下沉"和"悬挂"。使用"下沉"效果，首字下沉后将和段落其他文字在一起，使用悬挂效果首字下沉后将悬挂在段落其他文字的左侧。设置首字下沉的操作步骤如下：

① 将光标放在要设置首字下沉的段落中。

② 单击"插入"选项卡|"文本"组|"首字下沉"按钮的下拉按钮，在列表框中选择"首字下沉选项"命令，打开图 4-42 所示的对话框，位置可选择"无""下沉""悬挂"，同时还可以设置字体、下沉行数及距正文的距离。

③ 单击"确定"按钮。

图 4-42 "首字下沉"对话框

图 4-43 和图 4-44 分别为首字下沉两行和悬挂下沉两行的不同效果。如果要去掉下沉的效果，可在"首字下沉"对话框的"位置"区域选择"无"。

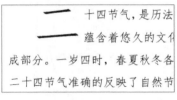

图 4-43 "首字下沉"两行效果

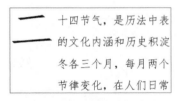

图 4-44 "悬挂下沉"两行效果

4.2.8　分栏排版

由于排版的需要，有时候可能会使用多种分栏排版样式，特别是在制作海报或报纸时，分栏更为广泛使用。分栏排版的操作步骤如下：

① 选定要进行分栏的文本，一般是一个段落或者几个段落的文字。

② 单击"布局"选项卡 | "页面设置"组 | "分栏"按钮，在列表框中选择需要的分栏方式，也可以选择"更多分栏"命令，打开"分栏"对话框，如图 4-45 所示。

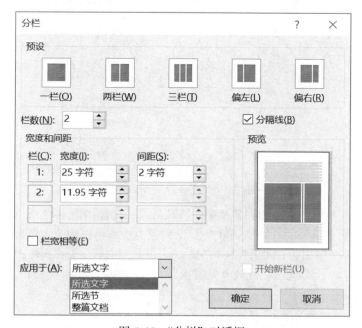

图 4-45　"分栏"对话框

③ 在"分栏"对话框中设置栏数、宽度和间距，以及是否需要分隔线等，如果不勾选"栏宽相等"复选框，还可以设置每一栏的宽度以及间距。

④ 在"应用于"下拉列表框中选择应用的范围，右侧的"预览"区域可以看到设置的效果。

⑤ 单击"确定"按钮完成分栏操作。

分栏之后，在分栏文字的前后分别出现两个连续的分节符，关于节的用法和操作 4.6 节会加以说明。

要取消分栏，只需要在"分栏"对话框的"预设"区域选择"一栏"即可。

温馨提示

如果分栏的文本在文档的最后，会出现分栏长度不相同的情况。这时，只需要把插入点移至文档最后再按【Enter】键，让最后一段后面出现一个段落标记，选定该段落标记之前需要分栏的文本，进行分栏操作。需要注意的是只有在页面视图中才能看到分栏的效果，在其他视图中，只能看到按一栏宽度显示的文本。

4.2.9　拓展练习

从网页上复制的文字，当粘贴到文档中后，发现有很多空白行，一处一处地删除非常低效，用替换的方法可以一键轻松删除空白行。

例如，从 360 百科搜索"节气"，进入词条后复制部分文字，进行"无格式文本"的选择性粘贴，文档中有很多空白行，如图 4-46 所示。

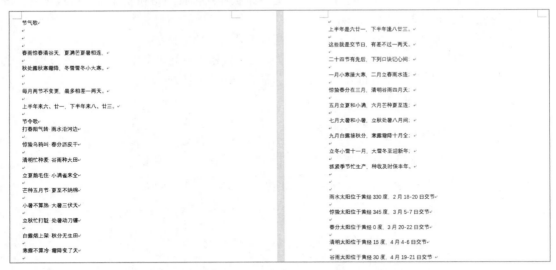

图 4-46　网页上复制的文字有很多空白行的页面

要想删除这些空白行，需要用到替换中的特殊格式，设置如图 4-47 所示。其中，^p 表示段落标记，可以从对话框下面的"特殊格式"下拉列表中找到，将两个段落标记替换为一个段落标记，就代表删除一个空白行，如果替换一次后，仍然有空白行，则再次单击"全部替换"按钮，直至最后信息框提示"全部完成。完成 0 处替换"，表示删除了全部空白行，如图 4-48 所示。

图 4-47　删除空白行的替换设置

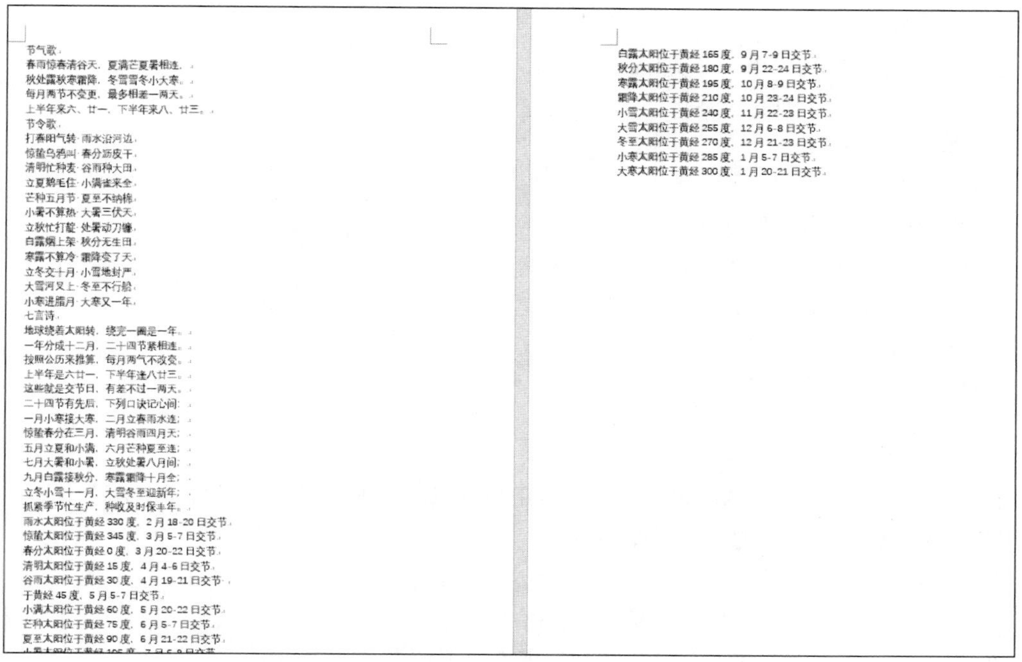

节气歌：
春雨惊春清谷天，夏满芒夏暑相连。
秋处露秋寒霜降，冬雪雪冬小大寒。
每月两节不变更，最多相差一两天，
上半年来六、廿一，下半年来八、廿三。
节令歌：
打春阳气转，雨水沿河边。
惊蛰乌鸦叫，春分滴皮干。
清明忙种麦，谷雨种大田。
立夏鹅毛住，小满雀来全。
芒种五月节，夏至不纳棉。
小暑不算热，大暑三伏天。
立秋忙打靛，处暑动刀镰。
白露烟上架，秋分无生田。
寒露不算冷，霜降变了天。
立冬交十月，小雪地封严。
大雪河又上，冬至不行船。
小寒进腊月，大寒又一年。
七言诗：
地球绕着太阳转，绕完一圈是一年。
一年分成十二月，二十四节紧相连。
按照公历来推算，每月两气不改变。
上半年是六廿一，下半年逢八廿三。
这些就是交节日，有差不过一两天。
二十四节有先后，下列口诀记心间：
一月小寒接大寒，二月立春雨水连。
惊蛰春分在三月，清明谷雨四月天。
五月立夏和小满，六月芒种夏至连。
七月大暑和小暑，立秋处暑八月间。
九月白露接秋分，寒露霜降十月全。
立冬小雪十一月，大雪冬至迎新年。
抓紧季节忙生产，种收及时保丰年。
雨水太阳位于黄经330度，2月18-20日交节。
惊蛰太阳位于黄经345度，3月5-7日交节。
春分太阳位于黄经0度，3月20-22日交节。
清明太阳位于黄经15度，4月4-6日交节。
谷雨太阳位于黄经30度，4月19-21日交节。
于黄经45度，5月5-7日交节。
小满太阳位于黄经60度，5月20-22日交节。
芒种太阳位于黄经75度，6月5-7日交节。
夏至太阳位于黄经90度，6月21-22日交节。

白露太阳位于黄经165度，9月7-9日交节。
秋分太阳位于黄经180度，9月22-24日交节。
寒露太阳位于黄经195度，10月8-9日交节。
霜降太阳位于黄经210度，10月23-24日交节。
小雪太阳位于黄经240度，11月22-23日交节。
大雪太阳位于黄经255度，12月6-8日交节。
冬至太阳位于黄经270度，12月21-23日交节。
小寒太阳位于黄经285度，1月5-7日交节。
大寒太阳位于黄经300度，1月20-21日交节。

图 4-48　删除了全部空白行后文本的页面

4.3　表格的制作

表格是一种简明、直观的表达方式，一个简单的表格远比一大段文字更有说服力，更能表达清楚一个问题。在 Word 2016 中，用户不仅可以随心所欲地制作表格，还可以对表格进行编辑和格式化，使表格变得美观、大方、布局合理。

4.3.1　任务三　制作"课程表"

1. 任务引入

制作图 4-49 所示的课程表。

课 程 表

节次＼星期		一	二	三	四	五
上午	1	计算机	大学英语	微积分	大学语文	经济学
	2	计算机	大学英语	微积分	大学语文	经济学
	3	计算机	体育	管理学		经济学
	4		体育	管理学		
下午	5	会计学		法律基础		微积分
	6	会计学		法律基础		微积分
	7	会计学			大学英语	
	8				大学英语	

图 4-49　课程表

2. 任务分析

分析该任务，要从以下几个方面入手：

- 插入一个 9 行 7 列的表格；
- 合并单元格；
- 输入文字；
- 设置表格的行高、列宽；
- 设置斜线表头；
- 设置单元格中文字对齐；
- 设置边框和底纹。

下面对任务三中涉及的知识点进行梳理。

4.3.2 创建表格

在 Word 中提供了多种创建表格的方法，用户可以根据需要选择不同的创建方法。

1. 利用"插入表格"对话框创建表格

利用"插入表格"对话框可以方便地创建表格，操作步骤如下：

① 将光标插入点定位到文档中要插入表格的位置。

② 单击"插入"选项卡 | "表格"组 | "表格"下拉按钮，在下拉列表中选择"插入表格"命令，打开"插入表格"对话框，如图 4-50 所示。

③ 在对话框中分别输入列数、行数，设置好其他选项后，单击"确定"按钮即可。

通过"插入表格"对话框特别适合创建大型、规则的表格。任务三的"课程表"需要创建一个 9 行 7 列的表格。

其中"插入表格"对话框中各个选项的含义如下：

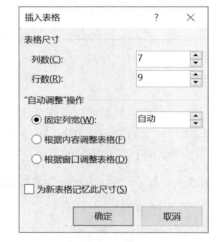

图 4-50 "插入表格"对话框

- 固定列宽：为列宽指定一个固定值，按照指定的列宽创建表格。
- 根据内容调整表格：表格中的列宽会根据内容的增减而自动调整。
- 根据窗口调整表格：表格的宽度与正文区宽度一致，列宽等于正文区宽度除以列数。
- 为新表格记忆此尺寸：选中该复选框，当前对话框中的各项设置将保存为新建表格的默认值。

2. 使用"插入表格"网格创建表格

通过在"插入表格"网格区域移动鼠标也可以方便地创建表格，操作步骤如下：

① 将插入点定位到文档中要创建表格的位置。

② 单击"插入"选项卡 | "表格"组 | "表格"下拉按钮，在下拉列表的网格区域内移动鼠标，则行和列以橙色显示，这表示即将插入表格的行数和列数。如图 4-51 所示，代表即将插入 5 行 3 列的表格。

③ 此时单击，则在插入点处插入一个表格。

通过"插入表格"网格创建表格尽管方便快捷，但是在表格行列数上有一定的限制，这种方法适合创建列数较少的规则表格。

3. 绘制表格

制作表格的另一种方法是使用 Word 的"绘制表格"功能。通过不断地拖动画笔，用户可以随心所欲地制作、编辑表格，犹如拿着笔在纸上画表格一样方便。操作步骤如下：

① 将插入点定位到文档中要创建表格的位置。

② 单击"插入"选项卡 |"表格"组 |"表格"下拉按钮，在下拉列表中选择"绘制表格"命令，此时，鼠标指针变成画笔形状。

③ 在需要绘制表格的地方单击并拖动鼠标绘制出表格的外框，形状为矩形，然后在矩形中绘制行、列或斜线。

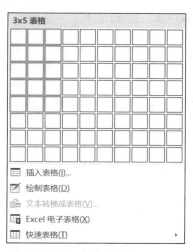

图 4-51　"插入表格"网格

④ 在绘制过程中，功能区中自动出现"表格工具栏"选项卡，单击"表格工具 / 设计"选项卡，该选项卡中各个选项组如图 4-52 所示。当绘制完毕，单击"边框"组 |"边框"下拉按钮，在下拉列表中选择"绘制表格"命令，鼠标指针由画笔形状变为"I"形状，绘制表格工作完成。要结束绘制表格更为简单的操作是直接按【Esc】键即可。

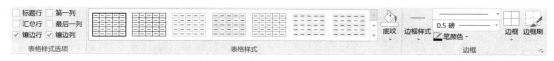

图 4-52　"表格工具栏 / 设计"选项卡

4. 创建快速表格

可以利用 Word 2016 提供的内置表格模板快速创建表格，具体操作步骤如下：

① 插入点定位到文档中要创建表格的位置。

② 单击"插入"选项卡 |"表格"组 |"表格"下拉按钮，在下拉列表中选择"快速表格"命令，在内置表格列表中选择需要的表格类型，如图 4-53 所示。

图 4-53　"快速表格"的内置表格列表

4.3.3 编辑表格

表格的编辑包括表格内容的编辑，行列的插入、删除、合并、拆分、高度、宽度的调整等，经过编辑的表格才更符合用户的实际需要。

1. 表格内容的编辑

表格创建好后就要向单元格中输入数据。表格中数据的编辑，如文字的增加、删除、更改、复制、移动，字体、字号以及对齐方式的设置等，与前面讲过的文字编辑基本相同，此处不再赘述。

插入点的移动可以用鼠标在需要编辑的单元格中单击，还可以通过键盘命令实现：

- 【↑】、【↓】、【←】、【→】键：可以分别将插入点向上、向下、向左、向右移动一个单元格。
- 【Tab】键：每按一次【Tab】键，插入点会移到下一个单元格；按【Shift+Tab】组合键，插入点移到上一个单元格。
- 【Home】和【End】键：插入点分别移动到单元格数据之首和单元格数据之尾。
- 【Alt+Home】和【Alt+End】组合键：插入点移动到本行中第一个单元格之首和本行末单元格之首。
- 【Alt+Page Up】和【Alt+Page Down】组合键：插入点移动到本列中第一个单元格之首和本列末单元格之首。

当需要输入到单元格的数据超出单元格的宽度时，系统会自动换行，增加行的高度，而不是自动变宽或转到下一个单元格。当然用户也可以通过改变表格宽度调整表格内容，使之达到理想效果。

2. 选定操作

在对表格进行编辑时，遵循"先选定，后操作"原则。表格中，选定分以下几种情形：

- 选定单元格：将鼠标移到单元格内部的左侧，鼠标指针变成指向右上方的黑色箭头，单击可以选定一个单元格，按住鼠标左键拖动可以选定多个单元格。
- 选定行：将鼠标移到表格左侧外部的选定栏，鼠标指针变成指向右上方的空心箭头，单击可以选定该行，按住鼠标左键继续向上或向下拖动，可以选定多行。
- 选定列：将鼠标移至表格的顶端，鼠标指针变成向下的黑色箭头，在某列上单击可以选定该列，按住鼠标向左或向右拖动，可以选定多列。
- 选定整表：当鼠标指针移向表格内，在表格外的左上角会出现一个"表格移动手柄"⊞，单击它可以选定整个表格。

3. 行、列的插入

制作完一个表格后，经常会根据需要增加一些内容，如在表格中插入新的行、列或单元格等，插入的操作步骤如下：

① 在需要插入新行或新列的位置选定一行（一列）或多行（多列）（将要插入的行数（列数）与选定的行数（列数）相同）。如果要插入单元格就要先选定单元格。

② 单击"表格工具/布局"选项卡|"行和列"组中的相应按钮，按需要选择插入行、列，如图 4-54 所示。

③ 如需插入单元格，则单击"行和列"组右下角的扩展按钮，打开"插入单元格"对话框，如图 4-55 所示，可选择活动单元格右移或者下移。

图 4-54　"行和列"组中的按钮

图 4-55　"插入单元格"对话框

除了用上述方法进行行、列的插入外，还可以用以下两种方法：

方法 1：将鼠标指针放置到某行单元格的最左边，单击此时出现的 ⊕ 图标，将在该行上方插入一行，将鼠标指针放置到某列单元格的左上角，单击此时出现的 ⊕ 图标，将在该列左侧插入一列。也可以使用右击某单元格，在弹出的快速访问工具区单击"插入"按钮，在下拉菜单中进行选择，或者在弹出的菜单中选择"插入"子菜单中的命令，如图 4-56 所示。

方法 2：如果要在表格末尾插入新行，可以将插入点移到表格的最后一个单元格中，然后按【Tab】键，即可在表格的最后一行下面添加新的一行；将插入点移到最后一个单元格外面（即表格的右侧），然后按【Enter】键，也可在表格的最后一行下面添加新的一行。

4. 行、列的删除

如果某些行（列）需要删除，可以通过以下步骤实现：

① 选定要删除的行或列。

② 单击"表格工具 / 布局"选项卡 |"行和列"组 |"删除"下拉按钮，在下拉菜单中选择需要的命令，如图 4-57 所示。

图 4-56　"插入"下拉菜单

图 4-57　"删除"下拉菜单

除用上述菜单方法进行行、列的删除外，还可以通过鼠标或者键盘删除行或列。

方法一：右击要删除的行或列，在弹出的快捷菜单中选择"删除行"或"删除列"命令。

方法二：选定要删除的行或列，按【Backspace】键（退格键）。

5. 合并与拆分

在进行表格编辑时，有时需要把多个单元格合并成一个单元格，有时需要把一个单元格拆分成多个单元格，从而适应表格的需要。

（1）合并单元格

具体操作步骤如下：

① 选定需要合并的多个连续的单元格。

② 单击"表格工具 / 布局"选项卡 |"合并"组 |"合并单元格"按钮，或者右击选定的多

个单元格，在弹出的快捷菜单中选择"合并单元格"命令，则选定的多个单元格便被合并成为一个单元格。

在任务三中，需要合并单元格的地方如图 4-58 所示。

（2）拆分单元格

具体操作步骤如下：

① 将光标定位于要拆分的单元格内。

② 单击"表格工具 / 布局"选项卡 |"合并"组 |"拆分单元格"按钮，或右击要拆分的单元格，在弹出的快捷菜单中选择"拆分单元格"命令，均可打开"拆分单元格"对话框，如图 4-59 所示。

图 4-58　需要合并单元格示意图　　　　图 4-59　"拆分单元格"对话框

③ 在对话框中输入要拆分成的行数和列数，然后单击"确定"按钮。

（3）拆分表格

在实际工作中，有时需要将一个表格拆分成两个或多个表格，具体操作步骤如下：

① 将插入点定位到要作为第二个表格的第一行的任意一个单元格内。

② 单击"表格工具 / 布局"选项卡 |"合并"组 |"拆分表格"按钮，两个表格中间出现一个回车符，表格就一分为二了，第一步中的插入点所在的行即成为新表格的第一行。如果需要合并拆分开的表格，只需要把两个表格中间的回车符删除即可。

4.3.4　格式化表格

表格创建好后，即可对表格进行格式化设置。格式化表格主要包括：设置表格的对齐和环绕方式、对单元格中的文本进行排版、设置表格的边框和底纹、调整表格宽度和高度、自动套用表格格式等内容。

1. 设置表格对齐和环绕方式

（1）表格对齐

表格对齐是指表格在文档中的摆放位置、表格与周围文字之间的位置。简单的对齐设置，例如将整张表格居中，可以选中整张表格，再单击"开始"选项卡 |"段落"组 |"居中"按钮即可。若需要进一步设置表格与文字的对齐和环绕方式，则需要在"表格属性"对话框中进行，具体操作步骤如下：

① 选中整张表格，或者把光标置于表格中任意一个单元格中。

② 单击"表格工具 / 布局"选项卡 |"表"组 |"属性"按钮，打开"表格属性"对话框，如图 4-60 所示。

③ 选择"表格"选项卡，在其中进行相应的对齐方式的设置，单击"确定"按钮。

（2）表格定位

表格也可以像图片一样让文字环绕。当对表格选择"文字环绕"方式为"环绕"时，就需要将表格精确定位到一个特定位置。具体操作步骤如下：

① 选中整张表格。

② 单击"表格工具 / 布局"选项卡 |"表"组 |"属性"按钮，打开"表格属性"对话框，选择"表格"选项卡，选择"文字环绕"为"环绕"，单击右侧的"定位"按钮，打开"表格定位"对话框，如图 4-61 所示。

③ 按需设置完成后单击"确定"按钮。

图 4-60　"表格属性"对话框的"表格"选项卡

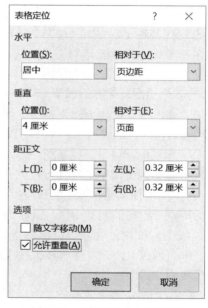

图 4-61　"表格定位"对话框

2. 表格中的文本排版

（1）表格中单元格内容的对齐

单元格内容的对齐体现在水平和垂直两个方向，水平方向可分为左对齐、居中对齐、右对齐等，垂直方向可分为靠上、居中和靠下对齐。具体操作步骤如下：

① 选定表格中要设置对齐的单元格。

② 单击"表格工具 / 布局"选项卡 |"对齐方式"组中相应的按钮，如图 4-62 所示。

（2）表格文字的方向

在表格中输入文本后，可以对表格中的文字方向进行修改，具体操作步骤如下：

① 选定表格中需要修改文字方向的单元格，可直接单击"对齐方式"组中的文字方向。

② 如果需要进行更为复杂的文字方向的设置，则右击选定的单元格或者单元格区域，在弹

出的快捷菜单中选择"文字方向"命令，打开"文字方向"对话框，如图 4-63 所示。

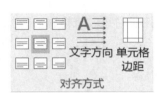

图 4-62 "对齐方式"组

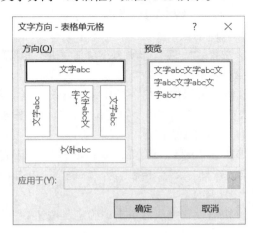

图 4-63 "文字方向"对话框

③ 选择某种文字方向，单击"确定"按钮。

在课程表中，单元格对齐设置需要选中所有单元格，再设置"中部居中"对齐方式，而上午、下午的文字方向也需要进行设置。

3. 表格行高或列宽的调整

通常情况下，系统会根据表格字体的大小自动调整表格的行高或列宽。当然，用户也可以手动调整表格的行高或列宽。

（1）用鼠标调整行高或列宽

鼠标移动到要调整行高的行线上，按住鼠标左键，鼠标指针变成形状的，同时行线上出现一条虚线，按住鼠标左键拖放到需要的位置即可。列宽的调整与行高的调整相似，鼠标移到要调整列宽的列线上，按住鼠标左键，鼠标指针变成形状的，同时列线上出现一条虚线，按住鼠标左键拖放到需要的位置即可。

（2）利用菜单命令调整行高或列宽

如果要精确地设定表格的行高或列宽，具体操作步骤如下：

① 选定了要调整的行或列，该项任务中需要选中第 2 ～ 9 行。

② 单击"表格工具 / 布局"选项卡 |"表"组 |"属性"按钮，或者右击行或列，在弹出的快捷菜单中选择"表格属性"命令，均可打开"表格属性"对话框，如图 4-64 所示。

③ 在"行"和"列"选项卡中精确设定高度值或宽度值，单击"确定"按钮。

图 4-64 "表格属性"对话框的"列"选项卡

4. 设置表格的边框和底纹

默认情况下创建表格的全部边框都是 0.5 磅的黑色单实线，用户也可以根据需要为表格设置边框及底纹。

设置表格边框和底纹有多种方法，此处仅选取一种方法进行详细讲解，具体操作步骤如下：

① 选中需要设置边框或底纹的表格。

② 单击"表格工具 / 设计"选项卡 |"边框"组 |"边框"下拉按钮，选择"边框和底纹"命令，或者单击"边框"组右下角的扩展按钮，均可打开"边框和底纹"对话框，如图 4-65 所示。

③ 在"边框"选项卡中可以设置边框的类型、边框线样式、颜色和宽度，在"应用于"下拉列表中设置边框的应用范围。

④ 切换到"底纹"选项卡，可以设置填充颜色、填充图案样式和图案颜色，在"应用于"下拉列表中设置底纹的应用范围。

⑤ 单击"确定"按钮。

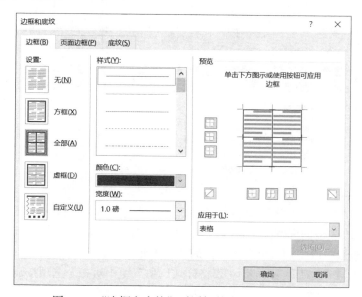

图 4-65　"边框和底纹"对话框的"边框"选项卡

除了使用"边框和底纹"对话框设置表格的边框和底纹外，还可以利用"表格工具 / 设计"选项卡 |"表格样式"组 |"底纹"按钮，通过"边框"组中的边框样式、笔样式、笔画粗细和笔颜色，边框刷等进行设置。

5. 套用表格样式

表格样式是包含表格属性、边框和底纹、条带、字体、段落等一些组合的集合。为了加快表格的格式化速度，Word 2016 提供了多种默认的表格样式，以满足各种不同类型表格的需求。用户可根据实际情况应用快速样式或自定义表格样式设置表格的外观样式。

（1）应用快速样式

可以快速使得已有表格应用系统提供的表格样式。具体操作步骤如下：

① 将插入点置于表格的任一单元格内。

② 单击"表格工具 / 设计"选项卡 |"表格样式"组 |"表格样式"列表右侧的"向下滚动"按钮 或"其他"按钮 ，将弹出更多样式供用户选择。将光标停留在某个样式上时，会出现该样式的名称，此时表格会按该样式显示预览效果，单击该样式即可将样式应用到选定的表格上，如图 4-66 所示。

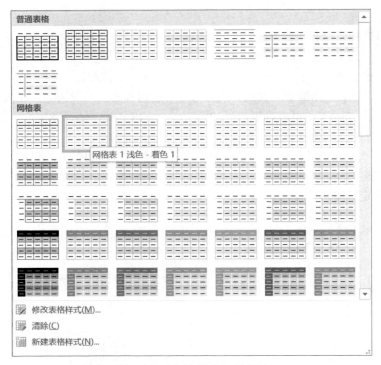

图 4-66 "表格样式"列表框

（2）修改外观样式

应用表格样式之后，用户还可以在原有样式的基础上修改表格样式，最简单的操作就是使用表格样式选项修改表格的标题汇总行等内容。具体操作步骤如下：

① 将整个表格选中或将插入点置于表格的任一单元格内。

② 在"表格工具/设计"选项卡 | "表格样式选项"组中对各个选项按需要选取或者取消选取，如图 4-67 所示。

"表格样式选项"组中各个选项的功能如下：

- 标题行：选中该复选框，在表格的第一行中将显示特殊格式。
- 汇总行：选中该复选框，在表格的最后一行中将显示特殊格式。
- 镶边行：选中该复选框，在表格中将显示镶边行，并且该行上的偶数行和奇数行各不相同，使表格更具有可读性。
- 第一列：选中该复选框，在表格的第一列中将显示特殊格式。
- 最后一列：选中该复选框，在表格的最后一列中将显示特殊格式。
- 镶边列：选中该复选框，在表格中将显示镶边列，并且偶数列和奇数列各不相同，使表格更具有可读性。

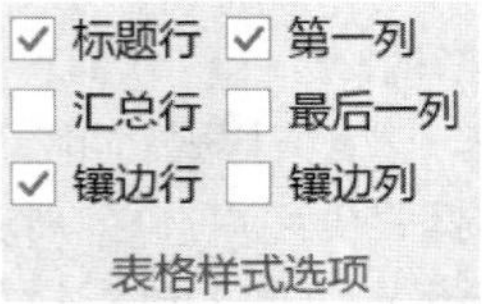

图 4-67 "表格样式选项"组

4.3.5　表格的其他设置

Word 2016 表格的使用有很多技巧，熟练使用这些技巧对提高工作效率大有帮助。

1. 数据排序

在 Word 2016 中，用户可以按照一定的规律对表格中的数据进行排序。排序方式有四种，分别可以按笔画、数字、日期或拼音进行排序。

例如，将"表 4-1 原始的学生成绩表"经排序后，成为"表 4-2 按英语降序排序的学生成绩表"，具体操作步骤如下：

① 将插入点定位在表格的任意一个单元格中。

② 单击"表格工具 / 布局"选项卡 |"数据"组 |"排序"按钮 ，打开"排序"对话框，如图 4-68 所示。

③ 在"主要关键字"列表中选择英语，"类型"为数字，选中"降序"单选按钮，"列表"选择有标题行，单击"确定"按钮。

表 4-1　原始的学生成绩表

姓名	高等代数	哲学	英语	民法	会计学
申旺林	95	97	85	83	75
李伯仁	78	75	59	79	93
陈静	90	70	77	70	58
魏文鼎	55	62	69	63	51
吴心	45	57	62	47	49

表 4-2　按英语降序排序的学生成绩表

姓名	高等代数	哲学	英语	民法	会计学
申旺林	95	97	85	83	75
陈静	90	70	77	70	58
魏文鼎	55	62	69	63	51
吴心	45	57	62	47	49
李伯仁	78	75	59	79	93

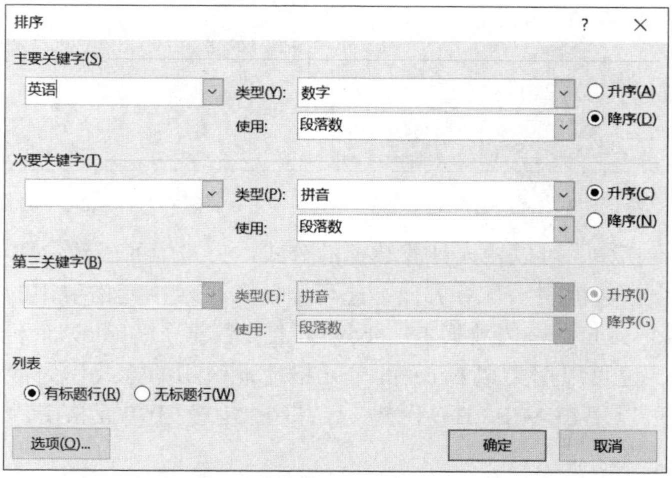

图 4-68　"排序"对话框

若要对表格数据进行多条件排序，则设置了主要关键字后，还要设置次要关键字以及第三关键字，排序的原则是主要关键字相同时，才会按次要关键字排序，Word 2016 提供最多三个排序关键字。

2. 表格数据的简单运算

利用 Word 2016 提供的表格公式功能，可以对表格中的数据进行简单的数据运算，如求和、求平均值、求最大值或最小值等。

例如，在"表 4-3 计算总分和平均分的学生成绩表"中，求各门课程的总分和每个同学的平均分，具体操作步骤如下：

① 将插入点定位在第 7 行第 2 列，即高等数学的总分单元格中。

② 单击"表格工具 / 布局"选项卡 |"数据"组 |"公式"按钮 *fx 公式*，打开"公式"对话框，默认的函数是求和 SUM()，如图 4-69 所示。

③ 将插入点重新定位在第 2 行第 7 列后，单击"公式"按钮，在公式对话框中通过"粘贴函数"列表选择所需的函数 AVERAGE()，在"编号格式"下拉列表中选择或者输入计算结果的格式 0.0，表示保留一位小数，如图 4-70 所示，单击"确定"按钮。

表 4-3　计算总分和平均分的学生成绩表

姓名	高等代数	哲学	英语	民法	会计学	平均分
申旺林	95	97	85	83	75	87.0
陈静	90	70	77	70	58	73.0
魏文鼎	55	62	69	63	51	60.0
吴心	45	57	62	47	49	52.0
李伯仁	78	75	59	79	93	76.8
总分	363	361	352	342	326	

图 4-69　"公式"对话框 – 求和　　　图 4-70　"公式"对话框 – 求平均

在"公式"文本框中，可以输入计算数据的公式，公式中的函数参数可以用 left、right、above、below 等四个参数值表示计算方向，还可以输入表示单元格引用的标识。例如，参数为 left（左边数据）、right（右边数据）、above（上边数据）、below（下边数据）指定数据的计算方向。另外，也可以用类似 Excel 的单元格地址引用的方式作为计算的参数，本题的 SUM(ABOVE)，也可以用 SUM(B2:B6) 代替，结果一样。关于单元格引用可参考第 5 章相应内容。

注意：在表格中如果有数据变化，则通过公式计算的结果不会自动更新，用户需要右击计算结果，在弹出的快捷菜单中选择"更新域"命令，即可更新计算结果，如图 4-71 所示。

图 4-71　更新域

3. 表格与文字的相互转换

（1）表格转换成文字

Word 2016 可以将文档中的表格内容转换为由逗号、制表符、段落标记或其他指定字符分隔的普通文本。操作步骤如下：

① 将光标定位在需要转换为文本的表格中。

② 单击"表格工具 / 布局"选项卡 |"数据"组 |"转换为文本"按钮 ，打开"表格转换成文本"对话框，如图 4-72 所示。

③ 在"表格转换成文本"对话框中选择合适的文字分隔符分隔单元格的内容。如果想使用其他分隔符，可以在"其他字符"文本框中输入指定的分隔符，单击"确定"按钮。

（2）文字转换为表格

如果我们有一些排列规则的文本，则可以方便地将其转换为表格。操作步骤如下：

① 选定需要转换成表格的文本。

② 单击"插入"选项卡 |"表格"组 |"表格"按钮，在列表中单击"文本转换成表格"命令，打开"将文字转换成表格"对话框，如图 4-73 所示。

③ 在"文字分隔位置"区域选择要使用的分隔符，对话框中就会自动出现合适的列数、行数，单击"确定"按钮。

一般情况下，Word 可以自动识别文字分隔的符号，也可以根据实际情况在"将文字转换成表格"对话框中的"文字分隔位置"区域的"其他字符"文本框中输入文字分隔符号。

图 4-72　"表格转换成文本"对话框

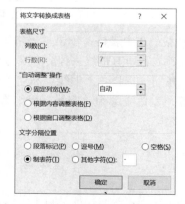

图 4-73　"将文字转换成表格"对话框

4. 重复标题行

当一张表格比较大，长度超过一页时，如果除第一页之外的其他页面没有表头，用户对某列的具体含义会比较模糊。Word 2016 中可以使用"重复标题行"解决这个问题，使每一页的续表中都能显示表格的标题行。操作步骤如下：

① 选择一行或多行标题行。选定内容必须包括表格的第一行。

② 单击"表格工具 / 布局"选项卡 |"数据"组 |"重复标题行"按钮 重复标题行，再查看每一页表格的上方均显示表格的标题行，再次单击"重复标题行"按钮则代表取消该设置。

温馨提示

只能在页面视图或阅读版式视图中才能看到重复的表格标题。

5. 绘制斜线

在处理表格时，有时需要在单元格中绘制斜线。例如任务三中，表格的左上角的单元格即用到了绘制斜线，具体操作步骤如下：

① 将表格第一行的行高值调整得大些，方法是在"表格工具 / 布局"选项卡 |"单元格大小"组中的"高度"微调框中输入或者微调行高值，例如设置为 1.5 厘米。

② 选择第一行第一个单元格，单击"表格工具 / 设计"选项卡 |"边框"组 |"边框"下拉按钮，选择"斜下框线"命令 斜下框线(W)。

③ 输入表头文字"星期"和"节次"，通过空格和回车控制适当的位置，利用文本对齐可以设置文字在单元格的左侧或者右侧。

绘制斜线也可以单击"表格工具 / 布局"选项卡 |"绘图"组 |"绘制表格"按钮，此时鼠标指针呈现笔形图标，在需要的单元格中绘制即可，完成绘制时可以按【Esc】键。

4.3.6 拓展练习

三线表的制作。科技论文中的表格采用三线表，即顶线、表头线和底线，效果如图 4-74 所示。

表 ×-×　　DNS 欺骗攻击实验机器 IP 说明

名称	IP
中间人 Kali	192.168.1.192
靶机 win 2003	192.168.1.149
网关	192.168.1.1

图 4-74　三线表效果

操作要点：选中表格，单击"表格工具 / 设计"选项卡 |"边框"组 |"边框"下拉按钮，选择无边框，先将所有框线去掉。在"边框"组中，设置线型为单实线，粗细为 0.75 磅，再单击"边框"按钮，选择"上框线"和"下框线"，则该表格的顶线和底线就设置好了。再选中表中第一行，设置线型为单实线，粗细为 0.5 磅，再单击"边框"按钮，选择"下框线"，则表头线设置完毕。

4.4　邮件合并

在实际工作中，人们经常要制作"邀请函""成绩通知单"等信函，这些信函的主要内容、格式都相同，只是少部分数据有变化，使用 Word 2016 的邮件合并功能可减少这类重复工作，提高工作效率。

4.4.1 任务四 批量制作"面试通知书"

1. 任务引入

新学期，学院的社团招干了，许多同学报名参加，经初步挑选后，需要向入围面试的同学发面试通知书。这些面试通知书有个共同的特点，就是仅姓名、社团名称、时间和地点这些信息不同，其他内容都相同，若是一封一封地制作，工作量大且容易出错，在 Word 中利用"邮件合并"功能可以轻松、快速地制作出满足要求的信函。最终合并后的面试通知书如图 4-75 所示。

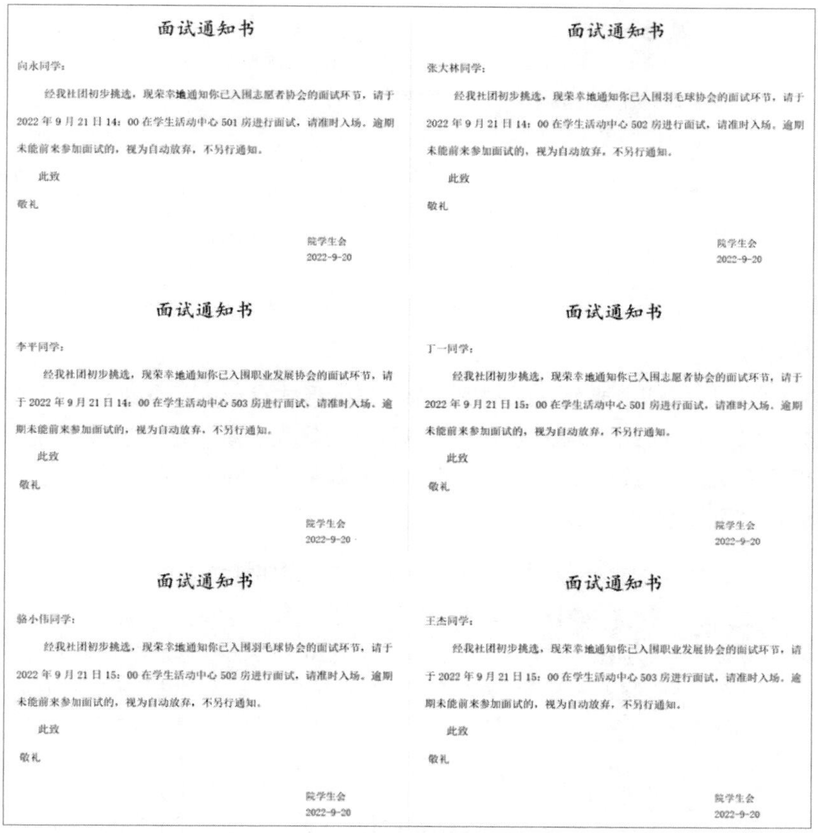

图 4-75 合并后的面试通知书

2. 任务分析

分析该任务，用户需要掌握邮件合并的操作步骤，主要有四步：

① 创建主文档。

② 创建数据源。

③ 建立主文档与数据源的关联，在主文档中插入合并域。

④ 合并到新文档。

4.4.2 邮件合并的过程

邮件合并是在两个文件间进行的，一个是主文档，另一个是数据源，合并后的文档便是用户需要的"面试通知单"。主文档包含合并后文档中固定不变的文字及图形等内容。数据源包含合并后文档中要变化的数据。

1. 创建主文档

主文档是指信函中相同的部分。输入主文档中的文本部分，加底纹的书名号内的文字为变化的信息，不用输入，在插入合并域时，将域插入书名号所在位置即可，完成后将该文档以"面试通知 .docx"保存并关闭。主文档如图 4-76 所示。

面试通知书

《姓名》同学：

　　经我社团初步挑选，现荣幸地通知你已入围《社团名称》的面试环节，请于《时间》在《地点》进行面试，请准时入场。逾期未能前来参加面试的，视为自动放弃，不另行通知。

　　此致

敬礼

院学生会

2022-9-20

图 4-76　主文档

2. 建立数据源

数据源包含合并后文档中要变化的数据，以表格的形式存储，表格的第一行必须为域名称，也就是列标题（如姓名、时间、地点等），其他各行则代表一条条记录。数据源可以是 Word 文档、Excel 表格或者 Access 数据库表。本任务的数据源是在 Word 文档下建立的一张表，内容见表 4-4，完成后以"面试名单 .docx"保存并关闭。

表 4-4　　"面试名单 .docx"数据源

社团名称	姓　名	时　间	地　点
志愿者协会	向永	2022 年 9 月 21 日 14:00	学生活动中心 501 房
羽毛球协会	张大林	2022 年 9 月 21 日 14:00	学生活动中心 502 房
职业发展协会	李平	2022 年 9 月 21 日 14:00	学生活动中心 503 房
志愿者协会	丁一	2022 年 9 月 21 日 15:00	学生活动中心 501 房
羽毛球协会	骆小伟	2022 年 9 月 21 日 15:00	学生活动中心 502 房
职业发展协会	王杰	2022 年 9 月 21 日 15:00	学生活动中心 503 房

3. 邮件合并

建立了主文档和数据源后，就可以进行邮件合并了，操作步骤如下：

① 打开主文档"面试通知 .docx"。

② 单击"邮件"选项卡 |"开始邮件合并"组 |"开始邮件合并"按钮，在下拉菜单中选择"信函"命令，如图 4-77 所示。

③ 单击"邮件"选项卡 |"开始邮件合并"组 |"选择收件人"按钮，在下拉菜单中选择"使用现有列表"命令，打开"选取数据源"对话框，选择前面已经做好的数据源文件"面试名单 .docx"，单击"打开"按钮，如图 4-78 所示。

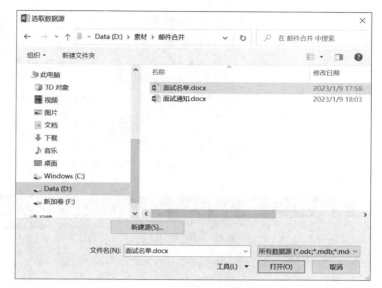

图 4-77　主文档类型列表　　　　　　　　图 4-78　"选取数据源"对话框

④ 先将光标插入点定位在主文档中要插入域的位置，再单击"邮件"选项卡 |"编写和插入域"组 |"插入合并域"按钮，在下拉菜单中选择需要插入的域，如图 4-79 所示。

⑤ 重复第④步骤，把四个域分别插入主文档相应的位置，全部域插入完毕的主文档如图 4-80 所示。

图 4-79　"插入合并域"下拉菜单　　　　　图 4-80　相应的域插入完毕后的文档界面

⑥ 单击"邮件"选项卡 |"完成"组 |"完成并合并"按钮，在下拉菜单中选择"编辑单个文档"命令，打开"合并到新文档"对话框，如图 4-81 所示。

⑦ 在"合并到新文档"对话框中进行合并记录的选择，如"全部"，单击"确定"按钮。合并后的文档保存在一个新文档中，默认文件名为"信函 1.docx"，用户需要对其进行保存，文件名为"合并后 - 面试通知书 .docx"。本任务的数据源中有六条记录，当全部合并后，合并后的文档将有六页，每条记录独占一页，如图 4-82 所示。

⑧ 保存主文档"面试通知 .docx"。

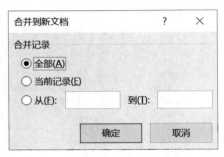

图 4-81 "合并到新文档"对话框

图 4-82 合并后的文档

4.4.3 拓展练习

学院将于近期举行学生大创项目答辩会议，安排教务员小吴书面通知每个要参加大创项目答辩会议的教师。小吴将参加答辩会议的教师信息放在一个 Excel 表格中，以文件"答辩成员信息表 .xlsx"进行保存。会议通知单内容单独放在一个 Word 文件"答辩会议通知 .docx"中，这两个文档均已给出。现要求批量生成每位答辩会议成员的通知单。

4.5 图文混排

Word 2016 中的图形元素包括图片、形状、艺术字、文本框、公式、SmartArt 图形等。用户可以在文档中插入图形元素，制作出图文并茂的文章，增强文章的表现效果。

4.5.1 任务五 制作"二十四节气"图文混排作品

1. 任务引入

单纯的文字比较枯燥，在文档中插入艺术字、图片、SmartArt 图形、文本框、形状等等元素会让人眼前一亮。最终制作效果，如图 4-83 所示。

图 4-83　宣传作品效果图

2. 任务分析

该任务要从以下两个方面入手，文本的基本格式设置和图文混排设置。

打开任务二完成的"二十四节气.docx"，对其进行图文混排设置，包括以下几个方面：

- 插入图片，设置图片格式。
- 插入艺术字。
- 插入文本框。
- 插入形状。
- 插入 SmartArt 图形。
- 为文档设置水印。

下面对任务五中涉及的图文混排知识点进行梳理。

4.5.2　使用图片

使用图片是利用 Word 2016 中强大的图像功能，在文档中插入图片，并设置格式。

1. 插入图片

Word 2016 允许用户在文档中插入存在于计算机中的图形文件，具体操作步骤如下：

① 将插入点定位在文档中要插入图片的位置。

② 单击"插入"选项卡 | "插图"组 | "图片"按钮，打开图 4-84 所示的"插入图片"对话框。

③ 对图形文件所在的磁盘、路径、类型、文件名做出选择，单击"插入"按钮，完成图片的插入。

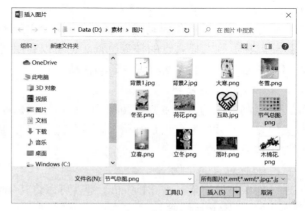

图 4-84　"插入图片"对话框

2. 编辑图片

（1）图片对象的选定

对图片对象进行编辑时，首先要选定对象，只要用鼠标单击对象即可。对象被选定时，周围会出现八个句柄。

（2）调整对象的大小

单击选定的对象，鼠标指向句柄，鼠标指针变成双向箭头，按住鼠标左键拖动即可随意改变对象的大小。

如果需要对图片的大小进行精确设置，则需要在选中图片后，单击"图片工具/格式"选项卡|"大小"组，在"高度"/"宽度"微调框中输入或微调高度和宽度的值。另外，单击"大小"组右下角的扩展按钮，打开"布局"对话框，在"大小"选项卡中可以进一步设置图片大小，如图 4-85 所示。

图 4-85 "布局"对话框的"大小"选项卡

（3）对象的移动

用鼠标左键按住浮动式对象可以将其拖放到页面的任意位置，鼠标左键按住嵌入式对象可以将其拖放到有插入点的任意位置。还可以利用"开始"选项卡|"剪贴板"组，使用"剪切"与"粘贴"命令的方法实现对象的移动。

（4）对象的复制

复制对象的方法主要有两种：一种是用鼠标拖动对象的同时按住【Ctrl】键，就可以实现对象的复制；另一种方法是利用"开始"选项卡|"剪贴板"组，使用"复制"与"粘贴"命令的方法实现对象的复制。

（5）对象的删除

对象被选定后，按【Delete】键就可以将其删除。

3. 设置图片格式

插入图片后，功能区中将显示"图片工具/格式"选项卡，通过该选项卡，可以设置图片格式，包括调整图片颜色和艺术效果，设置图片样式，调整图片的大小、排列方式等格式，以增加文档的合理性和美观度。也可以右击图片，在弹出的快捷菜单中选择"设置图片格式"

命令，在右侧会打开设置图片格式的任务窗格，在其中进行填充与线条、效果、布局属性、图片等设置。

（1）裁剪图片

在文档中插入的图片，有时可能只需其中的一部分，这时就需要将图片中多余的部分裁剪掉。操作步骤如下：

① 选中要裁剪的图片，图片周围出现八个句柄。

② 单击"图片工具 / 格式"选项卡 |"大小"组 |"裁剪"按钮，图片的四周出现黑色的断续边框。将鼠标放置于任一尺寸控点，按下左键向图片内部拖动，完成后按【Enter】键即可裁剪掉多余的部分。

③ 另外一种方法是单击"图片工具 / 格式"选项卡 |"图片样式"组右下角的扩展按钮，在右侧会打开"设置图片格式"任务窗格，在任务窗格中单击 按钮，在"裁剪"选项组中可以进一步设置需要裁剪图片的大小，如图 4-86 所示，设置后即可看到裁剪的效果。

④ Word 2016 还可以让用户把图形裁剪成各种形状。单击"图片工具 / 格式"选项卡 |"大小"组 |"裁剪"按钮的下拉按钮，鼠标移至"裁剪为形状"命令，在列表中有更多的裁剪形状选择，如图 4-87 所示。

图 4-86　图片的裁剪设置

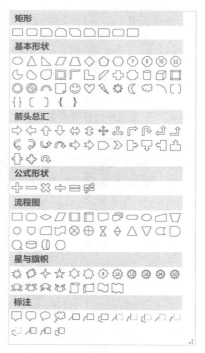

图 4-87　"裁剪为形状"列表

（2）图片位置

插入图片之后，用户可以根据需要设置图片在页面上的位置、文字环绕图片的方式等。

Word 2016 中，图片的位置排列主要有两种版式：一种是嵌入文本行，一种是文字环绕。文字环绕方式下可以将图片放置到页面的相应位置，并允许与其他对象组合，还可以与正文实现多种形式的环绕。嵌入文本行方式的图片只能放置到有文档插入点位置，不能与其他对象组合，可以与正文一起排版，但不能实现环绕。

插入图片的默认位置是嵌入文本行，如需修改图片的位置，操作步骤如下：

① 选中图片。

② 单击"图片工具 / 格式"选项卡 | "排列"组 | "位置"按钮，在下拉列表中选择不同的图片位置排列方式，如图 4-88 所示。

可以进一步设置图片的环绕效果，操作步骤如下：

① 选中图片。

② 单击"图片工具 / 格式"选项卡 | "排列"组 | "环绕文字"按钮，在下拉列表中选择不同的环绕效果，如图 4-89 所示。

图 4-88 "设置图片位置"列表

图 4-89 "环绕文字"下拉列表

③ 如需进行更精准的设置，可以在列表中选择"其他布局选项"命令，打开图 4-90 所示的"布局"对话框，在"文字环绕"选项卡中可以设置更多的环绕方式和环绕文字的位置以及距正文的位置，在"位置"选项卡中可以设置更多更详细的水平及垂直位置。

图 4-90 "布局"对话框的"文字环绕"选项卡

当文档中存在多幅图片时，用户可以单击"图片工具 / 格式"选项卡 |"排列"组 |"上移一层"或者"下移一层"按钮来设置图片的叠放次序，即将所选图片设置为置于顶层、上移一层、下移一层、置于底层或衬于文字下方。需要注意的是，在默认的"嵌入型"环绕方式下是无法调整图片层次的。

单击"图片工具 / 格式"选项卡 |"排列"组 |"选择窗格"按钮，在文档窗口右侧打开"选择"任务窗格，显示当前页面的图形对象，单击对象可修改对象名称，还可以更改对象顺序及可见性，如图 4-91 所示。但是如果文档中的对象为"嵌入型"环绕方式，则无法对其进行隐藏操作，也无法对其对应的名称项进行排序操作。

图 4-91　"选择"任务窗格

- 单击"图片工具 / 格式"选项卡 |"排列"组 |"对齐"按钮，可以精确设置图形位置，使多个图形在水平或者垂直位置上精确定位。
- 单击"图片工具"选项卡 |"排列"组 |"组合"按钮，将多个图形对象组合在一起，以便把多个图形作为一个整体对象进行操作。
- 单击"图片工具"选项卡 |"排列"组 |"旋转"按钮，可以旋转图片时根据度数将图片向左、向右旋转，也可以在水平方向或垂直方向翻转图形。

温馨提示

"环绕文字"下拉列表（见图 4-89）中的"编辑环绕顶点"选项只有在"紧密型环绕"和"穿越型环绕"环绕方式下才可用。

要进行组合操作，需要选择多个图形对象，方法是按住【Shift】键，用鼠标依次单击要选择的图形，将多个图形同时选中，再单击"图片工具 / 格式"选项卡 |"排列"组 |"组合"按钮，组合后的图形也可以取消组合。另外，用户需要注意的是在默认的"嵌入型"环绕方式中无法调整图片的层次和进行组合。

（3）图片样式

Word 2016 为用户提供了二十八种内置样式，用来设置图片的外观样式、图片的边框与效果。设置图片样式的操作步骤如下：

① 选中图片。

② 单击"图片工具 / 格式"选项卡 |"图片样式"组 | 图片样式右侧的"其他"按钮，在列表中选择图片总体外观样式，如图 4-92 所示。

③ 单击"图片工具 / 格式"选项卡 |"图片样式"组 |"图片边框"按钮，在列表中设置图片边框的颜色、边框的粗细以及边框线条的虚线类型等，如图 4-93 所示。

④ 单击"图片工具 / 格式"选项卡 |"图片样式"组 |"图片效果"按钮，在列表中可以为图片添加阴影、棱台、发光等效果，如图 4-94 所示。

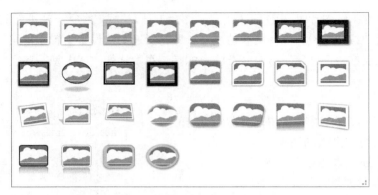

图 4-92　内置图片样式列表

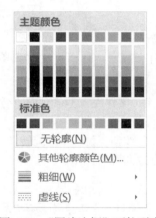

图 4-93　"图片边框"下拉列表　　　图 4-94　"图片效果"下拉列表

4. 调整图片

在 Word 文档中，某些亮度不够或比较灰暗的照片，打印效果不理想。使用 Word 2016，能够对插入图片的亮度、对比度以及色彩进行简单的调整，使照片效果得到改善。

调整图片的具体操作步骤如下：

① 选中图片。

② 单击"图片工具 / 格式"选项卡 |"调整"组，根据实际需要在"更正""颜色""艺术效果"中进行设置。

任务五中的图片设置为：在"排列"组中，设置环绕文字为"四周型"，在"图片样式"组中，设置图片样式为"柔化边缘椭圆"，在"调整"组中，设置图片的艺术效果为"纹理化"。

4.5.3　使用艺术字

艺术字是一个文字样式库，不仅可以将艺术字添加到文档中以制作出装饰性效果，而且还可以将艺术字设置成各种形状，添加阴影与三维效果的样式。在文档中插入艺术字，能够取得特殊的艺术效果。

1. 插入艺术字

插入艺术字的具体操作步骤如下：

① 将插入点定位到文档中需要插入艺术字的位置。

② 单击"插入"选项卡 |"文本"组 |"艺术字"按钮，在下拉列表中选择相应的艺术字样式，如图 4-95 所示。

③ 单击"请在此放置您的文字"编辑框，在其中输入要设置成艺术字的文字，也可以设置字体和字号，如图 4-96 所示。Word 将把输入的文字以艺术字的效果插入到文档中。如需修改艺术字，单击艺术字，在艺术字编辑框中直接修改文字即可。

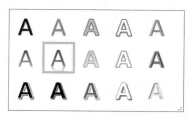

图 4-95　艺术字

图 4-96　插入艺术字

2. 设置艺术字格式

为了使艺术字更具美观性，可以像设置文字一样设置艺术字的字体字号，也可以像设置图片格式那样设置艺术字的样式、设置文字方向、间距等艺术字格式。

（1）设置艺术字样式

快速更改艺术字样式和更改形状的操作步骤如下：

① 单击艺术字使其处于编辑状态。

② 单击"绘图工具 / 格式"选项卡 |"艺术字样式"组 | 样式中的其他按钮，在下拉列表中选择相应的艺术字样式。

③ 单击"绘图工具 / 格式"选项卡 |"艺术字样式"组 |"文字效果"按钮 A，在下拉列表中选择"转换"选项，在打开的艺术字形状列表中选择需要的形状即可，如图 4-97 所示。当鼠标指向某一种形状时，Word 文档中的艺术字将即时呈现实际效果，任务五的艺术字的文本效果设置为"转换→跟随路径→上弯弧"，读者可以尝试其他文本效果的设置。

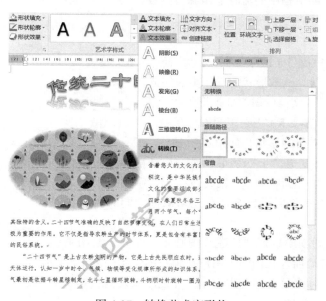

图 4-97　转换艺术字形状

Word 2016 中的艺术字具有文本框的特点，用户可以根据排版需要将艺术字设置为垂直或水平文字方向，操作步骤如下所述：

① 选中需要设置文字方向的艺术字。

② 单击"绘图工具／格式"选项卡｜"文本"组｜"文字方向"按钮，在下拉列表中可以进行"水平""垂直"等文字方向的设置。

③ 在下拉列表中选择"文字方向选项"命令，打开"文字方向 - 文本框"对话框，在其中可以进行相应的选择，如图 4-98 所示。单击"确定"按钮，完成艺术字文字方向的设置。

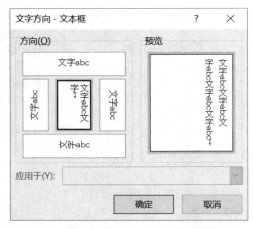

图 4-98　"文字方向 – 文本框"对话框

4.5.4　使用形状

在 Word 2016 中，可以通过使用图片增加文档的美观程度，同时也可以通过使用形状来适应文档内容的需求。例如，在文档中使用箭头或线条说明文档中的流程、步骤等内容，使文档更具条理性和客观性。

1. 插入形状

Word 2016 为用户提供了线条、基本形状、箭头总汇、流程图、标注、星与旗帜等形状。插入形状的操作步骤如下：

① 将插入点定位到文档中需要插入形状的位置。

② 单击"插入"选项卡｜"插图"组｜"形状"按钮，在"形状"下拉列表中选择需要的形状，如图 4-99 所示。

③ 此时鼠标指针变成"十"字形，通过拖动鼠标绘制出合适大小的形状，绘制的形状默认的版式是浮于文字上方。如果要绘制正方形、等边三角形或者圆，在拖动鼠标的同时需按住【Shift】键。

④ 如果在形状列表中选择"新建绘图画布"命令，绘图画布将根据页面大小自动插入文档中，用户在画布内绘制的多个形状，可以作为一个整体来移动和调整大小，并且可以设置独立于 Word 2016 文档页面的背景。

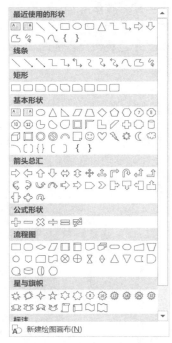

图 4-99　"形状"下拉列表

2. 编辑形状

插入形状后，可以在其中添加文字。右击形状，在弹出的快捷菜单中选择"添加文字"命令，此时即可在自选图形中输入文字，用户可以设置文字的字体、字号、字形、颜色等格式。

绘制的形状可以像插入的图片或剪贴画一样进行编辑和设置格式。当绘制的是开放的形状（如直线），则两端出现两个空心句柄代表选中形状；选中封闭的形状，周围会出现八个句柄，有的形状还会出现黄色的控制点。拖动句柄可以改变形状的大小，拖动控制点可以改变或者旋转形状。

选中形状后，单击"绘图工具 / 格式"选项卡 |"插入形状"组 |"编辑形状"按钮，可以更改形状或者编辑顶点，如图 4-100 所示。

图 4-100　更改形状

3. 设置形状格式

选中形状后，单击"绘图工具 / 格式"选项卡 |"形状样式"组 | 样式右侧的"其他"按钮，可以设置形状的主题样式或者预设样式，也可以使用"形状填充"按钮、"形状轮廓"按钮或"形状效果"按钮对形状加以设置，还可以单击"形状样式"组右下角的扩展按钮，在窗口右侧打开"设置形状格式"任务窗格，可分别针对形状选项和文本选项加以设置，如图 4-101 所示。

图 4-101　"设置形状格式"任务窗格

4. 组合与取消组合图形

组合图形对象是将多个图形对象组合在一起，以便把多个图形作为一个整体对象进行操作，如移动或复制等。组合图形对象的操作步骤如下：

① 按住【Shift】键，用鼠标依次单击要组合的图形，将多个图形同时选中。

② 单击"绘图工具/格式"选项卡|"排列"组|"组合"按钮，在下拉菜单中选择"组合"命令🔲，或者右击某一选中图形，在弹出的快捷菜单中选择"组合"|"组合"命令，这样就可以将所有选中的图形组合成一个图形，组合后的图形可以作为一个图形对象进行处理。当选中组合图形后，图形整体会出现句柄。图 4-102 所示为一个由多个基本形状组合而成的流程图。

解散组合图形的过程称为取消组合。取消组合的操作方法如下：右击组合图形，在弹出的快捷菜单中选择"组合"|"取消组合"命令即可。

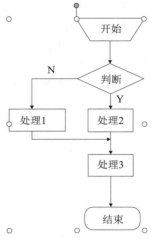

图 4-102　组合后的流程图

注意：如果需要将各种图形组合成一个图形，首先要将嵌入式对象变成浮动式对象，然后才能进行组合。

5. 图形的叠放次序

对于插入的形状，Word 将按插入顺序将它们放于不同的对象层中。如果对象之间有重叠，则上层对象会遮盖下层对象。当需要显示下层对象时，可以通过调整它们的叠放次序实现。改变图形的叠放次序的操作步骤如下：

① 选中要改变叠放次序的图形，如果图形对象的版式为嵌入型，需要先将其改为其他浮动型版式。

② 单击"绘图工具/格式"选项卡|"排列"组|"上移一层"或"下移一层"按钮，在下拉菜单选择其中一种设置叠放次序。或者右击选中的图形，在弹出的快捷菜单中选择"置于顶层"或"置于底层"命令，然后在子菜单中进一步选择，如图 4-103 所示。

图 4-103　"置于顶层"子菜单

4.5.5　文本框

文本框是 Word 绘图工具所提供的一种绘图对象，文本框内可以输入文本，也允许插入图片，文本框对象可移动、可调大小，还可以和其他图形产生重叠、环绕、组合等各种效果。

1. 插入文本框

单击"插入"选项卡|"文本"组|"文本框"按钮，在下拉列表中选择需要的文本框样式，如图 4-104 所示。也可在下拉列表中选择"绘制文本框"或者"绘制竖排文本框"命令，将鼠标移至文档编辑区，鼠标指针变为"十"字形，可用鼠标左键拖动绘制文本框。绘制的文本框默认为黑边框、白色填充，其版式为"浮于文字上方"，绘制好文本框后，可直接在文本框中输入文本内容。

如果选中一些文字后再绘制文本框，则这些文字会自动出现在文本框中，并且文本框的文字环绕为四周型。

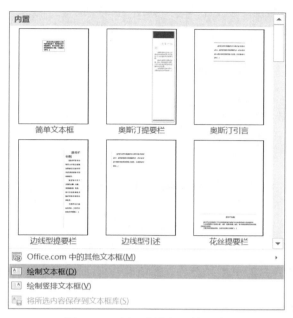

图 4-104　插入文本框下拉列表

2. 美化文本框

在 Word 2016 文档中插入文本框后，若要对其进行美化操作，需要在"绘图工具 / 格式"选项卡中实现。若要设置文本框的填充效果、轮廓样式等，可以通过"形状样式"组中的形状填充、形状轮廓、形状效果等实现，任务五中对文本框主要进行了形状样式的设置；若要对文本框内的文本内容进行艺术修饰，可先选中文本框，然后通过"艺术字样式"组中的文本填充、文本轮廓、文本效果等设置实现。

3. 文本框的链接

为了充分利用版面空间，需要将文字安排在不同版面的文本框中，此时可以运用文本框的链接功能实现。创建链接和断开链接的操作步骤如下：

① 在同一个文档中建立两个或两个以上的文本框。除第一个文本框外其他文本框必须为空。

② 选中第一个文本框，单击"绘图工具 / 格式"选项卡 | "文本"组 | "创建链接"按钮，此时文档中的鼠标指针变为一只直立的水杯 🥤 。当直立的水杯移动到可以链接的空白文本框时，鼠标指针会变为倾倒的水杯 🥤 ，此时单击鼠标即可建立链接。

③ 如果要取消链接，则单击第一个文本框，再单击"文本"组 | "断开链接"按钮即可。

4.5.6　水印和背景

1. 为文档设置水印

水印是一种特殊的背景，在 Word 2016 中，添加水印的操作非常方便，用户可以使用文字或图片作为水印。操作步骤如下：

① 将插入点定位在文档中。

② 单击"设计"选项卡 | "页面背景"组 | "水印"按钮，在下拉列表中选择"自定义水印"

命令，打开"水印"对话框。

③ 在对话框中设置需要的图片或者文字的水印效果，这样设置后，文档的每一页均有水印效果，任务五的样图中就是设置了文字水印，如图 4-105 所示。

图 4-105　"水印"对话框

④ 如果要删除水印，只需单击"设计"选项卡 | "页面背景"组 | "水印"按钮，在下拉列表中选择"删除水印"命令即可。

2. 为文档设置背景

为文档添加背景可以增强文本的视觉效果，背景效果在打印文档时不会被打印出来。在 Word 中可以用某种颜色或过渡色、纹理、图案、图片作为背景。操作步骤如下：

① 将插入点定位在文档中。

② 单击"设计"选项卡 | "页面背景"组 | "页面颜色"按钮，在下拉列表中选择页面背景颜色，如图 4-106 所示。

③ 如果需要用图案或者图片作为文档背景，则选择"填充效果"命令，打开"填充效果"对话框，在其中进行相应的设置，如图 4-107 所示。单击"确定"按钮，完成背景填充效果的设置。

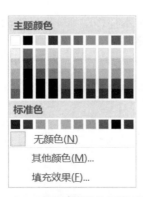

图 4-106　"页面颜色"下拉列表

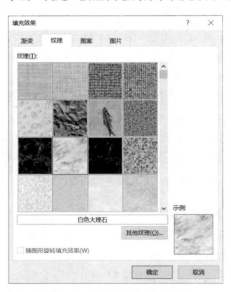

图 4-107　"填充效果"对话框

4.5.7　制作公式

在编辑科技类、数学类文档时，常需要输入各种复杂的公式，使用 Word 2016 提供的"公式编辑器"对象，可以方便地处理各种数学公式。

Word 2016 提供了一种高效的公式制作工具，操作步骤如下：

① 将插入点定位到文档中插入公式的位置。

② 单击"插入"选项卡 |"符号"组 |"公式"按钮右侧的下拉按钮，在下拉列表中有内置的公式供用户选择，如图 4-108 所示。

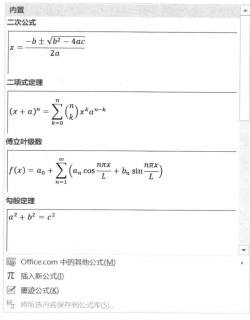

图 4-108　"公式"下拉列表

③ 如果用户需要编辑公式，则选择列表下方的"插入新公式"命令，在文档中插入点处出现一个公式编辑框，同时文档窗口功能区自动切换到"公式工具 / 设计"选项卡，如图 4-109 所示。利用公式设计工具中的各种符号和结构，即可设计公式了。

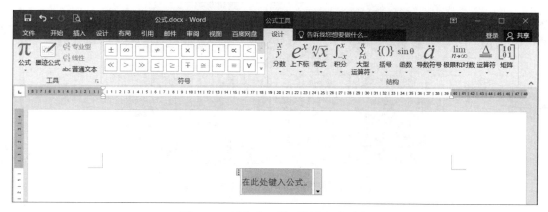

图 4-109　"公式工具 / 设计"选项卡

如果公式有误需要修改，再次单击公式进入公式编辑状态即可修改。在公式编辑状态下，公式右侧的公式选项可以进行格式方面的设置，单击"公式选项"按钮 ▾，在下拉菜单中进行相关设置，如图 4-110 所示。

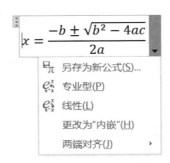

图 4-110 "公式选项"下拉菜单

4.5.8 SmartArt 图形

SmartArt 图形是信息的视觉表示，相对于简单的图片和形状图形，它具有更高级的图形选项。使用 SmartArt 可以轻松制作示意图、流程图、组织结构图等图示。任务五中有两个 SmartArt 图形。

1. 插入 SmartArt 图形

制作样图 4-111 所示的 SmartArt，具体操作步骤如下：

① 将插入点定位到文档中需要插入 SmartArt 图形的位置。

② 单击"插入"选项卡 |"插图"组 |"SmartArt"按钮，打开"选择 SmartArt 图形"对话框，在左侧选择"图片"，在中间选择水平图片列表，右侧则会出现该 SmartArt 的预览图，如图 4-112 所示。单击"确定"按钮，所选形状出现在文档插入点处。

③ 单击形状，在其中添加文字或者插入图片。

④ 若要添加形状，则要先选择要在其前方或后方添加新形状的形状，单击"SmartArt 工具 / 设计"选项卡 |"创建图形"组中的命令添加形状，还可以通过升级 / 降级、上移 / 下移改变形状的级别及次序，对于不需要的形状则可选中形状后按【Delete】键删除。

图 4-111 利用 SmartArt 制作的图文效果

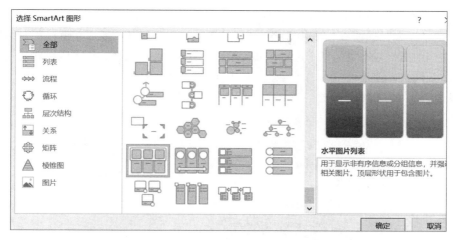

图 4-112 "选择 SmartArt 图形"对话框

另外一个 SmartArt 图形则是在流程下,使用基本 V 形流程,请读者自己尝试。

2. 美化 SmartArt 图形

插入 SmartArt 图形后,功能选项卡中将显示"SmartArt 工具 / 设计"和"SmartArt 工具 / 格式"两个选项卡,通过这两个选项卡,可对 SmartArt 图形的布局、样式等进行编辑。任务五中的 SmartArt 就是通过更改颜色为"彩色 – 个性色",SmartArt 样式为"三维 – 卡通",如图 4-113 和图 4-114 所示。读者可针对不同类型的 SmartArt 图形进行编辑美化。

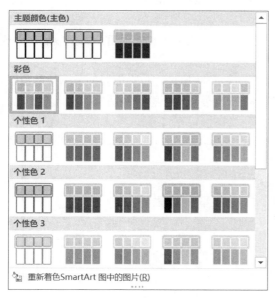

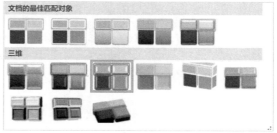

图 4-113 "更改颜色"为彩色 – 个性色   图 4-114 "SmartArt 样式"为三维 – 卡通

4.5.9 超链接和书签

1. 插入超链接

超链接是将文档中的文字或图形与其他位置的相关信息链接起来。插入超链接的具体操作步骤如下:

① 选中要插入超链接的对象，可以是文本或者图形。

② 单击"插入"选项卡 | "链接"组 | "超链接"按钮，打开"插入超链接"对话框，可以设置跳转至当前文档或网页的某个位置，亦可跳转至其他 Word 文档，还可以跳转至书签，本例设置为跳转至网页，在地址栏中输入网址，如图 4-115 所示。

③ 单击"确定"按钮。

图 4-115　"插入超链接"对话框

建立了超链接后，按住【Ctrl】键并单击可访问链接，就可跳转并打开相关信息。文稿必须在计算机显示屏中阅读才能显示超链接的效果，纸质文稿不能实现超链接的效果。

2. 插入书签

Word 提供的书签功能，主要用于标识所选文字、图形、表格或其他项目，方便以后引用或定位。插入书签的具体操作步骤如下：

① 选中要插入书签的对象，可以是文本或者图形，也可将鼠标定位在需要插入书签的位置。

② 单击"插入"选项卡 | "链接"组 | "书签"按钮，打开"书签"对话框，输入书签名，如图 4-116 所示。

③ 单击"添加"按钮。

图 4-116　"书签"对话框

对于不需要的书签，可以删除。如果需要访问某书签，直接在书签对话框中，选中某书签名后单击"定位"按钮，或者双击某个书签名即可定位到书签位置。

4.5.10　拓展练习

制作某公司的组织结构图，以"大华公司组织结构 .docx"为文件名保存在自己的计算机中。制作过程的初稿及最终效果图分别如图 4-117 所示和图 4-118 所示。

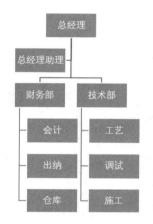

图 4-117　组织结构图初稿

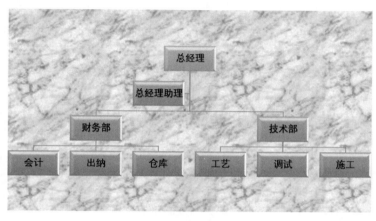

图 4-118　最终效果图

操作要点：

① 新建名为"大华公司组织结构图 .docx"的 Word 文档。

② 在文档中插入层次结构的组织结构图。

③ 依次输入文字，并且添加形状，注意"在后面添加形状"和"在下方添加形状"是相对于所选择的形状而言的。

④ 选中财务部，单击"SmartArt 工具 / 设计"选项卡 |"创建图形"组 |"布局"按钮，选择"标准"布局，以同样方法设置"技术部"的布局为"标准"。

⑤ 单击"SmartArt 工具 / 设计"选项卡 |"SmartArt 样式"组 |"更改颜色"按钮，选择"彩色范围 – 个性色 5 至 6"，SmartArt 样式为"三维 – 优雅"。

⑥ 选中 SmartArt 的图形，单击"SmartArt 工具 / 格式"选项卡 |"形状样式"组 |"形状填充"设置为"纹理 - 白色大理石"。

4.6　长文档排版

在编排书籍、论文、报告等长文档时，一般先要列出文章的大纲，在此基础上充实内容。论文写好了，要进行排版，论文每页页眉和页脚的位置上用简洁文字标出文章的题目、页码等信息，同时需要对缩写词以及引用文献的来源等加以注释，最后还要生成论文的目录。

4.6.1　任务六　毕业论文排版

1. 任务引入

文军今年大四，准备写毕业论文了，学院对毕业生的毕业论文文本结构和排版格式有具体的要求。毕业论文不仅文档长，而且格式多，例如，为章节和正文快速设置相应的格式、自动生成目录、为不同的节添加不同的页码等，处理起来比一般的文档要复杂得多。本任务将以毕业论文的编制和排版为例，详细介绍长文档的排版方法与技巧。

2. 任务分析

为了将毕业论文等长文档的制作和排版讲解详尽，此处以某学院的毕业论文文本结构及打印规范要求为例展开该任务。

（一）文本结构

毕业论文必须按照学校规定的文本结构组织，下面是某大学毕业论文（设计）的文本结构：

① 封面。

② 设计书（论文）原创性声明及版权使用授权书。

③ 目录。

④ 题目、摘要、关键词（中英文）。

⑤ 正文。

⑥ 参考文献。

⑦ 致谢。

（二）排版规范

当按上述文本要求完成毕业论文的内容后，就需要进行排版设置，最后进入打印环节。排版的具体格式要求详见毕业论文指南中的要求，基本要求如下：

1. 封面要求

按指南要求填写封面信息。

2. 目录要求

目录行间距 1.5 倍行距，目录不能超过三级，一级标题顶格，宋体，四号，下一级标题空两格，依此类推，二级和三级目录均为宋体，小四号。目录中每一级标题需要与论文的每一级标题一致。

3. 摘要要求

摘要另起一页，由中英文摘要构成。

① 中文摘要部分由中文题目，中文摘要和中文关键字构成。

论文的中文标题：楷体 _GB2312，二号，居中，如有副标题则另起一行，楷体 _GB2312，三号。后面空一行后是作者姓名，要求楷体 _GB2312，小四号，空一行后是中文摘要和关键字。

中文摘要要求：摘要二字黑体，小四，顶格；摘要正文宋体，小四，1.5 倍行距。

中文关键词要求：关键词三个字黑体，小四，顶格；关键词 3 ～ 5 个，宋体，小四，中间用分号隔开。

② 英文摘要部分由英文题目、英文摘要和英文关键字构成。

论文的英文题目：Times New Roman，二号，加粗，居中，后面需要按要求输入作者英文姓名 name（Times New Roman，名字为汉语拼音，姓在前，名在后，小四，加粗，居中）和日期，如 March,2022（Times New Roman，小四，加粗，居中）

英文摘要要求：Times New Roman，小四，标题加粗，顶格，正文不加粗，1.5 倍行距。

英文关键字要求：Times New Roman，小四，标题加粗，顶格，关键词 3 ～ 5 个，不加粗，英文小写，关键词中间用分号隔开。

4. 页面设置及字体字号等要求

① 纸张大小：A4；页边距：上为 2.54 厘米，下为 2.54 厘米，左为 3.17 厘米，右为 3.17 厘米。

② 章标题、一级节标题、二级节标题要求如下：

```
1 × × × × × ×（黑体，小三号）
1.1 × × × × × ×（黑体，四号）
1.1.1 × × × × × ×（黑体，小四号）
```

按照标题的不同，分别采用不同的段后间距：

- 章标题 18 磅
- 一级节标题 12 磅
- 二级节标题 12 磅

（在上述范围内调节标题的段后行距，以利于控制正文合适的换页位置）

③ 正文宋体小四号，1.5 倍行距。

④ 表题与图题宋体五号，表格要求三线表。

⑤ 参考文献要求：距离正文空两行，顶格，行间距固定值 20 磅，参考文献四字黑体，五号，下一行开始参考文献内容：宋体，五号。

⑥ 致谢要独占一页。

5. 页脚及页码的要求：

页脚处添加页码，从正文（即第 1 章）开始添加 1，2，3，…，阿拉伯数字页码，页面底端居中对齐，小五号。

上述内容是某学院的毕业论文文本结构及打印规范要求，虽然不同的学校对此要求不尽相同，但基本都涉及以下几个知识点：

- 基本格式的设置。
- 样式的应用。
- 页面设置。
- 生成目录。

下面主要对毕业论文的编制及排版方面的知识点进行梳理。

4.6.2　使用样式

样式就是应用于文档中各种元素的一套格式特征，它是 Word 中最重要的排版工具之一，使用样式可以方便地设置文档各部分的格式，得到风格统一的文字效果。

1. 套用系统内置样式

Word 2016 自带了一个样式库，通过该样式库可以快速地为选定的文本或段落应用预设的样式。根据应用的对象不同，样式可分为字符样式、段落样式、链接样式、表格样式、列表样式，下面就这些样式进行简单介绍。

- 字符样式包含可应用于文本的格式特征，如字体、字形、字号、颜色等，应用字符样式时，首先需选择要设置格式的文本。
- 段落样式除了字符样式所包含的格式外，还可以包含段落格式，如行距、对齐方式、段落缩进等。应用段落样式，首先需要选择段落。选择段落时，只需将光标定位在该段落上即可，不需要选择该段落的所有文字。

- 链接样式既可以作为字符样式，又可作为段落样式，这取决于用户选择的内容。若用户选择文本应用链接样式，则该样式包含的字符格式特征将应用于选择的文本上，段落格式不会被应用；若用户选择段落（或将光标定位在段落上）应用链接样式，则该样式将作为段落样式应用于选中段落。
- 表格样式确定表格的外观，包括标题行的文本格式，网格线以及行和列的强调文字颜色等特征。
- 列表样式决定列表外观，包括项目符号样式或编号方案，缩进等特征。

用户可以利用"快速样式"列表或"样式"任务窗格设置需要的样式。

（1）利用"快速样式"列表

具体操作步骤如下：

① 选定要应用样式的文本或段落。

② 在"开始"选项卡的"样式"组中列出了样式库中的样式，如图 4-119 所示。

③ 单击样式列表右侧的"向下滚动"按钮⫶或"其他"按钮⫶，将有更多样式供用户选择。将光标停留在某个样式上时，所选中的文本或段落就会按该样式显示预览效果，单击样式名称即可将该样式应用到选定文本或段落上。

（2）利用"样式"任务窗格

具体操作步骤如下：

① 选定要应用样式的文本或段落。

② 单击"开始"选项卡|"样式"组右下角的扩展按钮，打开"样式"任务窗格。该任务窗格中列出了系统自带的各种样式，将鼠标指针移到某个样式上，系统会自动给出该样式的具体描述，如图 4-120 所示。

③ 单击"样式"任务窗格中某一样式名称即可将该样式应用到当前选中文本或段落上。

图 4-119　"样式"组中的"快速样式"列表

图 4-120　"样式"任务窗格及某样式的具体描述

需要注意的是，应用字符样式，必须要选中文本内容；如果某一段应用段落样式，则将插入点定位到该段落中即可。

2．创建样式

Word 2016 为用户提供的系统内置样式，能够满足一般文档格式化的需要。但在实际工作中常会遇到一些特殊格式的文档，这时就需要用户新建样式，用户可以根据自己的需要创建字符样式或段落样式。

创建一个名称为"A 样式"的字符样式的，具体操作步骤如下：

① 单击"开始"选项卡 |"样式"组右下角的扩展按钮，打开"样式"任务窗格。

② 单击"样式"任务窗格左下角的"新建样式"按钮，打开"根据格式设置创建新样式"对话框，如图 4-121 所示。

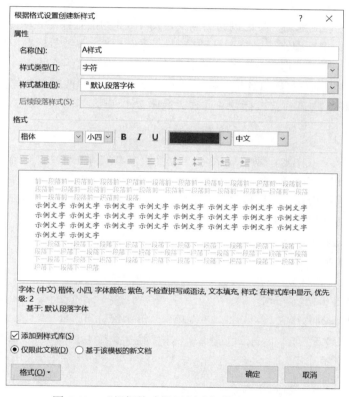

图 4-121　"根据格式设置创建新样式"对话框

③ 在"名称"文本框中输入样式的名称"A 样式"，单击"样式类型"下拉按钮，选择"字符"选项。在"样式基准"列表框中选择一种样式作为基准。

④ 单击"格式"按钮，根据需要进行字符格式的设置。

⑤ 所有格式设置完成后，单击"确定"按钮，完成样式的创建。

此时，在"样式"任务窗格的样式列表中可以看到新建的"A 样式"，其名称右侧有一个 a 图标，表示该样式是字符样式。如果样式名称右侧是 ↵ 图标，则表示该样式是段落样式。

创建段落样式的操作方法和创建字符样式的类似，在段落样式中，可以组合多种字符格式和段落格式。

3．修改、删除样式

用户在使用样式时，有些样式不符合自己排版的要求，可以对样式进行修改，甚至删除。修改、删除样式要在"样式"任务窗格中进行。修改样式的操作步骤如下：

①单击"开始"选项卡 |"样式"组右下角的扩展按钮，打开"样式"任务窗格。

②将鼠标指向需要修改的样式名称上，单击其右侧的下拉按钮▼，在弹出的下拉菜单中选择"修改样式"命令，打开"修改样式"对话框。修改样式的操作方法与新建样式时设置样式格式的方法相同。

③单击"确定"按钮，完成样式的修改。

当修改了样式后，在文档中应用该样式的文本或段落的格式也会随之变化。

要删除已有的样式，只需要在"样式"任务窗格中，将鼠标指向需要删除的样式名称，单击其右侧的下拉按钮▼，在弹出的下拉菜单中选择"删除"命令，在弹出的消息框中单击"是"按钮即可。系统只允许删除用户自己创建的样式，而 Word 的内置样式只能修改，不能删除。

在任务六的论文排版中，需要将章标题应用标题 1 样式，一级节标题应用标题 2 样式，二级节标题应用标题 3 样式，但是这三个样式和毕业论文指南要求的格式不一样，这时就需要修改标题 1 样式为黑体，小三号，1.5 倍行距，段后间距 18 磅；修改标题 2 样式为黑体，四号，1.5 倍行距，段后间距 12 磅；修改标题 3 样式为黑体，小四号，1.5 倍行距，段后间距 12 磅。

4.6.3　分页与分节

当一个页面中文字或图形已满，Word 会自动换页。在实际工作中，经常会遇到将文档的某一部分内容单独形成一页的情形，此时，很多人习惯用加入多个空行的方法使新的部分另起一页，这是一种错误的做法，会导致修改时的重复排版，降低工作效率。正确的做法是使用"分页符"进行强制换页。操作步骤如下：

①将光标插入点定位于要分页的文本处。例如，论文的致谢要在新的一页，则插入点定位在致谢前。

②单击"布局"选项卡 |"页面设置"组 |"分隔符"按钮，打开下拉列表，如图 4-122 所示。

③在分隔符下拉列表中选择"分页符"选项，即可实现分页。将"开始"选项卡 |"段落"组 |"显示 / 隐藏编辑标记"按钮 按下，可以看到插入的分页符。

注：也可以按【Ctrl+Enter】组合键插入分页符。

要删除分页符，需将光标定位在分页符前面，或者选中分页符，然后按【Delete】键，便可以像删除普通字符一样把分页符删除。

和分页符相似，分节符也是 Word 中一个重要的编辑符号。在 Word 中可以对文档进行分节。"节"是文档的一部分，可以是几页一节，也可以是几个段落一节。通过分节，可以把文档变成几个部分，然后针对不同的节进行不同的页面设置，如页边距、纸张大小和纸张方向、不同的页眉和页脚、不同的分栏方式等。

分节符是在节的结尾处插入的一个标记，每插入一个分节符，表示文档的前面与后面是不同的节。插入分节符的操作步骤如下：

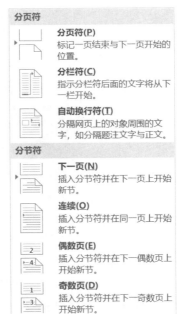

图 4-122　"分隔符"下拉列表

①将光标插入点定位于要分节的文本处。例如，在任务六中，需要在摘要和正文之间分页并且分节，则将插入点置于摘要的最后面。

② 单击"布局"选项卡 |"页面设置"组 |"分隔符"按钮，打开下拉列表，选择相应的"分节符"类型，此处插入"下一页"分节符。

删除分节符和删除分页符的方法一样。

对于任务六中的封面、原创性声明、目录和摘要均独立成页，如果没有特殊的页码要求，分页之处只需插入分页符即可。从新的一页开始第一章，则需要在第一章前插入下一页分节符。

4.6.4　页面设置

对文档进行页边距、纸张大小等设置的操作步骤如下：

① 单击"布局"选项卡 |"页面设置"组右下角的扩展按钮，打开"页面设置"对话框。

② "页面设置"对话框的"页边距"选项卡主要对文档的页边距及纸张打印方向进行设置。页边距是指文本与纸张边缘的距离，图 4-123 所示页边距就是任务六论文排版所需要的页边距。

图 4-123　"页面设置"对话框

③ "页面设置"对话框的"纸张"选项卡主要进行"纸张大小"的设置。在纸张大小下拉列表框中选择相应的纸张型号，在"宽度"和"高度"微调框中输入纸张的大小数值。

④ 在"页面设置"对话框中选择"版式"选项卡，在"页眉和页脚"选项组中设置页眉和页脚，选中"奇偶页不同"复选框，设置文档奇数页和偶数页使用不同的页眉和页脚，选中"首页不同"复选框则设置文档首页的页眉和页脚不同于其他页。

⑤ "页面设置"对话框中的"文档网格"选项卡用于设定每页的行数、每行的字数、每页的垂直分栏数，以及正文排列是竖排还是横排等文本排列方式。

4.6.5　页眉和页脚

在任务六的毕业论文排版中，要求从正文即第 1 章开始插入 1、2、3 等阿拉伯数字的页码。

通常很多人习惯通过"插入"选项卡 |"页眉和页脚"组 |"页码"按钮插入页码，这样的操作将会在所有页都添加页码。任务六中排版页码的操作步骤如下：

① 定位到正文所在的节，单击"插入"选项卡 |"页眉和页脚"组 |"页脚"按钮，在下拉列表中选择"编辑页脚"命令，进入到"页脚"编辑状态。本步骤更为简单的方法是直接在正文的页脚位置双击，就可以进入到页脚的编辑状态。

② 在"页眉和页脚工具 / 设计"选项卡 |"导航"组中单击 链接到前一条页眉按钮，使得该按钮处于不被选中的状态，则代表去掉了链接到前一节的页眉，意味着所做的设置仅针对本节有效。

③ 单击"页眉和页脚工具 / 设计"选项卡 |"页眉和页脚"组 |"页码"按钮，在下拉列表中选择需要插入页码的位置，本任务需要在弹出的子菜单中选择页面底端插入普通数字 2 的页码，如图 4-124 所示。

④ 正文的页码如果不是从 1 开始，则要单击"页眉和页脚"组 |"页码"按钮，在下拉列表中选择"设置页码格式"命令，打开"页码格式"对话框，在其中将该节的页码编号设置为起始页码为 1，如图 4-125 所示，完成后单击"确定"按钮。

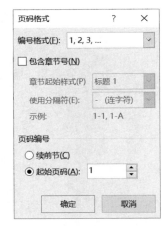

图 4-124　在页面底端插入普通数字 2 的页码　　图 4-125　正文所在节页码格式的设置

⑤ 在文档区双击，退出页码编辑状态。

4.6.6　插入目录

1. 插入目录

要成功添加目录，应该正确采用带有级别的样式，例如"标题 1"～"标题 9"样式，采用带级别的样式是插入目录最方便的一种方法。将要生成目录的段落文本应用相应的标题样式后，插入目录的操作步骤如下：

① 定位到需要插入目录的位置，通常用一个空白页放置目录。

② 单击"引用"选项卡 |"目录"组 |"目录"按钮，在下拉列表选择所需的目录样式即可

插入目录，如图 4-126 所示。

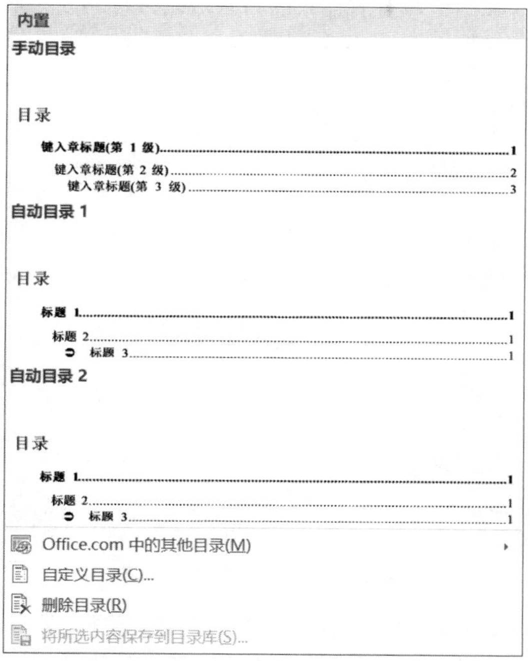

内置

手动目录

目录

键入章标题(第 1 级)..**1**
　键入章标题(第 2 级)..2
　　键入章标题(第 3 级)..3

自动目录 1

目录

标题 1..**1**
　标题 2..1
　　➲ 标题 3..1

自动目录 2

目录

标题 1..**1**
　标题 2..1
　　➲ 标题 3..1

Office.com 中的其他目录(M)　　　　　　　　▶

自定义目录(C)...

删除目录(R)

将所选内容保存到目录库(S)...

图 4-126　插入目录下拉列表

③ 如果插入目录时需要进一步设定，则要用到自定义目录样式。在目录下拉列表中选择"自定义目录"命令，打开"目录"对话框，在"目录"选项卡的"显示级别"微调框中可指定目录中包含几个级别，从而决定目录的细化程度。这些级别来自"标题 1"～"标题 9"样式，它们分别对应级别 1～级别 9。在本任务中显示级别选择为 3。

图 4-127　"目录"对话框

④ 如果文档中有用到其他样式，并且要使用这些样式生成目录，则要单击"选项"按钮，打开"目录选项"对话框，在其中对有效样式的目录级别进行删改，如图4-128所示。

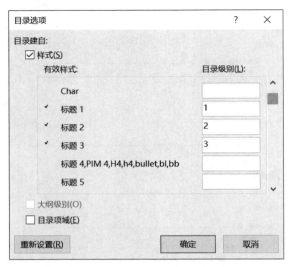

图4-128 "目录选项"对话框

⑤ 在任务六中，还需要对目录的字体、字号、行距、缩进等格式进行修改，在图4-127所示"目录"对话框中单击"修改"按钮，打开"样式"对话框，如图4-129所示。选中需要修改的某级目录，单击"修改"按钮，打开"修改样式"对话框，在其中进一步修改字符格式或者段落格式即可，如图4-130所示。具体修改为目录1为宋体、四号、1.5倍行距，目录2和目录3均为宋体、小四号、1.5倍行距。

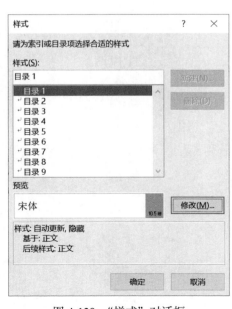

图4-129 "样式"对话框

图4-130 "修改样式"对话框

⑥ 全部设定完成后，在“目录”对话框中单击“确定”按钮，在毕业论文中插入的目录如图 4-131 所示。

目　录

第 1 章 绪　论 1
1.1 课题背景、目的和意义 1
1.2 我国校园网建设及其普遍存在的安全问题 1
第 2 章 校园网络安全理论基础 3
2.1 网络安全设计理论依据 3
2.1.1 网络安全系统策略与设计原则 3
2.1.2 网络安全体系结构设计原则 3
2.2 网络安全技术 3
2.2.1 防火墙 4
2.2.2 入侵检测及入侵防护技术 4
第 3 章 PZ 学院校园网的整体安全系统需求分析 5
3.1 PZ 学院校园网安全现状 5
3.2 PZ 学院校园网面临的网络安全威胁分析 5
3.2.1 物理安全风险分析 5
3.2.2 链路层脆弱性分析 6
3.2.3 网络层脆弱性分析 6
第 4 章 PZ 学院校园网整体安全的设计和实施 7
4.1 PZ 学院网络结构概况 7
4.2 PZ 学院校园网安全系统的设计和实施 7
4.2.1 网络安全隔离与连接 7
4.2.2 入侵检测系统的部署 7
第 5 章 结 论 9
致　谢 10

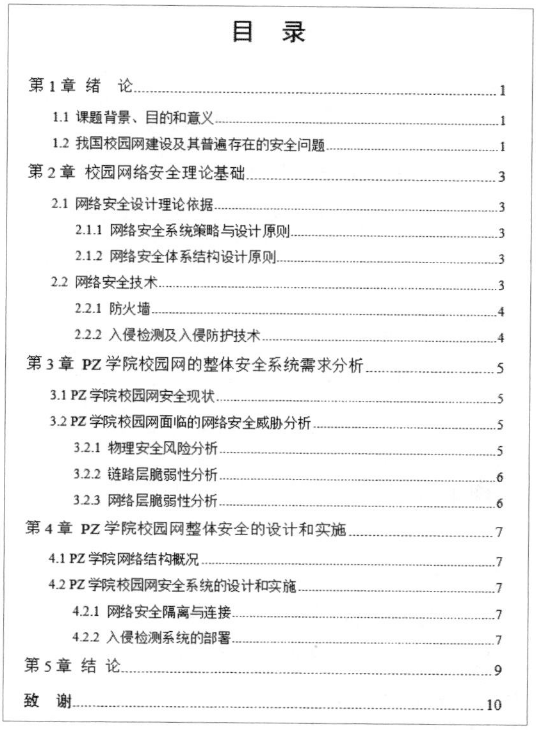

图 4-131　论文中的目录结构

2. 修改和更新目录

目录是以“域”的方式插入到文档中的（会显示灰色底纹），因此可以进行更新。当文档中的内容或页码有变化时，需要单击“引用”选项卡 |“目录”组 |“更新目录”按钮，或者在目录的任意位置右击，在弹出的快捷菜单中选择“更新域”命令，打开“更新目录”对话框，如图 4-132 所示。如果只是页码发生改变，可选择“只更新页码”单选按钮。如果有标题内容的修改或增减，可选择“更新整个目录”单选按钮。

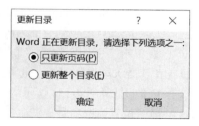

图 4-132　“更新目录”对话框

至此，毕业论文排版完毕。在整个排版过程中，特别要注意样式和分节的重要性。采用样式，可以实现快速排版，修改样式时能够使整篇文档中多处用到的某个样式的文字或者段落自动更改格式，并且易于进行文档的层次结构的调整和生成目录。对文档的不同部分进行分节，有利于对不同的节设置不同的页眉和页脚。

3. 查看和修改文章的层次结构

文章比较长，定位会比较麻烦。采用样式之后，由于“标题 1”～“标题 9”样式具有级别，就能方便地进行层次结构的查看和定位。选中“视图”选项卡 |“显示”组中的“导航窗格”复选框。在左侧的“导航”任务窗格中会显示文档的层次结构，如图 4-133 所示。在左侧窗格的标题上单击，即可快速定位到相应位置，显示在右侧的文档窗口中。

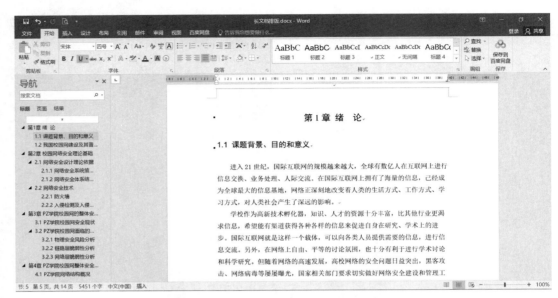

图 4-133　毕业论文的导航窗格与页面视图

4.6.7　脚注和尾注

对文档进行了基本编辑操作后，可能还要对文档中的一些比较专业的词汇或一些引用的内容进行注释。脚注和尾注是对文本的补充说明。脚注位于页面的底部，可以作为文档某处内容的注释；尾注位于文档的末尾，列出引文的出处等。

脚注和尾注由两个关联的部分组成，包括注释引用标记和其对应的注释文本。用户可让Word 自动为注释引用标记编号或创建自定义的标记。在添加、删除或移动自动编号的注释时，Word 将对注释引用标记重新编号。

1. 插入脚注和尾注

插入脚注和尾注的操作步骤如下：

① 将插入点定位到要插入脚注和尾注的位置。

② 单击"引用"选项卡 | "脚注"组 | "插入脚注"按钮或者"插入尾注"按钮，也可以单击"脚注"组右下角的扩展按钮，打开图 4-134 所示的"脚注和尾注"对话框。

③ "位置"选项是"脚注"或者"尾注"的位置选择。

④ "格式"选项是对编号格式及编号方式等参数的设置。如选择"编号方式"为"连续"时，Word 就会给所有脚注或尾注连续编号，当添加、删除、移动脚注或尾注引用标记时重新编号。

⑤ 单击"确定"按钮后，就可以在脚注或尾注区域输入注释文本。

下面是为一首宋词添加尾注和脚注的效果，如图 4-135 和图 4-136 所示。

图 4-134　"脚注和尾注"对话框

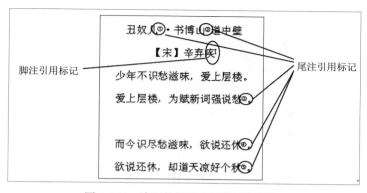

图 4-135　诗词的脚注和尾注引用标记

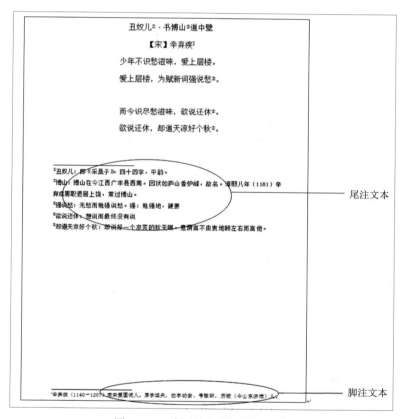

图 4-136　诗词的脚注和尾注文本

2. 移动或复制脚注和尾注

要移动或复制注释时，需要对文档窗口中的注释引用标记进行操作，而不是对脚注文本或尾注文本进行操作。在移动或复制了一个注释引用标记后，Word 会自动对其余的注释重新编号。具体操作步骤如下：

① 在文档中选定要移动或复制的注释的引用标记。

② 如果要移动注释引用标记，可将其拖动到新位置。如果要复制注释引用标记，可按住【Ctrl】键的同时将其拖动到新位置。

3. 删除脚注和尾注

要删除脚注和尾注，则需要先在文档窗口中选中注释引用标记，再按【Delete】键，即可删除。

4.6.8 拓展练习

打开"毕业论文排版素材 .docx"及"毕业论文格式要求 .docx"，按照"毕业论文格式要求"中排版要求完成最终论文的排版。

4.7 审 阅 文 档

Word 2016 提供了批注、修订和审阅功能，通过这些功能可以实现审阅者和文档创作者的交流，提高文档内容的正确性。

4.7.1 任务七 审阅文档

1. 任务引入

毕业论文完成初稿交给导师后，导师在审阅论文时可以使用批注和修订功能给出一些意见或者建议。批注是作者或者审阅者给文档添加的说明，修订一般是审阅者对文章中某个部分提出的修改意见。作为学生，需要理解审阅文档的相应知识，并能够根据这些意见做出相应处理，例如按批注意见修改后需删除批注，接受或拒绝修订等。

2. 任务分析

审阅文档任务包括以下几个方面：

- 添加批注。
- 修订文档。

下面将对任务七中涉及的审阅文档知识点进行梳理。

4.7.2 添加批注

添加批注的对象可以是文本、表格或图片等。Word 会用审阅者设定颜色的括号将批注的对象括起来，背景色也将变为相同的颜色。默认情况下，批注文本框显示在文档页边距外的标记区，批注与批注的文本使用与批注相同颜色的直线连接。

添加批注的操作步骤如下：

① 选择需要插入批注的对象。

② 单击"审阅"选项卡|"批注"组|"新建批注"按钮，此时选中的对象将被加上红色底纹，并在页边距外的标记区显示批注文本框，如图 4-137 所示。

图 4-137 添加批注效果

③ 在"批注"文本框中输入批注内容即可。

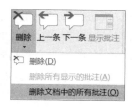

当文档中有多处批注时,可以通过"审阅"选项卡 |"批注"组 |"上一条" /"下一条"按钮进行切换。如果要删除批注,需要先将光标定位在批注文本框内,再单击"审阅"选项卡 |"批注"组 |"删除"按钮,选择删除该批注,或者删除文档中所有批注,如图 4-138 所示。

图 4-138　删除批注

4.7.3　修订文档

通过审阅中的修订功能,可以使别人做过的任何修改都会留下痕迹。如果对修改的内容无异议,即可选择"接受修订",否则可选择"拒绝修订"。

1. 启用修订

对任何文档进行审阅修订前,都需要启用修订功能。启动修订功能后,对文档的修改均会反映在文档中,从而可以清楚地看到文档中发生变化的部分。默认情况下,所修订的内容将以不同颜色显示。对文档进行修订的操作步骤如下:

① 单击"审阅"选项卡 |"修订"组 |"修订"按钮,该按钮将呈选中状态,代表文档进入修订状态。

② 此后在文档中所做的修改,系统都会自动做出标记,以设定的状态显示出来。文字加删除线的表示要删掉的信息,文字加下画线的表示要添加的信息。对于格式的修改也会记录下来,例如原来的文字是倾斜的,当修改为非倾斜时,会有相应的修订信息,如图 4-139 所示。

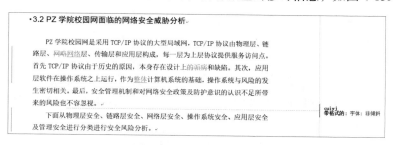

图 4-139　文档修订标记

③ 修订完成后再次单击"修订"按钮,可退出修订状态,退出修订状态后再对文档所做的修改则不会做出标记。

提示: 单击"审阅"选项卡 |"修订"组右下角的扩展按钮,打开"修订选项"对话框,在其中设置修订标记的显示项目,可以设置高级修订选项,还可以更改用户名,如图 4-140 所示。

2. 接受或拒绝修订

对于修订过的文档,作者可对修订做出接受或拒绝操作。若接受修订,文档会保存为审阅者修改后的状态;若拒绝修订,文档会保存为修改前的状态。

在定位到某一处修订文本后,如果接受修订,则单击"审阅"选项卡 |"更改"组 |"接受"按钮或"接受"按钮下方的

图 4-140　"修订选项"对话框

下拉按钮，在弹出的下拉菜单中选择相应的命令，如图 4-141 所示。其中的"接受对文档的所有修订"命令表示接受所有对文档的修订，则文档中凡是修订过的位置都用修订后的内容和格式替换之前的内容和格式。如果不接受修订，单击右侧的"拒绝"按钮即可。

单击"审阅"选项卡 | "修订"组 | "审阅窗格"按钮，可以打开水平或者垂直审阅窗格，批注以及修订的详细信息显示在"审阅"窗格中，如图 4-142 所示。

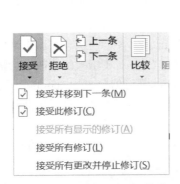

图 4-141　接受修订下拉菜单　　　　　　　图 4-142　"审阅"窗格

习　　题

单项选择题

1. Word 2016 文档的默认扩展名为（　　）。
   A. txt　　　　　　　B. doc　　　　　　　C. docx　　　　　　　D. jpg
2. 关于 Word 2016，以下说法中错误的是（　　）。
   A. "剪切"功能将选取的对象从文档中删除，并存放在剪贴板中
   B. "粘贴"功能将剪贴板上的内容粘贴到文档中插入点所在的位置
   C. 剪贴板是外存中一个临时存放信息的特殊区域
   D. 剪贴板是内存中一个临时存放信息的特殊区域
3. 下列不是 Word 2016 视图模式的是（　　）。
   A. 页面视图　　　　　　　　　　　　B. 特殊视图
   C. Web 版式视图　　　　　　　　　　D. 阅读视图
4. 在 Word 2016 中，单击文档中的图片，产生的效果是（　　）。

A. 弹出快捷菜单　　　　　　　　　　　　B. 选中图片

C. 启动图形编辑器进入图形编辑状态　　　D. 将该图片加文本框

5. 在 Word 2016 中，若要绘制一个标准的圆，应该先选择椭圆工具，再按住（　　）键，然后拖动鼠标。

A. 【Tab】　　　　　　　　　　　　　　B. 【Ctrl】

C. 【Alt】　　　　　　　　　　　　　　D. 【Shift】

6. 在 Word 2016 中，将一部分内容改为四号楷体，然后紧接这部分内容输入新的文字，则新输入的文字字号和字体为（　　）。

A. 四号楷体　　　　　　　　　　　　　　B. 五号楷体

C. 五号宋体　　　　　　　　　　　　　　D. 不能确定

7. Word 2016 中的文本替换功能所在的选项卡是（　　）。

A. 文件　　　　　　　　　　　　　　　　B. 开始

C. 插入　　　　　　　　　　　　　　　　D. 页面布局

8. 在 Word 2016 中，能看到分栏实际效果的视图是（　　）。

A. 页面　　　　　　　　　　　　　　　　B. 大纲

C. 主控文档　　　　　　　　　　　　　　D. 联机版式

9. 在 Word 2016 中，不能选取全部文档的操作是（　　）。

A. 选择"编辑"|"全选"命令

B. 按 Ctrl+A 组合键

C. 先将鼠标定位在文档开头，然后在文档结尾按住【Shift】键单击鼠标

D. 在文档左侧选择区三击鼠标

10. Word 2016 "开始"选项卡|"字体"组|中的"B""I"按钮的作用分别是（　　）。

A. 前者是"倾斜"操作，后者是"加粗"操作

B. 前者是"加粗"操作，后者是"倾斜"操作

C. 前者的快捷键是【Ctrl+X】，后者的快捷键是【Ctrl+Z】

D. 前者的快捷键是【Ctrl+C】，后者的快捷键是【Ctrl+V】

11. 下面有关 Word 2016 表格功能的说法不正确的是（　　）。

A. 可以通过表格工具将表格转换成文本　　B. 表格中可以插入图片

C. 表格的单元格中可以插入表格　　　　　D. 不能设置表格的边框线

12. 给每位家长发送一份《期末成绩通知单》，用（　　）实现最简便。

A. 复制　　　　　　　　　　　　　　　　B. 信封

C. 邮件合并　　　　　　　　　　　　　　D. 标签

13. 在 Word 2016 中，要改变文档中整个段落的字体，必须（　　）。

A. 把光标移到该段落段首，然后选择"格式"|"字体"命令

B. 选定该段落，单击"开始"选项卡|"段落"组|"段落设置"按钮

C. 选定该段落，单击"开始"选项卡|"段落"组|"字体设置"按钮

D. 选定该段落并右击，在弹出的快捷菜单中选择"字体"命令

14. 以下关于 Word 2016 表格行高的说法正确的是（　　）。

A. 行高不能修改

  B. 行高只能用鼠标拖动来调整

  C. 行高的调整既可以用鼠标拖动来调整，也可以用菜单项来设置

  D. 行高只能用菜单项来设置

15. 在 Word 2016 文档编辑窗口中，将选定的一段文字从一个位置拖到另一个位置，则完成（ ）。

  A. 移动操作   B. 复制操作

  C. 删除操作   D. 非法操作

16. 在 Word 2016 中，对图片的环绕文字设置不能用（ ）。

  A. 嵌入型   B. 滚动型

  C. 四周型   D. 紧密型

17. 关于 Word 2016 中使用图形，以下说法错误的是（ ）。

  A. 图片可以进行大小调整，也可以进行裁剪

  B. 插入图片可以嵌入文字中间，也可以浮于文字上方

  C. 图片可以插入到文档中已有的文本框中，也可以插入到文档中的其他位置

  D. 只能使用 Word 本身提供的图片，而不能使用从其他图形软件中转换过来的图片

18. 在 Word 2016 中，用鼠标拖动选择矩形文字块的方法是（ ）。

  A. 按住【Ctrl】键拖到鼠标

  B. 按住【Shift】键拖到鼠标

  C. 按住【Alt】键拖到鼠标

  D. 同时按住【Ctrl】和【Shift】键拖到鼠标

19. "打印"对话框中"页面范围"选项卡下的"当前页"专指（ ）。

  A. 当前光标所在的页   B. 当前窗口显示的页

  C. 第一页   D. 最后一页

20. 在同一个页面中，如果希望页面上半部分为一栏，后半部分为两栏，应插入的分隔符号为（ ）。

  A. 分页符   B. 分栏符

  C. 分节符（连续）   D. 分节符（奇数页）

第5章
Excel 2016 的应用

本章导读

Excel 2016 是 Microsoft 公司推出的 Office 2016 中的一个组件。本章从最基本的知识入手，介绍 Excel 2016 的基本组成元素：工作簿、工作表和单元格，以及对它们的简单操作，还将介绍工作表格式设置、图表处理、数据处理等方面的操作方法和使用技巧。

通过对本章内容的学习，读者应该能够做到：

- 了解：Excel 2016 的新增功能及软件的工作环境。
- 理解：数据有效性的设置。
- 应用：熟练掌握工作表的建立、编辑及格式化的基本操作方法，掌握公式和函数，能够根据数据制作图表和进行数据管理。

5.1 Excel 2016 概述

Excel 2016 是 Office 2016 组件中一个功能强大、使用方便的电子表格制作软件。本节将介绍 Excel 2016 的基本功能、Excel 2016 的启动与退出、Excel 2016 的窗口组成以及 Excel 2016 的基本组成元素。

5.1.1 Excel 2016 的基本概念

Excel 2016 可以建立、编辑、计算大型电子表格。它提供了多种数据格式，可以进行复杂的数学计算、工程计算和数据的统计分析。通过 Excel 2016 提供的强有力的数据展现功能，根据源数据可制作出精美的图表，用图形方式展现表格中的数据；Excel 2016 还提供了强大的数据共享能力，可以非常方便地与其他 Office（如 Word、PowerPoint、Access 等）组件进行数据交换。

而工作簿、工作表和单元格则是构成 Excel 2016 电子表格的三个基本元素。

1. 工作簿

工作簿是指在 Excel 中用来存储并处理工作数据的文件，其扩展名是 .xlsx。在 Excel 中无论是数据还是图表都是以工作表的形式存储在工作簿中的。通常所说的 Excel 文件指的就是工作簿文件。图 5-1 所示为一个工作簿。

在 Excel 中，一个工作簿类似一本书，其中包含许多工作表，工作表中可以存储不同类型的数据。

新建 Microsoft
Excel 工作表.
xlsx

图 5-1 某工作簿

2. 工作表

工作表是 Excel 存储和处理数据的最重要的部分，是显示在工作簿窗口中的表格。一个工作表最多可以由 1 048 576 行和 16 384 列构成。行的编号从 1 到 1 048 576，列的编号依次用字母 A，B，…，AA，…，XFD 表示。行号显示在工作簿窗口中编辑区的左侧，列号显示在工作簿窗口中编辑区的上方。Excel 2016 默认情况下，一个工作簿包含一个工作表，可以在工作表标签右侧单击 ⊕ 按钮，以增加新的工作表。

3. 单元格

在 Excel 中，单元格才是真正存储和用来编辑数据的区域。用列标和行号来表示单元格的地址称为单元格的引用，如 A3、B5 等。一张工作表是由若干个单元格组成的。单元格是存放数据的最小单元，它可以保存数值、文本或者公式等不同类型的数据。

5.1.2 Excel 2016 的工作界面

启动 Excel 2016 后，其工作界面如图 5-2 所示，主要由标题栏、快速访问工具栏、功能区、编辑栏、工作表编辑区、工作表标签、滚动条、状态栏等组成。

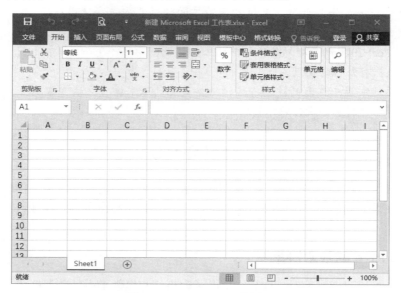

图 5-2　Excel 2016 工作界面

1. 标题区

① 标题栏：如图 5-3 所示位于窗口的最上方，用来显示当前工作簿的名称。

图 5-3　Excel 2016 标题栏

② 按钮栏：在标题栏右侧，分别是最小化、最大化 / 恢复按钮和关闭按钮。

③ 快速访问工具栏：位于标题栏的左侧，包含一组用户使用频率较高的工具，如"保存""撤销""恢复"。如图 5-4 所示，单击"快速访问工具栏"右侧的下拉按钮，可在展开的菜单中选择添加所需要的快速访问功能。

图 5-4　自定义快速访问工具栏

2. 功能区

功能区如图 5-5 所示，位于标题栏的下方，是由九个选项卡组成的区域。Excel 2016 将用于处理数据的命令组织在不同的选项卡中。单击不同的选项卡标签，可切换功能区中显示的工具命令。

① 编辑栏：如图 5-5 所示，编辑栏主要用于输入和修改活动单元格中的数据。当在工作表的某个单元格中输入数据时，编辑栏会同步显示输入的内容。

② 工作表编辑区：如图所示，用于显示或编辑工作表中的数据。

③ 工作表标签：如图 5-5 所示，位于工作簿窗口的左下角，默认名称为 Sheet1，Sheet2，Sheet3，…，单击不同的工作表标签可在工作表间进行切换。

④ 状态栏：如图 5-5 所示，用来显示执行过程中选定操作或命令的信息。

⑤ 滚动条：分为垂直滚动条和水平滚动条两种。拖动滚动条，可以显示在当前屏幕上没有显示出来的部分表格内容。

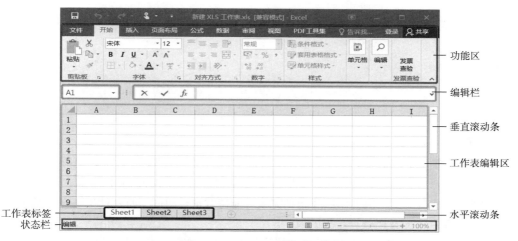

图 5-5　Excel 2016 界面组成

5.2　Excel 2016 基本操作

5.2.1　工作簿的创建与保存

1. 新建工作簿

新建工作簿可在"文件"选项卡中单击"新建"|"空白工作簿"选项完成，如图 5-6 所示，或按【Ctrl+N】组合键创建新的工作簿。

图 5-6　"文件"选项卡下新建工作簿

执行上述操作后系统将自动创建命名为"工作簿 2"的 Excel 文档，如图 5-7 所示。

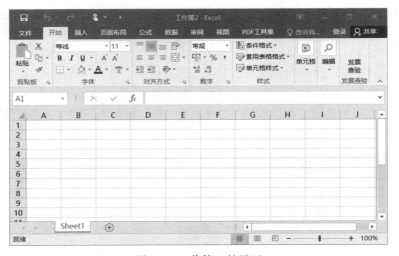

图 5-7　工作簿 2 的界面

2. 保存工作簿

Excel 在没有保存之前操作的数据都存于内存中，一旦发生系统崩溃、停电等故障，数据有可能永久丢失，故用户需要养成良好的保存习惯，比如间隔几分钟就要保存文档，不能只在工作完成时进行一次保存。一项工作从开始到完成可能持续很长时间，如果只在完成时保存一次，中间时间会存在极大的文档数据丢失的风险。

对于由系统开始菜单或桌面快捷方式创建的 Excel 工作簿。在初次保存时，单击"文件"

选项卡｜"保存"按钮，打开"另存为"按钮，如图 5-8 所示，选择需要保存的位置单击"保存"按钮即可。

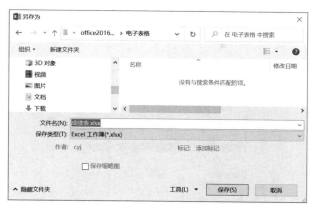

图 5-8　保存工作簿

对于直接打开有关 Excel 文件的保存方式则省略了另存为的步骤，直接单击"文件"选项卡｜"保存"按钮，或者按【Ctrl+S】组合键，即可在原有基础上进行实时保存。

5.2.2　工作表的基本操作

1. 插入、删除工作表

默认情况下，Excel 2016 只有一张工作表 Sheet1，用户可以根据需要插入新的工作表，也可以将多余的工作表删除。

右击目标工作表标签，弹出图 5-9 所示的快捷菜单，选择"插入"或"删除"命令；或者选择目标工作表后，单击"开始"选项卡｜"单元格"组｜"插入"或"删除"下拉按钮，在弹出的下拉列表中选择"插入工作表"或"删除工作表"命令，如图 5-10 和图 5-11 所示。新建工作表的名字以 Sheet 开头。

图 5-9　工作表快捷菜单

图 5-10　插入工作表

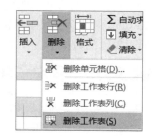

图 5-11　删除工作表

2. 移动、复制工作表

在 Excel 2016 中可以使用"移动或复制工作表"命令将整个工作表移动或复制到同一工作簿的其他位置或其他工作簿。也可以使用"剪切"和"复制"命令将一部分数据移动或复制到其他工作表或工作簿中。

打开Excel文档,右击需要移动或复制的工作表标签,在弹出的快捷菜单中选择"移动或复制"命令;弹出图 5-12 所示的 "移动或复制工作表" 对话框, 在 "将选定工作表移至" 下拉列表中选择需移动到的目标工作簿; 在"下列选定工作表之前"列表框中选择工作表移动或复制的位置; 如果是复制工作簿, 还需要勾选 "建立副本" 复选框, 单击 "确定" 按钮即可完成移动或复制工作表操作。

图 5-12 "移动或复制工作表"对话框

3. 重命名工作表

默认情况下, Excel 2016 工作表的名称为 Sheet1、Sheet2 等, 为了使工作簿中工作表的内容更清晰明了, 可以将工作表重命名。重命名工作表的方法如下:

双击目标工作表标签, 在可编辑状态中输入新名称即可; 右击目标工作表标签, 弹出图 5-9 所示的快捷菜单, 选择 "重命名" 命令, 即可编辑当前工作表标签名称; 选中目标工作表后, 按【Alt+O+H+R】组合键即可编辑当前工作表标签名称。

4. 拆分工作表编辑区

工作表中有很多数据, 有时因编辑区窗口大小有限而只能看到部分数据。这时, 用户可以使用窗口拆分功能, 将窗口拆分为几部分, 在不同的窗口中显示工作表中不同数据。窗口拆分分为水平拆分和垂直拆分两种方式。

单击要拆分位置的列标或行号或该单元格。单击"视图"选项卡 | "窗口"组 | "拆分"按钮, 如图 5-13 所示, 可以看到窗口被垂直拆分、水平拆分或同时拆分, 在窗口中移动工作表, 能够显示出列距较远的数据。

图 5-13 "视图"选项卡

5. 冻结工作表窗口

冻结窗口是将某一行上边的数据或者某一列左边的数据冻结,当利用滚动条滚动工作表时,被冻结的部分并不滚动。在 Excel 2016 中提供了冻结首行、冻结首列或冻结拆分窗口的操作功能。

单击要冻结的目标单元格, 单击"视图"选项 | "窗口"组 | "冻结窗格"下拉按钮, 打

开图 5-14 所示下拉菜单，根据需要选择"冻结首行""冻结首列""冻结拆分窗格"等命令。

6. 保护工作表

保护工作表是防止他人在未经授权的情况下对工作表进行操作。保护工作表就是给工作表加上密码或设置访问限制。保护工作表的具体操作步骤如下：

右击要进行保护的工作表标签，在弹出的快捷菜单中选择"保护工作表"命令，打开"保护工作表"对话框，在"取消工作表保护时使用的密码"文本框中输入想要设置的密码，在"允许此工作表的所有用户进行"列表框中设置用户可对该工作表能够执行的操作权限，单击"确定"按钮。

在打开的"确认密码"对话框的"重新输入密码"文本框中输入上一步相同的密码，单击"确定"按钮即可完成保护工作表的设置，如图 5-15 所示。

图 5-14　"冻结窗格"下拉菜单　　　　图 5-15　"保护工作表"对话框

右击要被保护的工作表标签，在弹出的快捷菜单中选择"撤销工作表保护"命令，弹出"撤销工作表保护"对话框，在密码文本框中输入之前设置的保护密码，即可解除工作表的保护。

5.3　使用 Excel 2016 编辑表格数据

Excel 2016 处理数据的第一步是让表格拥有数据，就是将原始数据输入至工作簿的工作表中。

5.3.1　数据的输入

在 Excel 2016 中可以输入多种类型的数据，包括数字、文本、函数等。向单元格输入数据可以通过以下三种方式：

① 单击要输入数据的单元格，直接输入数据。

② 双击单元格，当单元格内出现光标闪烁时，可以输入或修改数据。

③ 单击单元格，在编辑框中输入或修改数据。

1. 输入文本

文本是常用的一种数据类型，包括任何字母、汉字、数字以及其他特殊符号。文本不能进行数学运算。在默认情况下，输入的文本内容在单元格中左对齐。当输入的字符串长度超过单元格的列宽时，如果右侧单元格的内容为空，则字符串超宽的部分将覆盖右侧单元格，成为宽单元格。如果右侧单元格中有内容，则字符串超宽部分将自动隐藏。

在未修改单元格格式前直接输入数字，默认为数字类型，当数值超过长度时，若要使全部由数字组成的字符项作为文本输入，则在输入时在该数字前加上英文的单引号。如身份证号4401031983092300102，电话号码86736758 或一些序号，如 001、028 等。输入的单引号不会出现在单元格中，在编辑栏中可以显示出来，如图 5-16 所示。

2. 输入数字

数字的类型很多，除了常规的数字格式外，日期、时间、货币等都属于数字类型。数字都可进行数学运算。Excel 2016 认为有效的数字型数据包括：数字字符 0～9、小数点"."、正号"+"、负号"–"、千位分隔符","、分数线"/"、美元符号"$"、百分号"%"等。其他数字组合和非数字字符都被认为是文本。

在默认情况下，输入的数字在单元格中右对齐。若输入的数字整数部分长度超过 11 位，单元格中会自动以科学记数法显示，如图 5-17 所示，123456789101112 在单元格中显示1.23457E+14，编辑栏中则显示输入的全部数字内容。如果单元格宽度以科学记数法显示仍然不足时，系统会将单元格区域填满"#"，此时需要改变单元格的数字格式或列宽来显示完整数值数据。

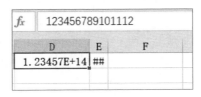

图 5-16　长文本显示　　　　　　　　图 5-17　超列宽显示

3. 输入日期和时间

日期的格式以斜线 / 或 - 分隔年、月、日，如 2023/2/15、15/2/2023、2023-2-15、二〇二三年二月十五日；输入时间后可在后面加上 AM 或 PM 表示 12 小时制时间，如 3:30PM。否则时间将以 24 小时制显示。

可以通过快捷键输入日期和时间，若想在单元格中输入当前的系统日期，使用【Ctrl+;】快捷键即可；若输入当前的时间，使用【Ctrl+Shift+;】快捷键即可。使用【Ctrl+#】快捷键可以使用默认的日期格式格式化单元格；使用【Ctrl+@】快捷键可以使用默认的时间格式格式化单元格。

4. 自动填充数据

选定的单元格或区域的右下角有一个小方块，称为填充柄。当鼠标指向填充柄时，鼠标指针由空心十字变成实心十字。利用填充柄可以向单元格填充相同的数据或系列数据。

（1）填充相同数据

选定需要复制的单元格，通过拖动单元格填充柄可将该单元格内容复制到同一行或同一列的其他单元格中。

（2）使用"序列"对话框填充序列数据

使用"序列"对话框可以设置数据的类型、步长值和终止值等参数来填充数据。下面演示通过"序列"对话框填充序列数据，具体操作步骤如下：

选择 C3:C12 单元格区域，单击"开始"选项卡 |"编辑"组 |"填充"按钮 填充 ，在打开的下拉列表中选择"序列"选项，打开"序列"对话框，在"序列产生在"选项组中选中 ◉ 列(C) 单选按钮，在"类型"选项组中选中 ◉ 等差序列(L) 单选按钮，在"步长值"文本框中设置序列之间的差值，在"终止值"文本框中设置填充序列的数量，这里只需在"终止值"文本框中输入数据"10"，完成后单击"确定"按钮即可。返回工作表可以看到填充的序列数据效果，如图 5-18 和图 5-19 所示。

图 5-18　使用"序列"对话框填充序列数据

	A	B	C
1	2022年世界GDP排名		
2	国家	GPD（亿美元）	排名
3	美国	254645	1
4	中国	181000	2
5	日本	42335	3
6	德国	40475	4
7	印度	33864	5
8	英国	30706	6
9	法国	27840	7
10	俄罗斯	22153	8
11	加拿大	21398	9
12	意大利	20120	10

图 5-19　填充序列数据

使用该方法，还可以填空其他数据序列，如等比数列、日期序列等。

5.3.2　编辑单元格中的数据

对单元格数据的编辑主要包括修改、移动、复制、插入、删除等操作。这些操作既可针对单元格，也可针对单元格区域。

1. 修改单元格数据

在修改单元格数据时，双击要修改数据的单元格，在单元格中出现光标即可修改。或者单击单元格，在编辑框中可以像编辑 Word 文档一样编辑单元格中的数据。

2. 清除单元格数据

选择要清除数据的单元格。单击"开始"选项卡 | "编辑"组 | "清除"按钮，如图 5-20 所示，在其下拉菜单中有六个命令。可以根据需要选择其中一个命令。

① 全部清除：清除单元格中的全部内容和格式。

② 清除格式：只清除单元格的格式，不改变单元格中的内容。

③ 清除内容：只清除单元格中的内容，不改变单元格的格式。

④ 清除批注：只清除单元格的批注，不改变单元格的格式和内容。

⑤ 清除超链接：清除单元格的超链接，不改变单元格的内容和格式。

图 5-20 "清除"下拉菜单

⑥ 删除超链接：清除超链接，包括格式。

3. 插入与删除单元格、行、列

（1）插入

在编辑单元格数据时，有时会根据需要插入一些空的单元格。而对于没有用处的单元格可以将其删除。

插入单元格时，选中一个单元格并右击，在弹出的快捷菜单中选择"插入"命令，如图 5-21 所示，弹出"插入"对话框；选择"活动单元格右移"或"活动单元格下移"单选按钮，单击"确定"按钮，即可在当前位置插入一个单元格，而原来的数据将向右或向下移动。

如图 5-21 所示，选择"整行"或"整列"单选按钮，则可以在活动单元格的上面或左边插入空行或空列。

（2）删除

删除操作是指将选定的单元格或单元格区域移除，单元格或单元格区域原来所在的位置被其下或其右的单元格取代，同时还可以删除整行或整列。

删除单元格时，选择要删除的单元格或单元格区域并右击，在弹出的快捷菜单中选择"删除"命令，如图 5-22 所示，弹出"删除"对话框，与"插入"对话框相似，根据需要选择其中一个选项，单击"确定"按钮即可。

图 5-21 "插入"对话框

图 5-22 "删除"对话框

4. 调整行高和列宽

Excel 2016 工作表中设置了默认的行高和列宽，也可根据需要适当地调整行高和列宽。可以使用鼠标拖动和菜单命令两种方法调整行高和列宽。鼠标拖动方式通常用于行高或列宽不十分精确的情况。

对于需要设置精确的行高值或列宽值，可以使用菜单命令调整行高和列宽。选择目标行，如图 5-23 所示，单击"开始"选项卡 | "单元格"组 | "格式"下拉按钮，在打开的菜单中选择"行高"命令，弹出"行高"对话框，设置行高数值，单击"确定"按钮。列宽的设置类似于行高的设置方法。

5. 显示、隐藏行与列

当工作表数据不便于展示时，可以将其隐藏起来。

选中要隐藏的行或列。选择图 5-23 中的"隐藏和取消隐藏" | "隐藏行"或"隐藏列"命令即可。

要将隐藏的行或列显示出来，首先选中隐藏的目标行或列的两侧的行或列（即选中两行或两列），选择图 5-23 中的"隐藏和取消隐藏" | "取消隐藏行"或"取消隐藏列"命令即可。

6. 查找与替换数据

查找和替换是编辑数据的重要手段，它可以在指定的工作表或单元格区域中查找特定数据，还可以将找到的数据替换成其他数据。如图 5-24 所示，单击"开始"选项卡 | "编辑"组 | "查找和选择"按钮，在打开的菜单中选择"查找"或"替换"命令。

图 5-23　"格式"下拉菜单

图 5-24　"查找和选择"下拉菜单

5.4　工作表的格式化

Excel 2016 工作表的格式化主要包括字体、单元格内容对齐方式、表格边框、背景等设置，经过设置后能够使数据更美观、直观清晰，便于查看与打印输出。

对工作表中不同单元格的数据，可以根据需要设置不同的格式，如设置单元格数字类型、文本的对齐方式和字体、单元格的边框和图案等。

5.4.1　单元格数字格式设置

由于数据的用途不同，对于单元格内数字的类型与显示格式的要求也不同。Excel 中的数字类型有常规、数值、货币、会计专用、日期、时间、百分比、分数、科学记数、文本、自定义等。

单元格默认的数字格式为"常规"格式，系统会根据输入数据的具体特点自动设置为适当的格式。如要详细设置数字格式，选定单元格或单元格区域后右击，在弹出的快捷菜单中选择"设置单元格格式"命令，弹出图 5-25 所示的"设置单元格格式"对话框，在"数字"选项卡中选择对应的分类。

图 5-25 "设置单元格格式"对话框的"数字"选项卡

5.4.2 单元格内容的对齐方式设置

对齐方式是指单元格中的数据在单元格中上、下、左、右位置上的相对位置。Excel 允许为单元格数据设置的对齐方式包括靠左对齐、靠右对齐、合并居中等。

常规对齐操作可在选中单元格或单元格区域后，单击"开始"选项卡 | "对齐方式"组中的相应按钮，如图 5-26 所示。或者使用图 5-27 所示的"对齐"选项卡。

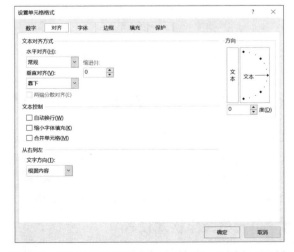

图 5-26 "对齐方式"组　　　　　图 5-27 "设置单元格格式"对话框的"对齐"选项卡

其中常用的设置有以下几种：

①"水平对齐"下拉列表框：可选择"常规""靠左""靠右""填充"等功能。其中，"填充"对齐方式是指单元格内容不足以填满单元格宽度时，将其中的内容循环显示至填满为止。

②"垂直对齐"下拉列表框：可选择"靠上""居中""靠下""两端对齐""分散对齐"等功能。

③"方向"选项组：可设置文字在单元格中的倾斜方向与角度。

④"文本控制"选项组：当单元格内文字长度超过单元格宽度时，系统默认的显示方式是浮动于右侧单元格上方或将超长部分隐藏。如果选中"自动换行"复选框，文本将多行正常显示；选中"合并单元格"复选框，则将选定的单元格合并居中，常用于表头设置，如果取消选中"合并单元格"复选框，则已合并的单元格将被自动拆分。

5.4.3　单元格内字体设置

Excel 电子表格与 Word 文档一样，也可以设置字体、字形、字号、颜色等。

单击"开始"选项卡｜"字体"组中相关按钮（见图 5-28），或在"设置单元格格式"对话框中选择"字体"选项卡，设置字体格式，或者右击某一单元格或单元格区域，弹出"字体"组相关的快捷按钮，通过快捷按钮可以方便地设置字体的格式。使用方式与 Word 文档类似，可参考 Word 相应内容进行操作。

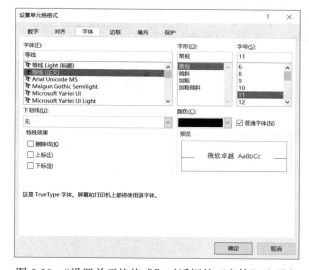

图 5-28　"字体"组　　　　　图 5-29　"设置单元格格式"对话框的"字体"选项卡

5.4.4　单元格边框和底纹设置

在 Excel 中边框和底纹设置是修饰数据的重要手段之一，边框可以使表格中的数据呈现得更加清晰；填充颜色可以为单元格填充纯色或渐变色，而填充图案可以为单元格填充一些条纹样式图案，并设置图案线条的颜色。

选中格式化后的单元格或单元格区域，单击"开始"选项卡｜"字体"组｜"边框"按钮和"填充颜色"按钮进行设置。也可打开"设置单元格格式"对话框，如图 5-30 和图 5-31 所示选择"边框"和"填充"选项卡，便可以轻松设置单元格边框或背景。

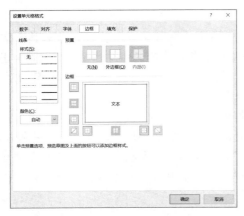

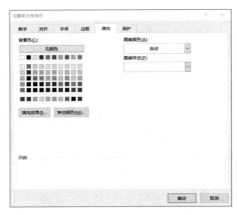

图 5-30　"设置单元格格式"对话框的　　　　　图 5-31　"设置单元格格式"对话框的
"边框"选项卡　　　　　　　　　　　　"填充"选项卡

5.4.5　单元格的批注

单元格的批注，就是给特定单元格加上额外内容来进行标注，说明一些特定的情况。也可以随时查看和打印批注，当鼠标移动至添加批注的单元格时，系统会自动弹出批注信息。

选中目标单元格后右击，在弹出的快捷菜单中选择"批注"命令，如图 5-32 所示，右上角将出现一个红色三角形以及文本框，可以在该文本框中编辑批注内容，即可为该单元格添加批注。或单击"审阅"选项卡 |"批注"组 |"编辑批注""删除"等按钮进行批注操作，如图 5-33 所示。

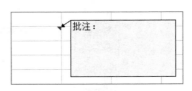

图 5-32　"批注"文本框

图 5-33　"批注"组

5.4.6　自动套用格式

除了自己设置工作表的格式外，Excel 2016 为用户提供了多种工作表格式，不用设置和调整，直接单击即可应用在当前表格上。

选择要设置自动套用格式的单元格区域。单击"开始"选项卡 |"样式"组 |"套用表格格式"按钮，在打开的下拉列表中进行选择，如图 5-34 所示。从中选择表格格式，弹出"套用表格格式"对话框，允许在格式上有所修改，最后单击"确定"按钮即可完成自动套用表格格式的操作。

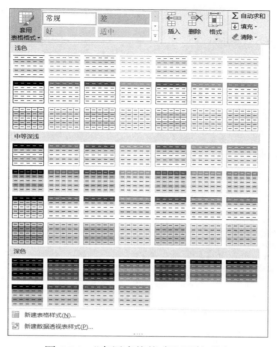

图 5-34 "套用表格格式"下拉列表

5.4.7 任务一 建立员工工资表

1. 任务引入

一个单位需要对员工进行管理，需建立一个简单的员工工资表，包括"编号""姓名""部门""底薪""岗位工资""全勤奖""请假天数""考勤扣款""实发工资"字段。

	A	B	C	D	E	F	G	H	I
1	编号	姓名	部门	底薪	岗位工资	全勤奖	请假天数	考勤扣款	实发工资
2	GQ001	乔予蓉	营销部	3200	520	0	2	291	3429
3	GQ002	邢福昆	营销部	1900	900	300	0	0	3100
4	GQ003	蒋恋媚	广告部	3200	882	300	3	436	3946
5	GQ004	严俏亚	市场部	3500	1020	300	5	795	4025
6	GQ005	裴思潮	财务部	2500	986	0	2.5	284	3202
7	GQ006	蒋实嵘	市场部	3600	963	300	0	0	4863
8	GQ007	胡皇红	广告部	3810	756	300	1	173	4693
9	GQ008	松灿瑜	广告部	3800	1235	0	2	345	4690
10	GQ009	方瑾海	市场部	3698	745	300	0	0	4743
11	GQ010	潘洋瑶	财务部	3869	1362	300	1	176	5355
12	GQ011	毕汉墩	销售部	4862	1500	300	2	291	6371
13	GQ012	唐烽泽	销售部	2498	1000	300	0	0	3798
14	GQ013	祝递昂	后勤	2678	2871	0	2	326	5223
15	GQ014	葛轶纯	后勤	2345	1783	300	0	0	4428

图 5-35 员工工资表

2. 任务实现

① 启动 Excel 2016 电子表格，新建工作表将其命名为员工工资表。

② 确定字段名称，在单元格区域 A1:I1 中输入对应的字段名称。

③ 用自动填充功能快速输入编号。在 A2 单元格中输入编号"GQ001"，然后按住 A2 右下角的快速填充柄向下拖动至 A15 单元格，系统将自动判断该单元格内的排序规律，得到"GQ001"至"GQ014"。

④ 设置对齐。在 B2:I15 单元格区域内输入对应数据后，右击单元格区域，在弹出的快捷菜单中选择"设置单元格格式"命令，弹出"设置单元格格式"对话框，选择"对齐"选项卡，如图 5-36 所示，在"水平对齐"和"垂直对齐"列表框中均选择"居中"命令。

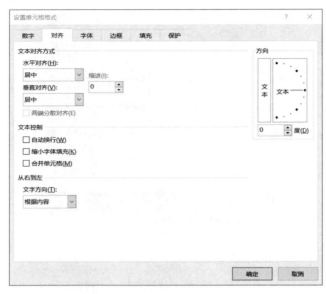

图 5-36　"设置单元格格式"对话框的"对齐"选项卡

⑤ 设置字体。选择"字体"选项卡，如图 5-37 所示，在"字体"列表框中选择"宋体"，在"字形"列表框中选择"常规"，在"字号"列表框中选择"12"，完成后单击"确定"按钮即可。

图 5-37　"设置单元格格式"对话框的"字体"选项卡

⑥ 设置边框和底纹。选择"边框"选项卡，如图 5-38 所示，在"线条"选项组中选择对应样式的边框，在"边框"选项组中可单击示例旁的边框按钮，对应生成外边框和内边框，然后

单击"确定"按钮即可。

图 5-38　"设置单元格格式"对话框的"边框"选项卡

选择"填充"选项卡，如图 5-39 所示，在"背景色"选项组中选择对应颜色，选择后会在"示例"选项组中展示所选颜色效果，然后单击"确定"按钮即可。

图 5-39　"设置单元格格式"对话框的"填充"选项卡

完成上述步骤后，使用保存操作保存当前数据即可完成对员工工资表的建立。也可运用更多所学知识创建更复杂的工作表。

5.5　使用公式与函数

在大型数据报表中，计算、统计工作是不可避免的，Excel 2016 提供了功能强大的公式和函数。公式和函数使用让表格数据进行更加高效快捷的计算和数据更新，不必苦恼于每改一次数据就修改一次计算。公式是函数的基础，与直接使用公式相比，使用函数计算的速度更快，同时发生的错误更少。

5.5.1　使用公式

所谓公式，就是由一组运算符组成的序列。

1. 运算符

Excel 2016 中运算符包括四种，见表 5-1。

表 5-1　运算符

算术运算符		比较运算符	
+	加	>	大于
-	减	<	小于
*	乘	>=	大于或等于
/	除	<=	小于或等于
%	百分比	=	等于
^	指数	<>	不等于
文本运算符		引用运算符	
&	文本连接	:	区域
		,	联合
		空格	交叉

其优先级为：冒号（:）>逗号（,）>空格>负号（-）>百分号（%）>乘号（^）>除（/）>加（+）>减（-）>文本连接符（&）>比较运算符。如果公式中包含多个优先级相同的运算符，则 Excel 将从左向右计算。

（1）算术运算符

算术运算符能够完成基本的数学运算。如加法、减法、乘法等。算术运算符有：+（加）、-（减）、*（乘）、/（除）、^（指数）、%（百分比）。使用算术运算符运算时，依照"先指数，再乘除，最后加减"的原则。例如，4^2*4+8，计算结果为 72。

（2）比较运算符

比较运算符用来比较两个数据的大小。比较运算符：=（等于）、>（大于）、<（小于）、>=（大于或等于）、<=（小于或等于）、<>（不等于）。在使用比较运算符时，结果是一个逻辑值，即真（TRUE）或假（FALSE）。例如，计算 4>9，返回值为 FALSE。

（3）文本运算符

使用"&"符号连接一个或多个字符串以产生连续文本。例如，"中文"&"电子表格"，结果为"中文电子表格"。

（4）引用运算符

引用运算符可以将单元格区域合并计算。":"（冒号）：区域运算符，对两个引用之间，包括两个引用在内的所有单元格进行引用，如 B5:B15。","（逗号）：联合操作符，将多个引用合并为一个引用，如 SUM(B5:B15,D5:D15)。空格：交叉运算符，将两个单元格区域共有引用，与集合运算中的"交集"相似，如 SUM(A1:C1 B1:D1) 运算结果为 B1 与 C1 的和。

2. 单元格引用

在公式中，单元格地址作为变量，可使单元格的值参与运算，称为单元格的引用。引用的作用在于，它能够标识工作表中的单元格或单元格区域，并指明公式中使用数据的位置。通过引用，可以在公式中使用工作表中不同部分的数据，或者在多个公式中使用同一单元格的数据。

（1）相对引用

直接用单元格名或区域名的引用，称为单元格的相对引用。这种地址引用方式会因为公式所在位置的变化而发生对应的变化。例如,A1 中的公式为"=B1+D1"，即相对引用了 B1 和 D1。若将此公式复制到 A6 单元格中，则公式变为"=B6+D6"。也就是说，将该公式复制到其他单元格时,该公式的相对地址也会随之发生变化。

（2）绝对引用

命名单元格地址时，在行号和列标前分别加"$"符号，则代表绝对引用，如 $A$4、$B$8、$F$2 等。公式复制时，绝对引用单元格将不随公式的位置变化而变化，即始终引用最初那个公式中所指的单元格。

（3）混合引用

引用的单元格的行和列之中一个是相对的，一个是绝对的，这样的引用为混合引用，如 $B2、D$4。当公式单元因为复制或插入而引起行列变化时，公式的相对地址部分会随位置变化，而绝对地址部分不随位置而变化。

说明：相对引用、绝对引用、混合引用之间是可以切换的。首先选定包含该公式的单元格，然后在编辑栏中选中要更改的引用，反复按【F4】键，即可实现引用类型的转换。例如，在公式中选择地址 $A$1 并按【F4】键，引用将变为【A$1】，再一次按【F4】键，引用将变为 $A1，依此类推。

3. 公式的使用

（1）公式的输入

在 Excel 中，在某个单元格中输入公式时，必须在编辑框中输入，公式必须以等号（＝）为首，此时在单元格中输入的便是公式。公式输入完成后按【Enter】键或者单击编辑框前面的✓按钮表示确认。如果不保存输入的公式或者修改结果，则单击编辑框前面的×按钮取消即可。

（2）公式复制和移动

Excel 2016 允许移动和复制公式。当移动公式时，公式中的单元格引用并不改变。当复制公式时，单元格引用将根据引用类型而改变。

公式的复制操作可以通过使用填充柄完成。先选定包含公式的单元格，再拖动填充柄，使之覆盖需要填充的区域，即完成公式的复制。也可以使用"复制"和"粘贴"的方法复制到其他不相邻的单元格中。

要移动公式时，选中目标单元格后，单击"开始"选项卡 | "剪贴板"组 | "剪切"按钮，

然后选定公式移动的目标单元格，单击"开始"选项卡 |"剪贴板"组 |【粘贴】按钮。

5.5.2 使用函数

函数是一些预定义的公式，它通过使用一些特定数值按照特定的顺序和结构进行运算。Excel 2016 提供了十一类函数，为用户对数据进行运算和分析带来了极大方便。这些函数包括常用函数、财务、日期与时间、统计、查找与引用、数据库、文本、逻辑、信息、数学函数等。

1. 函数的结构

Excel 函数的结构以函数名开始，后面是左圆括号、以逗号分隔的参数和右圆括号。函数名说明函数的功能（参考附录 A），即它将要执行的运算；参数指定函数使用的数值或单元格，相当于数学中函数的自变量。参数可以是数字、文本、逻辑值、数组、单元格引用。若有多个参数时，用逗号分隔开。如果函数以公式的形式出现，则输入公式时在函数名称前面输入等号"="。

2. 函数的使用

① 直接在单元格中输入。对于一些常用的比较熟悉的简单函数，在表达式不是很复杂的情况下可以在单元格中直接输入，如求和、平均值、计数函数等。例如 SUM() 函数，可以在编辑框中直接输入 "=SUM(A1:D1)"，表示对 A1 到 D1 区域的数值进行求和计算。

② 可以使用图 5-40 所示的"插入函数"对话框输入公式。单击"公式"选项卡 |"函数库"组 |"插入函数"按钮（或单击编辑栏中的 ƒx 按钮），打开"插入函数"对话框。在"或选择类别"下拉列表中选择函数的类别。然后在"选择函数"列表框中选择要插入的函数选项。也可在"搜索函数"文本框中进行描述，由 Excel 2016 的智能功能搜索出函数。单击"确定"按钮，打开图 5-41 所示的"函数参数"对话框，在进行参数的设置时，可利用"折叠对话框"按钮 将对话框折起，这样就不会妨碍区域的选取。选取完毕后，可再次利用"折叠对话框"按钮恢复该对话框。将该函数的参数设置完毕后，单击"确定"按钮，则先前选定的单元格中将显示出运算结果。

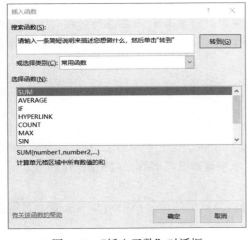

图 5-40 "插入函数"对话框

图 5-41 "函数参数"对话框

5.5.3 任务二 使用公式和函数完善学生成绩表

1. 任务引入

为学生成绩表计算总分、平均分等完善学生成绩表，如图 5-42 所示。

学号	姓名	所在学院	计算机科学基础	离散数学	高等数学	大学英语	汇编语言	总分	平均分	名次	奖学金
2016001	马珍岑	计算机科学学院	98	97	88	87	88	458	91.6	1	¥1,000
2016002	韶念润	工商管理学院	79	78	85	72	93	407	81.4	4	¥1,000
2016003	丁习琦	马克思主义学院	92	79	76	93	66	406	81.2	6	¥1,000
2016004	韦勤跃	外国语学院	75	83	79	66	72	375	75	13	¥800
2016005	崔霁如	数理学院	86	72	50	83	71	362	72.4	15	¥800
2016006	姬姬报	物联网学院	73	85	77	76	84	395	79	7	¥1,000
2016007	毛源疆	人工智能学院	88	77	63	82	56	366	73.2	14	¥800
2016008	马玲晴	物联网学院	70	85	90	76	73	394	78.8	9	¥1,000
2016009	岑非意	工商管理学院	76	85	68	86	70	385	77	10	¥1,000
2016010	阮娇彤	马克思主义学院	88	90	75	87	67	407	81.4	4	¥1,000
2016011	邹芝忧	计算机科学学院	82	73	65	85	90	395	79	7	¥1,000
2016012	宣慈丹	物联网学院	45	55	78	91	80	349	69.8	16	¥800
2016013	许翌昌	生物学院	98	84	82	80	76	420	84	2	¥1,000
2016014	段椒翔	人工智能学院	79	65	66	87	88	385	77	10	¥1,000
2016015	焦优珣	外国语学院	44	77	85	87	89	382	76.4	12	¥1,000
2016016	钟珑峰	数理学院	78	75	87	90	88	418	83.6	3	¥1,000
		最大值	98	97	90	93	93	471	94.2		
		最小值	44	55	50	66	56	271	54.2		

奖学金发放要求：（总分小于380，奖励800，总分大于或等于380，奖励1000）

各学院	总人数	奖金总额
计算机科学学院	2	2000
马克思主义学院	2	2000
外国语学院	2	1800
物联网学院	3	2800
人工智能学院	2	1800
工商管理学院	2	2000
生物学院	1	1000
数理学院	2	1800

图 5-42 学生成绩表

2. 任务实现

① 使用 SUM() 函数计算总分。首先确定对应总分单元格的数据源范围，如单元格 I2 的数据源应为 D2:H2，在 I2 单元格的编辑框中输入 SUM() 函数“=SUM(D2:H2)”，得到 D2:H2 单元格的值的和。然后在 I2 单元格右下角使用填充柄填充至单元格 I19，得到图 5-43 所示的结果。

学号	姓名	所在学院	计算机科学基础	离散数学	高等数学	大学英语	汇编语言	总分	平均分	名次	奖学金
2016001	马珍岑	计算机科学学院	98	97	88	87	88	458			
2016002	韶念润	工商管理学院	79	78	85	72	93	407			
2016003	丁习琦	马克思主义学院	92	79	76	93	66	406			
2016004	韦勤跃	外国语学院	75	83	79	66	72	375			
2016005	崔霁如	数理学院	86	72	50	83	71	362			
2016006	姬姬报	物联网学院	73	85	77	76	84	395			
2016007	毛源疆	人工智能学院	88	77	63	82	56	366			
2016008	马玲晴	物联网学院	70	85	90	76	73	394			
2016009	岑非意	工商管理学院	76	85	68	86	70	385			
2016010	阮娇彤	马克思主义学院	88	90	75	87	67	407			
2016011	邹芝忧	计算机科学学院	82	73	65	85	90	395			
2016012	宣慈丹	物联网学院	45	55	78	91	80	349			
2016013	许翌昌	生物学院	98	84	82	80	76	420			
2016014	段椒翔	人工智能学院	79	65	66	87	88	385			
2016015	焦优珣	外国语学院	44	77	85	87	89	382			
2016016	钟珑峰	数理学院	78	75	87	90	88	418			
		最大值						0			
		最小值						0			

图 5-43 计算“总分”

② 参照第 1 步使用 AVG() 函数、MAX() 函数、MIN() 函数求出平均分、最大值和最小值。计算结果如图 5-44 所示。

学号	姓名	所在学院	计算机科学基础	离散数学	高等数学	大学英语	汇编语言	总分	平均分	名次	奖学金
2016001	马珍岑	计算机科学学院	98	97	88	87	88	458	91.6		
2016002	韶念润	工商管理学院	79	78	85	72	93	407	81.4		
2016003	丁习琦	马克思主义学院	92	79	76	93	66	406	81.2		
2016004	韦勤跃	外国语学院	75	83	79	66	72	375	75		
2016005	崔霁如	数理学院	86	72	50	83	71	362	72.4		
2016006	姬姬报	物联网学院	73	85	77	76	84	395	79		
2016007	毛源疆	人工智能学院	88	77	63	82	56	366	73.2		
2016008	马玲晴	物联网学院	70	85	90	76	73	394	78.8		
2016009	岑非意	工商管理学院	76	85	68	86	70	385	77		
2016010	阮娇彤	马克思主义学院	88	90	75	87	67	407	81.4		
2016011	邹芝忧	计算机科学学院	82	73	65	85	90	395	79		
2016012	宣慈丹	物联网学院	45	55	78	91	80	349	69.8		
2016013	许翌昌	生物学院	98	84	82	80	76	420	84		
2016014	段椒翔	人工智能学院	79	65	66	87	88	385	77		
2016015	焦优珣	外国语学院	44	77	85	87	89	382	76.4		
2016016	钟珑峰	数理学院	78	75	87	90	88	418	83.6		
		最大值	98	97	90	93	93	471	94.2		
		最小值	44	55	50	66	56	271	54.2		

图 5-44 计算“平均分”“最大值”“最小值”

③ 使用 RANK() 函数计算名次。选中 K2 单元格，单击"公式"选项卡 | "函数库"组 | "插入函数"按钮，弹出"插入函数"对话框，选择 RANK() 函数后单击"确定"按钮，如图 5-45 所示，弹出"函数参数"对话框，在 Number 文本框中选择 I2 单元格，在 Ref 文本框中绝对引用 \$I\$2: \$I\$17 单元格区域，在 Order 文本框中输入逻辑值 0。

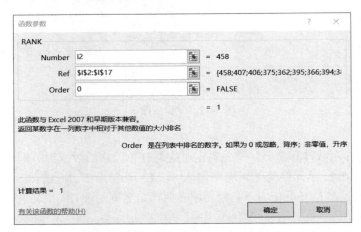

图 5-45　RANK"函数参数"对话框

单击"确定"按钮后计算出 K2 单元格的值，使用填充技巧完成其余单元格的计算，得到图 5-46 所示的结果。

	A	B	C	D	E	F	G	H	I	J	K	L
1	学号	姓名	所在学院	计算机科学基础	离散数学	高等数学	大学英语	汇编语言	总分	平均分	名次	奖学金
2	2016001	马珍岑	计算机科学学院	98	97	88	87	88	458	91.6	1	
3	2016002	韶念润	工商管理学院	79	78	85	72	93	407	81.4	4	
4	2016003	丁习琦	马克思主义学院	92	79	76	93	66	406	81.2	6	
5	2016004	韦勤跃	外国语学院	75	83	79	66	72	375	75	13	
6	2016005	崔姬如	数理学院	86	72	50	83	71	362	72.4	15	
7	2016006	姬姬报	物联网学院	73	85	77	76	84	395	79	7	
8	2016007	毛源疆	人工智能学院	88	77	63	82	56	366	73.2	14	
9	2016008	马玲晴	物联网学院	70	85	90	76	73	394	78.8	9	
10	2016009	岑非意	工商管理学院	76	85	68	86	70	385	77	10	
11	2016010	阮娇彤	马克思主义学院	88	90	75	87	67	407	81.4	4	
12	2016011	邹芝忱	计算机科学学院	82	73	65	85	90	395	79	7	
13	2016012	宣慈丹	物联网学院	45	55	78	91	80	349	69.8	16	
14	2016013	许翌昌	生物学院	98	84	82	80	76	420	84	2	
15	2016014	段椒翔	人工智能学院	79	65	66	87	88	385	77	10	
16	2016015	焦优珣	外国语学院	44	77	85	87	88	382	76.4	12	
17	2016016	钟珑峰	数理学院	78	75	87	90	88	418	83.6	3	
18			最大值	98	97	90	93	93	471	94.2		
19			最小值	44	55	50	66	56	271	54.2		

图 5-46　计算"名次"

④ 使用 IF() 函数计算奖学金。选中 L2 单元格，单击"公式"选项卡 | "函数库"组 | "插入函数"按钮，弹出"插入函数"对话框，选择 IF() 函数后单击"确定"按钮，如图 5-47 所示，弹出"函数参数"对话框，根据单元格批注，在"Logical_test"文本框中输入判断语句"I2 < 380"返回真或假，在 Value_if_true 文本框中输入判定结果输出值 800，意为当 Logical_test 判断后返回真（TRUE）时输出 800，Value_if_false 同理，当 Logical_test 判断后返回假（FALSE）时，输出 1000。

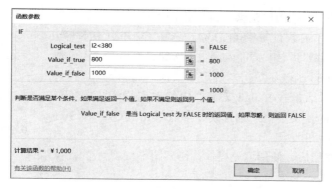

图 5-47　IF "函数参数" 对话框

单击 "确定" 按钮后，使用填充操作，得到图 5-48 所示的计算结果。

	A	B	C	D	E	F	G	H	I	J	K	L
1	学号	姓名	所在学院	计算机科学基础	离散数学	高等数学	大学英语	汇编语言	总分	平均分	名次	奖学金
2	2016001	马珍岑	计算机科学学院	98	97	88	87	88	458	91.6	1	￥1,000
3	2016002	韶念润	工商管理学院	79	78	85	72	93	407	81.4	4	￥1,000
4	2016003	丁习琦	马克思主义学院	92	79	76	93	66	406	81.2	6	￥1,000
5	2016004	韦勤跃	外国语学院	75	83	79	66	72	375	75	13	￥800
6	2016005	崔霁如	数理学院	86	72	50	83	71	362	72.4	15	￥800
7	2016006	姬姬报	物联网学院	73	85	77	76	84	395	79	7	￥1,000
8	2016007	毛源疆	人工智能学院	88	77	63	82	56	366	73.2	14	￥800
9	2016008	马玲晴	物联网学院	70	85	90	76	73	394	78.8	9	￥1,000
10	2016009	岑非意	工商管理学院	76	85	68	86	70	385	77	10	￥1,000
11	2016010	阮娇彤	马克思主义学院	88	90	75	87	67	407	81.4	4	￥1,000
12	2016011	邹芝忱	计算机科学学院	82	73	65	85	90	395	79	7	￥1,000
13	2016012	宣慈丹	物联网学院	45	55	78	91	80	349	69.8	16	￥800
14	2016013	许翌昌	生物学院	98	84	82	80	76	420	84	2	￥1,000
15	2016014	段椒翔	人工智能学院	79	65	66	87	88	385	77	10	￥1,000
16	2016015	焦优珣	外国语学院	44	77	85	87	89	382	76.4	12	￥1,000
17	2016016	钟垅峰	数理学院	78	75	87	90	88	418	83.6	3	￥1,000
18			最大值	98	97	90	93	93	471	94.2		
19			最小值	44	55	50	66	56	271	54.2		

图 5-48　计算 "奖学金"

⑤ 使用 COUNTIF() 函数计算总人数。选中 P2 单元格，单击 "公式" 选项卡 | "函数库"组 | "插入函数" 按钮，弹出 "插入函数" 对话框，选择 COUNTIF() 函数后单击 "确定" 按钮，如图 5-49 所示，弹出 "函数参数" 对话框，在 Range 文本框中绝对引用 $C$2: $C$17 单元格区域，在 Criteria 文本框中选择判断参数单元格 O2，意为在 Range 中有多少 Criteria。

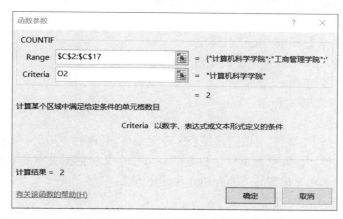

图 5-49　COUNTIF "函数参数" 对话框

单击"确定"按钮后，使用填充操作，得到图 5-50 所示的计算结果。

⑥ 使用 SUMIF() 函数计算奖金总额。选中 Q2 单元格，单击 "公式"选项卡 ｜ "函数库"组 ｜ "插入函数"按钮，弹出"插入函数" 对话框，选择 SUMIF() 函数后单击"确定"按钮，如图 5-51 所示， 弹出"函数参数"对话框在 Range 文本框中绝对引用 $C$2: $C$17 单元格区域，在 Criteria 文本框中选择判断参数单元格 O2，在 Sum_ range 文本框中选择求和区域。

各学院	总人数	奖金总额
计算机科学学院	2	
马克思主义学院	2	
外国语学院	2	
物联网学院	3	
人工智能学院	2	
工商管理学院	2	
生物学院	1	
数理学院	2	

图 5-50　计算"总人数"

单击"确定"按钮后，使用填充操作，得到图 5-52 所示的计算结果。

图 5-51　SUMIF【函数参数】对话框

各学院	总人数	奖金总额
计算机科学学院	2	2000
马克思主义学院	2	2000
外国语学院	2	1800
物联网学院	3	2800
人工智能学院	2	1800
工商管理学院	2	2000
生物学院	1	1000
数理学院	2	1800

图 5-52　计算"奖金总额"

5.6　Excel 2016 的数据管理和分析

Excel 2016 具有强大的数据处理功能，用户既能在 Excel 2016 中建立大型的数据表格，也能通过"导入数据"使用在其他数据表软件中建立的数据表，如 Access、SQL Server、ODBC、Dbase 等。如今更是可以方便地将 Web 中可刷新的数据导入 Excel 2016 中进行查看和分析。Excel 2016 具有许多操作和处理数据的强大功能，如排序、筛选、分类汇总、数据透视表等。

5.6.1　数据排序

排序是指按照一定的规则整理并排列数据，这样可以为进一步分析和管理数据做好准备。对于数据表，可以按照一个或多个字段进行升序或降序排列。在按升序排序时，Excel 2016 使用如下顺序：

① 数值从最小的负数到最大的正数排序。

② 文本按 0 ~ 9，a ~ z，A ~ Z 的顺序排列。

③ 逻辑值 False 排在 True 之前。

④ 所有错误值的优先级相同。

⑤ 空格排在最后。

在 Excel 2016 中排序时用户可以选择是否区分大小写，升序时，小写字母排在大写字母之前。Excel 2016 对汉字的排序，既可根据汉语拼音的字母排序又能根据汉字的笔画排序，取决于用户在排序对话框的"选项"设置。下面介绍几种排序方法。

1. 简单数据排序（按一列排序）

实际运用过程中，用户往往有按一定次序对数据重新排列的要求，比如用户想按平均分从

高到低的顺序排列数据。对于这类需要按某列数据大小顺序排列的要求，最简单的方法是：单击要排序的字段列（如"平均分"列）任意单元格，再单击"数据"选项卡 |"排序和筛选"组 |"降序"按钮 ，即可将学生的数据按平均分从高到低的顺序排列。升序按钮的作用正好相反。

例如，如图 5-53 所示，将数据按"排名"降序排列。单击"排名"列的任一单元格，单击"数据"选项卡 |"排序和筛选"组 | "降序"按钮 。

图 5-53　简单排序

2. 复杂数据排序（多关键字排序）

按一列进行排序时，可能会遇到数据重复的情况。如果想进一步排序，就要使用多关键字排序。单击"数据"选项卡 |"排序和筛选"组 | "排序"命令，弹出"排序"对话框，单击"添加条件"按钮，增加次要关键字，以及排序依据和次序。

例如想先将同部门的员工排在一起，然后按编号升序排列。选中员工工资表的所有数据，在"排序"对话框中，单击"添加条件"按钮，如图 5-54 所示，在"主要关键字"下拉列表中选择"部门"，在"排序依据"下拉列表中选择"数值"，在"次序"下拉列表中选择"升序"。同理对次要关键字进行相同的操作，目标列为"编号"，单击"确定"按钮，如图 5-55 所示返回工作表后完成复杂数据排序。

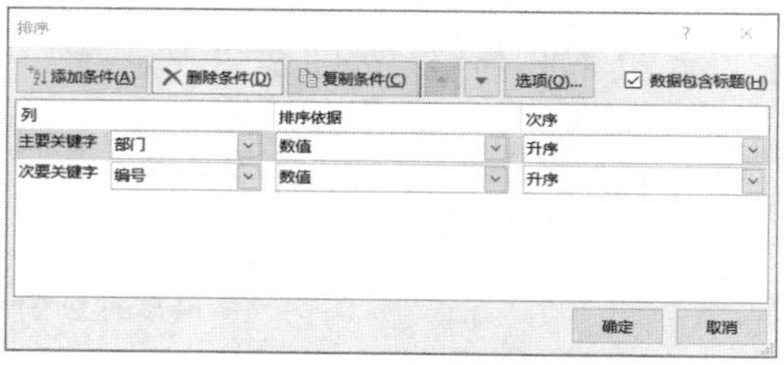

图 5-54　"排序"对话框

图 5-55　复杂数据排序

5.6.2　数据筛选

当数据列表中记录非常多时，用户如果只对其中一部分数据感兴趣时，可以使用 Excel 2016 的数据筛选功能，将不需要使用的记录暂时隐藏起来，只显示感兴趣的数据。Excel 2016 有自动筛选器和高级筛选器，使用自动筛选器是筛选数据列表的简单方法，而使用高级筛选器可以定义复杂的筛选条件。

1. 自动筛选

选中目标单元格或目标单元格区域，单击"数据"选项卡 |"排序和筛选"组 |"筛选"按钮，则对每个数据列的表头都添加了下拉按钮，就可以按条件自动筛选。图 5-56 所示为给"2022 年世界 GDP 排名"工作表设置自动筛选。

2. 高级筛选

单击"数据"选项卡 |"排序和筛选"组 |"高级"按钮，弹出"高级筛选"对话框，在"列表区域"文本框中按要求选定数据源区域，在"条件区域"文本框中选择条件源，可以在"条件"选项中勾选"将筛选结果复制到其他位置"复选框，在"复制到"文本框中选择定义的筛选结果输出单元格。单击"确定"按钮则可在结果区域看到筛选结果。

	A	B	C
1		2022年世界GDP排名	
2	国家	GPD（亿美元）	排名
3	意大利	20120	10
4	加拿大	21398	9
5	俄罗斯	22153	8
6	法国	27840	7
7	英国	30706	6
8	印度	33864	5
9	德国	40475	4
10	日本	42335	3
11	中国	181000	2
12	美国	254645	1

图 5-56　自动筛选

对于"条件区域"，必须首先建立一个条件区域，用来指定筛选数据需要满足的条件。条件区域至少包含两行，第 1 行是作为筛选条件的字段名，这些字段名必须与数据表区域中的字段名完全相同，条件区域的其他行用来输入筛选条件。需要注意的是，条件区域与数据区域不能连接，而必须用空行或空列隔开。

例如，在员工工资表中筛选出部门为"营销部"并且请假天数为"0"的员工。

如图 5-57 所示，在员工工资表中创建条件区域 1。通过上述操作在"列表区域"文本框中选择全体员工数据，在"条件区域"文本框中选择条件源，在"复制到"文本框中选择定义的筛选结果输出单元格，单击"确定"按钮后结果如图 5-58 所示。

部门	请假天数
营销部	0

图 5-57　条件区域 1

编号	姓名	部门	底薪	岗位工资	全勤奖	请假天数	考勤扣款	实发工资
GQ002	邢福畏	营销部	1900	900	300	0	0	3100

图 5-58　高级筛选结果

如图 5-59 所示创建条件区域 2，以其为条件筛选时输出结果并不相同，原因是在这两行条件中，图 5-57 表示的是"与"条件，条件值在同一行。如果两个条件写在不同行，则两个条件是"或"关系。

部门	请假天数
营销部	
	0

图 5-59　条件区域 2

5.6.3　分类汇总

数据的分类汇总是建立在排序的基础上的，它是指将相同类别的数据进行统计汇总。实际应用中经常要用到分类汇总，例如仓库的库存管理，经常要统计各类产品的库存总量，商店的销售管理经常要统计各类商品的销售总量等。它们共同的特点是首先要进行分类，将同类别数据放在一起，然后进行数量求和之类的汇总计算。Excel 2016 具有分类汇总的功能，但不只局限于求和，也可以进行计数、求平均等其他运算。

1. 简单的分类汇总

使用分类汇总，必须具有字段名，即每一列都要有列标题。Excel 2016 使用列标题来决定如何进行数据分类以及如何汇总运算。注意：分类汇总前必须对分类字段进行排序。

例如，对员工工资表进行分类汇总。

首先单击数据单元格区域中的任一单元格，单击"数据"选项卡 |"排序和筛选"组 |"排序"按钮，按照"部门"完成排序。单击"数据"选项卡 |"分级显示"组 |"分类汇总"按钮，弹出"分类汇总"对话框，如图 5-60 所示。

图 5-60　"分类汇总"对话框

将"分类字段"设置为"部门"，"汇总方式"设置为"平均值"，在"选定汇总项"列表框中选中"实发工资"复选框，选中"替换当前分类汇总"复选框表示取消原有的分类汇总。选中"汇总结果显示在数据下方"复选框，表示不更改原有数据，将分类汇总的结果显示在原有数据的下方，方便数据对比。单击"确定"按钮后，得到图 5-61 所示的分类汇总结果。

	编号	姓名	部门	底薪	岗位工资	全勤奖	请假天数	考勤扣款	实发工资
1									
2	GQ005	裴思潮	财务部	2500	986	0	2.5	284	3202
3	GQ010	潘洋瑶	财务部	3869	1362	300	1	176	5355
4			财务部 平均值						4279
5	GQ003	蒋恋媚	广告部	3200	882	300	3	436	3946
6	GQ007	胡垒红	广告部	3810	756	300	1	173	4693
7	GQ008	松灿瑜	广告部	3800	1235	0	2	345	4690
8			广告部 平均值						4443
9	GQ013	祝逊昂	后勤	2678	2871	0	2	326	5223
10	GQ014	葛轶纯	后勤	2345	1783	300	0	0	4428
11			后勤 平均值						4826
12	GQ004	严俏亚	市场部	3500	1020	300	5	795	4025
13	GQ006	蒋实嵘	市场部	3600	963	300	0	0	4863
14	GQ009	方瑾海	市场部	3698	745	300	0	0	4743
15			市场部 平均值						4544
16	GQ011	毕汉墩	销售部	4862	1500	300	0	291	6371
17	GQ012	唐烽泽	销售部	2498	1000	300	0	0	3798
18			销售部 平均值						5085
19	GQ001	乔予蓉	营销部	3200	520	0	2	291	3429
20	GQ002	邢福畏	营销部	1900	900	300	0	0	3100
21			营销部 平均值						3265
22			总计平均值						4419

图 5-61　分类汇总结果

2. 分级显示数据

如图 5-61 所示，在进行分类汇总时，Excel 2016 会自动对列表中的数据进行分级显示，在工作表窗口左边会出现分级显示区，列出一些分级显示符号，允许对数据显示进行控制。

在默认情况下，数据分三级显示，可以通过单击分级显示区上方的 1、2、3 按钮进行控制。单击"1"按钮，只显示列表中的列标题和总计结果，单击"2"按钮显示各个分类汇总结果和总计结果，单击"3"按钮显示所有详细数据。

"1"为最高级，"3"为最低级，分级显示区中有"+""."等分级显示符号。"+"表示高一级向低一级展开数据，"-"表示低一级折叠为高一级数据。如"1"按钮下的"-"将"2"按钮显示内容折叠为只显示总计结果。当分类汇总方式不止一种时，按钮会多于 3 个。

3. 清除分类汇总

清除分类汇总的方法很简单。操作步骤为：单击"数据"选项卡 | "分级显示"组 | "分类汇总"按钮，弹出"分类汇总"对话框，单击"全部删除"按钮即可。

5.6.4 数据透视表

前面介绍的分类汇总适合于按一个字段进行分类，对一个或多个字段进行汇总。如果要求按多个字段进行分类并汇总，则使用分类汇总反而不便。Excel 2016 为此提供了一个有力的工具来解决问题——数据透视表。

1. 建立数据透视表

选中目标区域或区域内的任一单元格，单击"插入"选项卡 | "表格"组 | "数据透视表"按钮，弹出"创建数据透视表"对话框，选择"请选择要分析的数据"选项卡，在"选择一个表或区域"选项组的"表 / 区域"文本框中选择数据源，在"选择放置数据透视表的位置"选项组中选中"新工作表"复选框，然后单击"确定"按钮。则跳转到新表格中，如图 5-62 所示，"工作表编辑区"右侧含有"数据透视表字段"任务窗格，可以选中需要展示的字段名称对应的复选框。

图 5-62　数据透视表

2. 编辑数据透视表

在创建好数据透视表时，功能区会出现"数据透视表工具"选项卡，如图 5-63 所示，其中包含"分析"和"设计"两个子选项卡，"分析"子选项卡中含有"数据透视表""活动字段""分组""筛选""数据""操作""计算""工具""显示"组。"设计"子选项卡中含有"布局""数据透视表样式选项""数据透视表样式"组，使用组中的相应工具可以完整实现对透视表的操作。

图 5-63　"数据透视表工具"选项卡

5.6.5　任务三　利用数据列表、排序、分类汇总、筛选功能管理数据

1. 任务引入

对学生成绩表实现排序：按平均分升序和降序排序；先将同学院的学生排在一起，然后按平均分降序排列。

筛选：平均分在 60 ～ 80 之间的学生记录。

分类汇总：各学院学生的计算机科学基础平均成绩。

2. 任务实现

（1）排序

① 选中"平均分"列的任意单元格，单击"数据"选项卡 | "排序和筛选"组 | "降序"按钮，即可将学生的数据按平均分从高到低的顺序排列，排序结果如图 5-64 所示。

	A	B	C	D	E	F	G	H	I	J	K	L
1	学号	姓名	所在学院	计算机科学基础	离散数学	高等数学	大学英语	汇编语言	总分	平均分	名次	奖学金
2	2016001	马珍岑	计算机科学学院	98	97	88	87	88	458	91.6	1	￥1,000
3	2016013	许翌昌	生物学院	98	84	82	80	76	420	84	2	￥1,000
4	2016016	钟珑峰	数理学院	78	75	87	90	88	418	83.6	3	￥1,000
5	2016002	韶念润	工商管理学院	79	78	85	72	93	407	81.4	4	￥1,000
6	2016010	阮娇彤	马克思主义学院	88	90	75	87	67	407	81.4	4	￥1,000
7	2016003	丁习琦	马克思主义学院	92	79	76	93	66	406	81.2	6	￥1,000
8	2016006	姬嫒报	物联网学院	73	85	77	76	84	395	79	7	￥1,000
9	2016011	邹芝忱	计算机科学学院	82	73	65	85	90	395	79	7	￥1,000
10	2016008	马玲晴	物联网学院	70	85	90	76	73	394	78.8	9	￥1,000
11	2016009	岑非意	工商管理学院	76	85	86	70	70	385	77	10	￥1,000
12	2016014	段椒翔	人工智能学院	79	65	66	87	88	385	77	10	￥1,000
13	2016015	焦优珣	外国语学院	44	77	85	87	89	382	76.4	12	￥1,000
14	2016004	韦勤跃	外国语学院	75	83	79	66	72	375	75	13	￥800
15	2016007	毛源疆	人工智能学院	88	77	63	82	56	366	73.2	14	￥800
16	2016005	崔霁如	数理学院	86	72	50	83	71	362	72.4	15	￥800
17	2016012	宣慈丹	物联网学院	45	55	78	91	80	349	69.8	16	￥800

图 5-64　降序排序结果

"升序"按钮的作用正好相反。

② 先将同学院的学生排在一起，然后按平均分降序排列。选中数据列表中的任一单元格。单击"数据"选项卡 | "排序和筛选"组 | "排序"按钮，弹出"排序"对话框，选择主要关键字为所在学院，次要关键字为平均分，均以降序排列，如图 5-65 所示。

图 5-65 "排序"对话框

单击"确定"按钮后，返回排序结果如图 5-66 所示。

	A	B	C	D	E	F	G	H	I	J	K	L
1	学号	姓名	所在学院	计算机科学基础	离散数学	高等数学	大学英语	汇编语言	总分	平均分	名次	奖学金
2	2016006	姬姬报	物联网学院	73	85	77	76	84	395	79	7	¥1,000
3	2016008	马玲晴	物联网学院	70	85	90	76	73	394	78.8	9	¥1,000
4	2016012	宣慈丹	物联网学院	45	55	78	91	80	349	69.8	16	¥800
5	2016015	焦优闲	外国语学院	44	77	85	87	89	382	76.4	12	¥1,000
6	2016004	韦勤跃	外国语学院	75	83	79	66	72	375	75	13	¥800
7	2016016	钟珑峰	数理学院	78	75	87	90	88	418	83.6	3	¥1,000
8	2016005	崔雯如	数理学院	86	72	50	83	71	362	72.4	15	¥800
9	2016013	许翌昌	生物学院	98	84	82	80	76	420	84	2	¥1,000
10	2016014	段椒翔	人工智能学院	79	65	66	87	88	385	77	10	¥1,000
11	2016007	毛源疆	人工智能学院	88	77	63	82	56	366	73.2	14	¥800
12	2016010	阮娇彤	马克思主义学院	88	90	75	87	67	407	81.4	4	¥1,000
13	2016003	丁习琦	马克思主义学院	92	79	76	93	66	406	81.2	6	¥1,000
14	2016001	马珍岑	计算机科学学院	98	97	88	87	88	458	91.6	1	¥1,000
15	2016011	邹芝忱	计算机科学学院	82	73	65	85	90	395	79	7	¥1,000
16	2016002	韶念润	工商管理学院	79	78	85	72	93	407	81.4	4	¥1,000
17	2016009	岑非意	工商管理学院	76	85	68	86	70	385	77	10	¥1,000

图 5-66 排序结果

（2）筛选

查询平均分在 60 ～ 80 之间的学生记录。选中数据源中的任一单元格。单击"数据"选项卡 | "排序和筛选"组 | "筛选"按钮，每个列标题右侧会出现一个下拉按钮，单击"平均分"列的下拉按钮，在下拉列表中选中值为 60 ～ 80 的复选框，如图 5-67 所示。对于有规律的数据筛选，还可以选择"数字筛选"，在列表中单击"自定义筛选"，打开图 5-68 所示的对话框，在其中进行条件设置。

图 5-67 筛选平均分

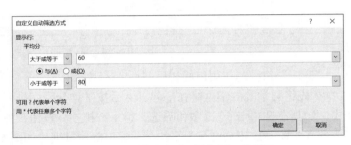

图 5-68 "自定义自动筛选"对话框

单击"确定"按钮，得到筛选结果如图 5-69 所示。

学号	姓名	所在学院	计算机科学基础	离散数学	高等数学	大学英语	汇编语言	总分	平均分	名次	奖学金
2016004	韦勤跃	外国语学院	75	83	79	66	72	375	75	13	￥800
2016005	崔霁如	数理学院	86	72	50	83	71	362	72.4	15	￥800
2016006	姬姬报	物联网学院	73	85	77	76	84	395		7	￥1,000
2016007	毛源疆	人工智能学院	88	77	63	82	56	366	73.2	14	￥800
2016008	马玲晴	物联网学院	70	85	90	76	73	394	78.8	9	￥1,000
2016009	岑非意	工商管理学院	76	85	68	86	70	385	77	10	￥1,000
2016011	邹芝忧	计算机科学学院	82	73	65	85	90	395	79	7	￥1,000
2016012	宣慈丹	物联网学院	45	55	78	91	80	349	69.8	16	￥800
2016014	段椒翔	人工智能学院	79	65	66	87	88	385	77	10	￥1,000
2016015	焦优珣	外国语学院	44	77	85	87	89	382	76.4	12	￥1,000

图 5-69　筛选结果

（3）分类汇总

首先单击数据单元格区域中的任一单元格，单击"数据"选项卡｜"排序和筛选"组｜"排序"按钮，按照"所在学院"完成排序。单击"数据"选项卡｜"分级显示"组｜"分类汇总"按钮，弹出"分类汇总"对话框，如图 5-70 所示。

将"分类字段"设置为"所在学院"，"汇总方式"设置为"平均值"，在"选定汇总项"列表框中选中"计算机科学基础"复选框，选中"替换当前分类汇总"复选框表示取消原有的分类汇总。选中"汇总结果显示在数据下方"复选框，表示不更改原有数据，将分类汇总的结果显示在原有数据的下方，方便数据对比。单击"确定"按钮后，得到图 5-71 所示的分类汇总结果。

图 5-70　"分类汇总"对话框

学号	姓名	所在学院	计算机科学基础	离散数学	高等数学	大学英语	汇编语言	总分	平均分	名次	奖学金
2016009	岑非意	工商管理学院	76	85	68	86	70	385	77	10	￥1,000
2016002	韶念润	工商管理学院	79	78	85	72	93	407	81.4	4	￥1,000
		工商管理学院　平均	77.5								
2016011	邹芝忧	计算机科学学院	82	73	65	85	90	395	79	7	￥1,000
2016001	马珍岑	计算机科学学院	98	97	88	87	88	458	91.6	1	￥1,000
		计算机科学学院　平	90								
2016003	丁习琦	马克思主义学院	92	79	76	93	66	406	81.2	6	￥1,000
2016010	阮娇彤	马克思主义学院	88	90	75	87	67	407	81.4	4	￥1,000
		马克思主义学院　平	90								
2016007	毛源疆	人工智能学院	88	77	63	82	56	366	73.2	14	￥800
2016014	段椒翔	人工智能学院	79	65	66	87	88	385	77	10	￥1,000
		人工智能学院　平均	83.5								
2016013	许翌昌	生物学院	98	84	82	80	76	420	84	2	￥1,000
		生物学院　平均值	98								
2016005	崔霁如	数理学院	86	72	50	83	71	362	72.4	15	￥800
2016016	钟珑峰	数理学院	78	75	87	90	88	418	83.6	3	￥1,000
		数理学院　平均值	82								
2016004	韦勤跃	外国语学院	75	83	79	66	72	375	75	13	￥800
2016015	焦优珣	外国语学院	44	77	85	87	89	382	76.4	12	￥1,000
		外国语学院　平均值	59.5								
2016012	宣慈丹	物联网学院	45	55	78	91	80	349	69.8	16	￥800
2016008	马玲晴	物联网学院	70	85	90	76	73	394	78.8	9	￥1,000
2016006	姬姬报	物联网学院	73	85	77	76	84	395	79	7	￥1,000
		物联网学院　平均值	62.66666667								
		总计平均值	78.1875								

图 5-71　分类汇总结果

5.7　数据的图表化

Excel 2016 提供了丰富的图表功能，图表具有良好的视觉效果，能使人们直观地查看数据的差异、最值和预测趋势。另外，图表与生成它的工作表数据相链接，当工作表数据发生变化时，图表也将自动更新，使我们的工作更加快捷方便。

5.7.1　创建图表

Excel 2016 中的图表分两种，一种是嵌入式图表，它和创建图表的数据源放置在同一张工作表中，打印时也同时打印。另一种是独立图表，它是一张独立的图表工作表，打印时也将与数据表分开打印。Excel 2016 中的图表有十几种类型，有二维图表和三维立体图表。每一类又有若干种子类型。

常见的图表类型如下：

① 柱形图：用于显示一段时间内的数据变化或显示各项之间的比较情况。

② 折线图：可显示随时间变化的连续数据，特别适用于显示具有相等时间间隔的数据的变化趋势。

③ 饼图：显示一个数据系列中各项的大小与各项总和的比例。饼图中的数据点显示为整个饼图的百分比。

④ 条形图：显示各个项目之间的比较情况。

⑤ 面积图：强调数量随时间而变化的程度，也可用于引起人们对总值趋势的注意。

⑥ 散点图：显示若干数据系列中各个数值之间的关系，或者将两组数绘制为 XY 坐标的一个系列。

创建图表时一般先选定创建图表的数据区域。正确地选定数据区域是能否创建图表的关键。选定的区域可以连续，也可以不连续。但须注意：若选定的区域不连续，第二个区域应和第一个区域所在行或所在列具有相同的矩形；若选定的区域有文字，则文字应在区域的最左列或最上行，作为说明图表中数据的含义。

选中数据源后，单击"插入"选项卡|"图表"组中的各类型图表按钮即可，如图 5-72 所示。

图 5-72　"图表"组

5.7.2　图表的编辑

图表编辑是指对图表及图表中各个对象的编辑，包括数据的增加、删除、图表类型的更改、数据格式化等。

在 Excel 2016 中，单击图表即可将图表选中，然后可对图表进行编辑。注意：选中图表时，功能区中会出现"图表工具"选项卡，其中包含"设计"和"格式"两个子选项卡，"设计"子选项卡中含有"位置""类型""数据""图表样式""图标布局"组，如图 5-73 所示。"格式"子选项卡中含有"当前所选内容""插入形状""形状样式""艺术字样式""排列""大小"组，使用这些工具可以完整实现对图表的修改。

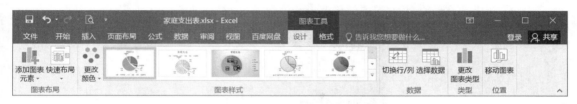

图 5-73　"图表工具组"选项卡

1. 图表对象

一个图表中有许多图表项即图表对象，如果不能正确认识它，就难以对其进行编辑。对象名的显示有下列途径：

① 单击"图表工具 / 格式"选项卡 | "当前所选内容"组中的下拉按钮，单击对象名，该对象被选中。

② 鼠标指针停留在某对象上时，"图表提示"功能将显示该对象名。

2. 图表类型的改变

Excel 2016 中提供了丰富的图表类型，对已经创建的图表，可根据需要改变图表的类型。

单击"插入"选项卡 | "图表"组中的按钮，在其下拉菜单中选择所需图表类型或其子类型创建新图表。然后单击"图表工具 / 设计"选项卡 | "类型"组 | "更改图表类型"按钮，弹出"更改图表类型"对话框，重新选择需要修改的图表类型后单击"确定"按钮即可。

3. 图表中数据的编辑

① 当创建了图表后，图表和创建图表的工作表的数据源之间建立了联系，当工作表中的数据发生了变化，则图表中的对应数据也自动更新。

② 当要给图表添加数据时，若数据源连续时，单击对应图表，数据源会被标记，用鼠标拖动被标记的数据源扩大至新增数据即可成功添加数据。若添加的数据区域不连续，情况与独立图表添加数据系列操作相似。

③ 有时为了便于数据之间的对比和分析，可以对图表的数据重新排列。可以通过直接调整数据源顺序实现，相关操作可参考 5.3.2 节。

4. 图表中文字的编辑

文字的编辑是指对图表增加说明性文字，以便更好地说明图表的有关内容，也可删除或修改文字。

可以通过鼠标双击对应的文字，出现文本编辑框时即可进行编辑操作。

5. 显示效果的设置

图表上加图例用于解释图表中的数据。创建图表时，图表会默认显示图例项，用户可以根据需要对图例进行增加、删除和移动等操作。

如图 5-74 所示，单击"图表工具 / 设计"选项卡 | "图表布局"组 | "添加图表元素"下拉按钮，在下拉菜单中选择"图例"子菜单中的各式操作。

同理也可以在"添加图表元素"下拉菜单中选择其他显示效果，不同的图表类型可以有不同的显示效果。

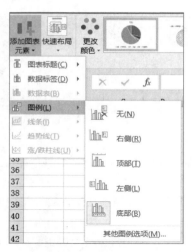

图 5-74 "图例"子菜单

5.7.3 图表的格式化

图表的格式化是指对图表的各个对象的格式进行设置，包括文字和数值的格式、颜色、外观等。格式设置有如下三种方法：

① 选中图表中要设置的对象，单击"图表工具 / 格式"选项卡中的相应按钮。

② 选中图表中要设置的对象，并右击，在弹出的快捷菜单中选择相应的命令。

③ 双击欲进行格式设置的图表对象。

5.7.4 任务四　图表在家庭支出表中的应用

1. 任务引入

以家庭支出表为数据源创建图表，将图表标题修改为"家庭支出表"，将数据标签设置在图表外，并显示类别名称和百分比，标签位置显示在数据标签外。

2. 任务实现

① 选中家庭支出表中的单元格数据源，根据家庭支出表数据类型，需要知道各消费项目占比，则单击"插入"选项卡 |"图表"组中的饼图下拉按钮，选择"二维饼图"，如图 5-75 所示。

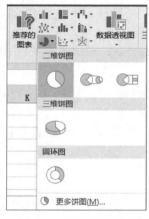

图 5-75　饼图下拉列表

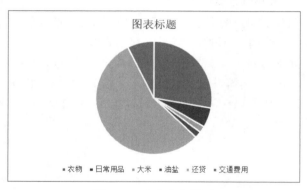

图 5-76　家庭支出饼图

② 得到图 5-76 所示的饼图后，双击图中的"图表标题"，当光标闪烁时即可编辑该文本，输入内容为"家庭支出"。右击该图表，在弹出的快捷菜单中选择"添加数据标签"｜"添加数据标签"命令，得到图 5-77 所示的数据标签。

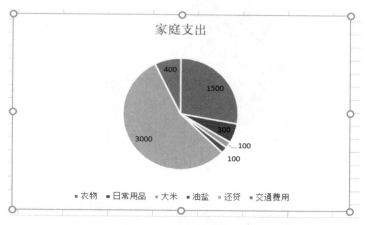

图 5-77　添加数据标签

③ 选中图的数据标签，在工作编辑区右侧的"设置数据标签格式"任务窗格的"标签选项"选项组中选中"类别名称""百分比""显示引导线"复选框和"数据标签外"单选按钮。同时选中图例项，在"设置图例格式"任务窗格的"图例选项"选项组中选中"靠右"单选按钮和"显示图例，但不与图表重叠"复选框，如图 5-78 和图 5-79 所示。

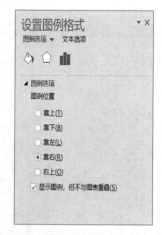

图 5-78　"设置数据标签格式"任务窗格　　　　图 5-79　"设置图例格式"任务窗格

④ 完成上述操作后，图表绘制完成，在操作过程中图表随操作变化而变化，最终图表如图 5-80 所示。

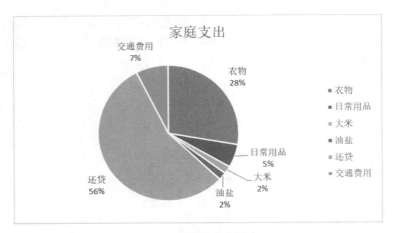

图 5-80　家庭支出图表

5.8　页面设置和打印

工作表创建好后，为了提交或者留存以方便查询，常常需要打印出来，有时可能只打印一部分。具体操作步骤如下：先进行页面设置（当打印工作表一部分时，须先选定要打印的区域），再进行打印预览，认为合适后打印输出。

5.8.1　设置打印区域和分页

设置打印区域为将选定区域定义为打印区域，分页为人工设置分页符。

1. 设置打印区域

只需要打印部分数据时，可以对数据源进行拆分，向需要打印的数据源设置打印区域。

设置方法如下：如图 5-81 所示，先选择要打印的区域，然后单击"页面布局"选项卡｜"页面设置"组｜"打印区域"下拉按钮，在下拉菜单中选择"设置打印区域"命令。

编号	姓名	部门	底薪	岗位工资	全勤奖	请假天数	考勤扣款	实发工资
GQ001	乔予蓉	营销部	3200	520	0	2	291	3429
GQ002	邢福畏	营销部	1900	900	300	0	0	3100
GQ003	蒋恋媚	广告部	3200	882	300	3	436	3946
GQ004	严俏亚	市场部	3500	1020	300	5	795	4025
GQ005	裴思潮	财务部	2500	986	0	2.5	284	3202
GQ006	蒋实嵘	市场部	3600	963	300	0	0	4863
GQ007	胡垒红	广告部	3810	756	300	1	173	4693
GQ008	松灿瑜	广告部	3800	1235	0	2	345	4690
GQ009	方瑾海	市场部	3698	745	300	0	0	4743
GQ010	潘洋瑶	财务部	3869	1362	300	1	176	5355

图 5-81　设置打印区域

选定区域的边框上出现虚线时，表示打印区域已设置好。打印时只会打印所选区域，而且设置的打印区域能够随工作表保存，下次使用仍然有效。

如果想改变打印区域，可以再次通过上述设置方法实现。如果要取消设置的打印区域，只需在图 5-81 所示中选择"取消打印区域"命令即可。

另外，设置区域也可以通过分页预览直接修改。

2．分页与分页预览

工作表较大时，Excel 2016 一般会自动为工作表分页，如果用户不满意这种分页方式，可以根据需要对工作表进行人工分页。

（1）插入和删除分页符

分页包括水平分页和垂直分页。

① 水平分页。单击要另起一页的起始行行号（或选择该行最左边单元格），然后单击"页面布局"选项卡 | "页面设置"组 | "分隔符"下拉按钮，在下拉菜单中选择"插入分页符"命令，在起始行上端出现一条水平线表示分页成功。

② 垂直分页。垂直分页时必须单击另起一页的起始列号（或选择该列最上端单元格），分页成功后将在该列左边出现一条垂直分页虚线。如果选择的不是最左或最上的单元格，插入分页符将在该单元格上方和左侧各产生一条分页线。如图 5-82 所示，F7 单元格的上方和左侧各出现一条分页虚线。

	A	B	C	D	E	F	G	H	I
1	编号	姓名	部门	底薪	岗位工资	全勤奖	请假天数	考勤扣款	实发工资
2	GQ001	乔予蓉	营销部	3200	520	0	2	291	3429
3	GQ002	邢福畏	营销部	1900	900	300	0	0	3100
4	GQ003	蒋恋媚	广告部	3200	882	300	3	436	3946
5	GQ004	严俏亚	市场部	3500	1020	300	5	795	4025
6	GQ005	裘思潮	财务部	2500	986	0	2.5	284	3202
7	GQ006	蒋实嵘	市场部	3600	963	300	0	0	4863
8	GQ007	胡垒红	广告部	3810	756	300	1	173	4693
9	GQ008	松灿瑜	广告部	3800	1235	0	2	345	4690
10	GQ009	方瑾海	市场部	3698	745	300	0	0	4743
11	GQ010	潘洋瑶	财务部	3869	1362	300	1	176	5355
12	GQ011	毕汉墩	销售部	4862	1500	300	2	291	6371
13	GQ012	唐烽泽	销售部	2498	1000	300	0	0	3798
14	GQ013	祝逊昂	后勤	2678	2871	0	2	326	5223
15	GQ014	葛轶纯	后勤	2345	1783	300	0	0	4428

图 5-82　分页示例图

删除分页符的操作步骤如下：选择分页虚线的下一行或右一列的任一单元格，单击"页面布局"选项卡 | "页面设置"组 | "分隔符"下拉按钮，在下拉菜单中选择"删除分页符"命令。或选中整个工作表，然后单击"重设所有分页符"按钮重置所有分页符。

（2）分页预览

分页预览可以在窗口中直接查看工作表分页的情况，它的优越性还体现在预览时，仍可以像平时一样编辑工作表，可以直接改变设置的打印区域大小，还可以方便地调整分页符号位置。

分页后单击"视图"选项卡 | "工作簿视图"组 | "分页预览"按钮，进入图 5-83 所示的分页预览视图。视图中粗实线表示了分页情况，每页区域中都有暗淡色页码显示，如果设置了打印区域，可以看到最外层粗边框没有框住所有数据，非打印区域为深灰色背景，打印区域为浅色前景。分页预览时同样可以设置、取消打印区域、插入或删除分页符。

单击"视图"选项卡 | "工作簿视图"组 | "普通"按钮，可结束分页预览回到普通视图中。

	A	B	C	D	E	F	G	H	I
1	编号	姓名	部门	底薪	岗位工资	全勤奖	请假天数	考勤扣款	实发工资
2	GQ001	乔予蓉	营销部	3200	520	0	2	291	3429
3	GQ002	邢福畏	营销部	1900	900	300	0	0	3100
4	GQ003	蒋恋媚	广告部	3200	882	300	3	436	3946
5	GQ004	严俏亚	市场部	3500	1020	300	5	795	4025
6	GQ005	裘思潮	财务部	2500	986	0	2.5	284	3202
7	GQ006	蒋实嵘	市场部	3600	963	300	0	0	4863
8	GQ007	胡皋红	广告部	3810	756	300	1	173	4693
9	GQ008	松灿瑜	广告部	3800	1235	0	2	345	4690
10	GQ009	方瑾海	市场部	3698	745	300	0	0	4743
11	GQ010	潘洋瑶	财务部	3869	1362	300	2	176	5355
12	GQ011	毕汉墩	销售部	4862	1500	300	2	291	6371
13	GQ012	唐烽泽	销售部	2498	1000	300	0	0	3798
14	GQ013	祝逊昂	后勤	2678	2871	0	2	326	5223
15	GQ014	葛轶纯	后勤	2345	1783	300	0	0	4428

图 5-83　分页预览视图

5.8.2　页面设置

1. 设置页面

Excel 2016 具有默认页面设置功能，用户可以直接打印工作表。如有特殊要求，可以通过"页面设置"对话框设置工作表的打印方向、缩放比例、纸张大小、页边距、页眉、页脚等。

选择"文件"选项卡|"打印"命令，单击"页面设置"超链接，弹出图 5-84 所示"页面设置"对话框。

图 5-84　"页面设置"对话框的"页面"选项卡

其中"方向"选项组和"纸张大小"下拉列表与 Word 文档的页面设置相同。"缩放"选项组用于放大或缩小打印工作表，其中"缩放比例"在 10% ～ 400% 之间。100% 为正常大小，小于 100% 为缩小，大于 100% 为放大。"调整为"单选按钮表示把工作表拆分为几部分打印，如调整为 3 页宽，2 页高表示水平方向截取 3 部分，垂直方向截取 2 部分，共 6 页打印。"起始页码"文本框中输入打印的首页页码，后续页的页码自动递增。

2. 设置页边距

在"页面设置"对话框中选择"页边距"选项卡，如图 5-85 所示，在其中设置打印数据在所选纸张的上、下、左、右留出的空白尺寸，可以设置打印在纸张上水平居中或垂直居中的居中方式，默认为靠上靠左对齐。

3. 设置页眉 / 页脚

在"页面设置"对话框中选择"页眉 / 页脚"选项卡，如图 5-86 所示。

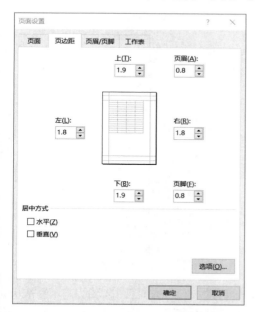

图 5-85　"页面设置"对话框的"页边距"选项卡　图 5-86　"页面设置"对话框的"页眉 / 页脚"选项卡

在"页眉"/"页脚"列表框中提供了许多自定义的页眉、页脚格式，单击"自定义页眉"/"自定义页脚"按钮自行定义。单击"自定义页眉"按钮，弹出图 5-87 所示的"页眉"对话框，可以输入位置为左、中、右三种，图中左输入"大学"，中输入"计算机"，右对齐插入当前日期。十个小按钮自左至右分别用于定义字体、插入页码、总页码、当前日期、当前时间、文件路径和名称、工作簿名称、工作表名称、图片、图片格式设置。

图 5-87　"页眉"对话框

4. 工作表

"页面布局"选项卡 | "页面设置"组右侧的扩展按钮，弹出图 5-88 所示的"页面设置"对话框，选择"工作表"选项卡。

图 5-88　"页面设置"对话框的"工作表"选项卡

其中：

① "打印区域"列表框允许用户单击右侧对话框折叠按钮，选择打印区域。当工作表分成多页打印时，会出现除第一页外其余页无列标题或无行标题的情况。

② "顶端标题行"和"左端标题列"用于指出在各页上端和左端打印的行标题和列标题，便于对照数据。

③ "网格线"复选框选中时用于指定工作表带表格线输出，否则只输出工作表数据，不输出表格线。

④ "行号列标"复选框选中时允许用户打印输出行号和列标，默认为不选中。

⑤ "草稿品质"复选框选中时可以加快打印速度但会降低打印质量。

如果工作表超出一页宽和一页高时，"先列后行"规定垂直方向先分页打印完，再考虑水平方向分页，此为默认打印顺序。"先行后列"规定水平方向先分页打印。

5.8.3　打印预览和打印

打印预览模拟显示打印结果。在打印预览中可以观察打印设置是否满足需求，当满足需求时，即可在打印机上正式打印输出。

1. 打印预览

选择"文件"选项卡|"打印"命令，屏幕显示"打印预览"界面，如图 5-89 所示。界面下方状态栏中将显示打印总页数和当前页数。

左侧对话框部分功能简介如下：

（1）无缩放：此按钮有五种命令，即"无缩放""将工作表调整为一页""将所有列调整为一页""将所有行调整为一页"和"自定义缩放选项"按钮。

（2）打印：单击此按钮打开"打印内容"对话框。

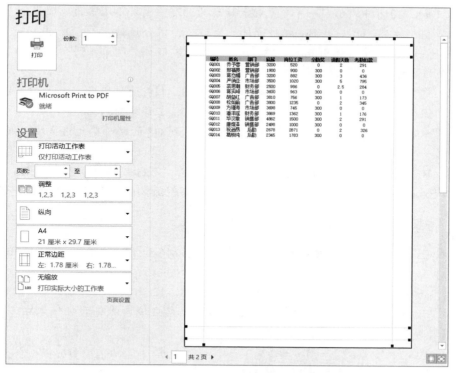

图 5-89　打印预览界面

2. 打印工作表

经设置打印区域、页面设置、打印机后，工作表就可以正式打印了。选择"文件"选项卡 | "打印"命令，单击"打印"按钮即可输出至打印机完成工作。

习　　题

单项选择题

1. Excel 2016 是（　　　）。

    A. 数据库管理软件　　　　　　　　　B. 文字处理软件

    C. 电子表格软件　　　　　　　　　　D. 幻灯片制作软件

2. Excel 2016 工作簿文件的默认扩展名为（　　　）。

    A. docx　　　　　　B. xlsx　　　　　　C. pptx　　　　　　D. mdbx

3. 在 Excel 2016 中，每张工作表是一个（　　　）。

    A. 一维表　　　　　B. 二维表　　　　　C. 三维表　　　　　D. 树表

4. 在 Excel 2016 工作表的单元格中，如想输入数字字符串 070615（学号），则应输入（　　　）。

    A. 00070615　　　　B. "070615"　　　　C. 070615　　　　　D. ' 070615

5. 在 Excel 2016 中，电子工作表的每个单元格的默认格式为（　　　）。

    A. 数字　　　　　　B. 常规　　　　　　C. 日期　　　　　　D. 文本

6. 在 Excel 2016 中，假定一个单元格的地址为 D25，则该单元格的地址称为（　　）。

    A. 绝对地址　　　　　B. 相对地址　　　　　C. 混合地址　　　　D. 三维地址

7. 在 Excel 2016 中，使用地址 \$D\$1 引用工作表第 D 列（即第 4 列）第 1 行的单元格，这称为对单元格的（　　）。

    A. 绝对地址引用　　　　　　　　　　　　　B. 相对地址引用

    C. 混合地址引用　　　　　　　　　　　　　D. 三维地址引用

8. 在 Excel 2016 中，若要表示当前工作表中 B2 到 G8 的整个单元格区域，则应书写为（　　）。

    A. B2 G8　　　　　B. B2:G8　　　　　C. B2;G8　　　　D. B2,G8

9. 在 Excel 2016 中，在向一个单元格输入公式或函数时，则使用的前导字符必须是（　　）。

    A. =　　　　　　　B. >　　　　　　　C. <　　　　　　D. %

10. 在 Excel 中，假定单元格 B2 和 B3 的值分别为 6 和 12，则公式 =2*(B2+B3) 的值为（　　）。

    A. 36　　　　　　　B. 24　　　　　　　C. 12　　　　　　D. 6

11. 在 Excel 2016 的工作表中，假定 C3:C6 单元格区域内保存的数值依次为 10、15、20 和 45，则函数 =MAX(C3:C6) 的值为（　　）。

    A. 10　　　　　　　B. 22.5　　　　　　C. 45　　　　　　D. 90

12. 在 Excel 2016 的工作表中，假定 C3:C6 单元格区域内保存的数值依次为 10、15、20 和 45，则函数 =AVERAGE(C3:C6) 的值为（　　）。

    A. 22　　　　　　　B. 22.5　　　　　　C. 45　　　　　　D. 90

13. 在 Excel 2016 的工作表中，假定 C3:C8 单元格区域内的每个单元格中都保存着一个数值，则函数 =COUNT(C3:C8) 的值为（　　）。

    A. 4　　　　　　　B. 5　　　　　　　C. 6　　　　　　D. 8

14. 在 Excel 2016 的单元格中，输入函数 =sum(10,25,13)，得到的值为（　　）。

    A. 25　　　　　　　B. 48　　　　　　　C. 10　　　　　　D. 28

15. 在 Excel 2016 中，假定 B2 单元格的内容为数值 15，则公式 =IF(B2 > 20，" 好 "，IF(B2 > 10," 中 "," 差 ")) 的值为（　　）。

    A. 好　　　　　　　B. 良　　　　　　　C. 中　　　　　　D. 差

第 6 章
PowerPoint 2016 的应用

本章导读

PowerPoint 就是 Office 套装办公软件中的演示文稿制作软件，利用它可以方便地制作出图、文、声、画并茂的演示文稿，制作好的演示文稿可以通过投影设备进行播放。

通过对本章内容的学习，读者应该能够做到：

- 了解：PowerPoint 的基本功能和各种视图，演示文稿的打包。
- 理解：演示文稿的母版和模板，幻灯片的排练计时。
- 应用：创建演示文稿，制作幻灯片，熟练掌握幻灯片的复制、删除、移动等操作，使用幻灯片主题和背景对演示文稿进行修饰，在幻灯片中加入图片、图表、声音、视频等对象，设置演示文稿的放映效果。

6.1　PowerPoint 2016 概述

PowerPoint 2016 是集文字、图形、图像、声音以及视频剪辑等多媒体元素于一体的优秀软件工具。专家做报告、教师授课、学生论文答辩、公司在推荐产品时均用到演示文稿，制作的演示文稿可以通过计算机屏幕或投影机播放。

6.1.1　任务一　新建"二十四节气"演示文稿

1. 任务引入

学院组织二十四节气主题科普活动，为此要制作二十四节气简介的演示文稿。

2. 任务分析

这个任务主要是使用 PowerPoint 2016 新建一个演示文稿，以"二十四节气 .pptx"为文件名保存。这需要制作者熟悉 PowerPoint 软件环境以及基本操作，下面对这部分内容进行逐一讲解。

6.1.2　PowerPoint 2016 启动与退出

1. PowerPoint 2016 的启动

PowerPoint 2016 的启动有如下几种方法：

（1）利用"开始"菜单启动

单击 Windows 任务栏最左侧的"开始"按钮⊞，在弹出的菜单中选择 PowerPoint 2016 命令，即可启动 PowerPoint。

（2）利用桌面上的快捷方式图标启动

如果桌面上有 PowerPoint 2016 快捷方式图标，也可以直接用鼠标双击快捷方式图标启动 PowerPoint。

（3）利用已有的演示文稿启动

用鼠标双击扩展名为 .pptx 的文件，即可启动 PowerPoint。

2. PowerPoint 2016 的退出

单击标题栏左上角的控制菜单图标，执行关闭命令，或者单击标题栏右上角的"关闭"按钮，都可以退出 PowerPoint 2016。

6.1.3 PowerPoint 2016 常用术语和工作环境

1. PowerPoint 2016 常用术语

演示文稿：使用 PowerPoint 生成的文件称为演示文稿，扩展名为 .pptx。一个演示文稿由若干个幻灯片及相关的备注和演示大纲等内容组成。

幻灯片：幻灯片是演示文稿的组成部分，演示文稿中的每一页就是一张幻灯片，幻灯片由标题、文本、图形、图像、剪贴画、声音以及图表等多个对象组成。

2. PowerPoint 2016 窗口介绍

启动中文 PowerPoint 2016 后，其窗口画面如图 6-1 所示。

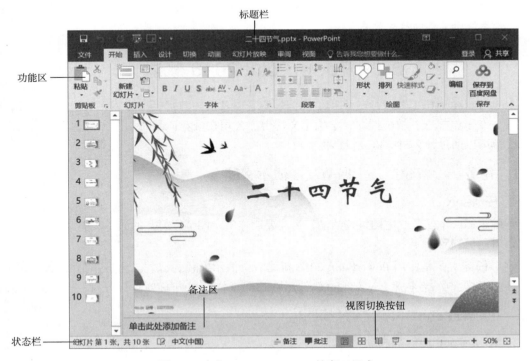

图 6-1　中文 PowerPoint 2016 的窗口组成

① 标题栏：显示软件的名称（Microsoft PowerPoint）和当前文档的名称；在其左侧是快速访问工具栏，右侧是常见的"最小化""最大化 / 还原""关闭"按钮。

② 功能区：是用户对幻灯片进行设置、编辑和查看效果的命令区，功能区上的常用命令主要分布在九个选项卡中，每个选项卡下有若干个组，每组由若干命令或按钮组成。

③ 幻灯片窗格：幻灯片窗格位于中间最大的一个区域，是幻灯片的编辑区，用户在其中对幻灯片进行编辑和格式化，例如，输入和编辑文本、插入各种媒体以及添加各种效果等。

④ 备注区：用于显示或添加对当前幻灯片的注释信息。

⑤ 状态栏：显示当前文档相应的某些状态要素。

⑥ 视图切换按钮：在不同的视图之间切换。

6.1.4 PowerPoint 2016 的视图方式

在 PowerPoint 中，给出了六种视图模式：普通视图、大纲视图、幻灯片浏览视图、阅读视图、幻灯片放映视图和备注页视图，可以通过"视图切换按钮"和"视图"选项卡 | "演示文稿视图"组中的不同视图按钮进行切换。

1. 普通视图

打开一个演示文稿，单击窗口左下角的视图切换按钮 回 器 目 早 中的"普通视图"按钮（注意观察光标尾部的按钮的中文注释），看到的就是普通视图窗口，如图 6-2 所示。

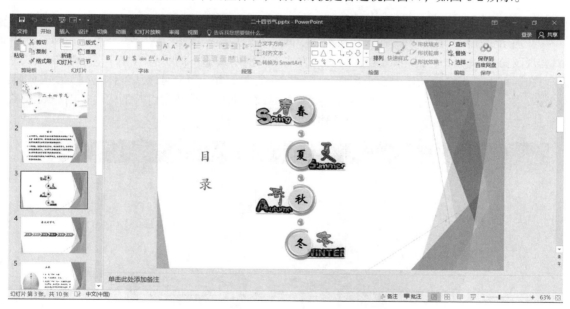

图 6-2 普通视图下的演示文稿窗口

在普通视图下，左侧显示的是幻灯片的缩略图，在每张图的前面有该幻灯片的序列号，在右边的幻灯片编辑窗口中进行编辑修改。

2. 大纲视图

在演示文稿的普通视图窗口中，单击"视图"选项卡 | "演示文稿视图"组 | "大纲视图"按钮，进入大纲视图，该视图模式以大纲方式显示特殊的结构，更便于改变标题和文本的级别、展开或折叠正文等，如图 6-3 所示。

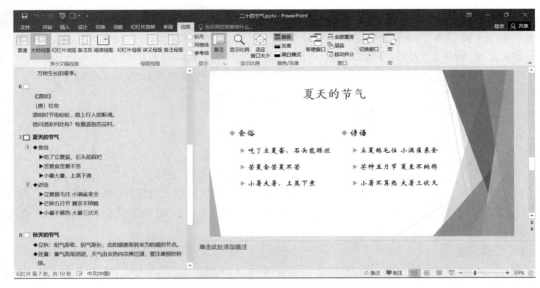

图 6-3　大纲视图下的演示文稿窗口

3. 幻灯片浏览视图

在演示文稿窗口中，单击视图切换按钮中的"幻灯片浏览视图"按钮 ⊞，可切换到幻灯片浏览视图窗口，如图 6-4 所示。在这种视图方式下，演示文稿中的所有幻灯片以缩略图的方式排列在屏幕上，幻灯片的序号会出现在每张幻灯片的左下方，用户可以从整体上浏览所有幻灯片的效果，但不能直接对幻灯片内容进行编辑或修改。如果要修改幻灯片的内容，则可双击某个幻灯片，切换到普通视图，在幻灯片编辑窗口中进行编辑。

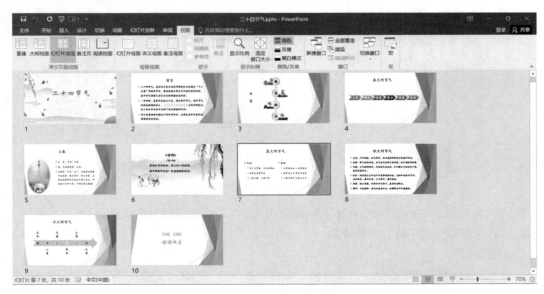

图 6-4　幻灯片浏览视图

4. 阅读视图

在演示文稿窗口中，单击视图切换按钮中的"阅读"按钮 ⊟，切换到阅读视图窗口。在阅读视图中显示的是观众将来看到的效果，如果只是想审阅演示文稿，但又不想使用全屏的幻灯片放映视图，就可以使用阅读视图。这种视图通常用于个人查看演示文稿的场合，而非通过大屏幕向观众放映演示文稿的场合。

5. 备注页视图

在演示文稿窗口中，单击"视图"选项卡 |"演示文稿视图"组 |"备注页"按钮，切换到备注页视图窗口，如图 6-5 所示。备注页视图是系统提供用来编辑备注页的，上方显示当前幻灯片的内容缩略图，下方显示备注内容占位符，在这个区域可以编辑备注。

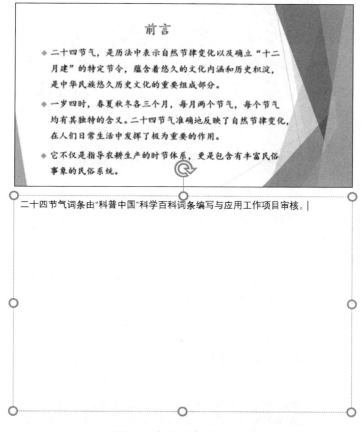

图 6-5　幻灯片备注页视图

6. 幻灯片放映视图

在演示文稿窗口中，单击视图切换按钮中的"幻灯片放映"按钮 🖵，可以进入幻灯片放映视图窗口。在这种视图下，幻灯片会占据整个屏幕，且可以看到图形、时间、影片、动画元素以及幻灯片切换效果，若要退出幻灯片放映视图，可以按【Esc】键。

6.1.5　演示文稿的创建、保存

1. 演示文稿的创建

创建演示文稿有创建空白演示文稿和基于主题模板的创建方法。

（1）创建空白演示文稿

创建空白演示文稿的方法很简单，用户启动 PowerPoint 2016 后，系统会自动创建一个空白文稿。在已经打开的演示文稿的基础上，也可创建空白演示文稿，具体操作步骤如下：

①单击"文件"选项卡|"新建"命令，如图6-6所示。

②单击"空白演示文稿"，即可创建一个包含一张空白幻灯片的演示文稿。

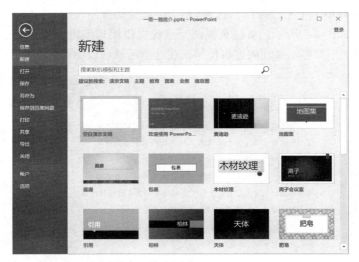

图6-6 新建空白演示文稿

③可以直接在幻灯片窗格内对幻灯片进行文本、图形的编辑。

④选择"文件"选项卡|"保存"命令，可将新建的演示文稿保存下来。

（2）根据主题创建演示文稿

主题是对幻灯片中标题、文字、背景、图片等项目进行的一组配置，包括主题颜色、主题效果、主题字体等。PowerPoint提供了多种主题，以便为演示文稿设计完整专业的外观。利用主题创建演示文稿的操作步骤如下：

①选择"文件"选项卡|"新建"命令。

②在"主页"区域选择所需的主题，如"水汽尾迹"，在打开的窗口再进行选择后，单击"创建"按钮，即可创建一个应用了该主题的演示文稿，如图6-7所示。

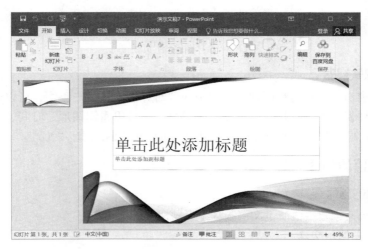

图6-7 基于"水汽尾迹"主题的演示文稿

2. 演示文稿的保存

在一个新的演示文稿制作完成后单击快速访问工具栏中的"保存"按钮，或编辑先前已经保存过的演示文稿时选择"文件"选项卡 |"另存为"命令，都会打开"另存为"对话框，如图 6-8 所示。

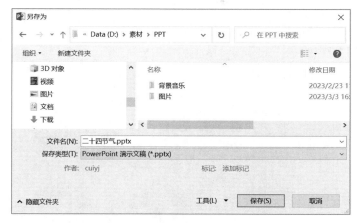

图 6-8　"另存为"对话框

在"文件名"文本框中输入文件名，选择保存类型，演示文稿的扩展名为".pptx"，单击"保存"按钮即可。

PowerPoint 可以保存多种不同的文件类型，在"保存类型"下拉列表中选择即可，如演示文稿、演示文稿模板、演示文稿放映等。

（1）演示文稿文件（*.pptx）

用户编辑和制作的演示文稿需要将其保存起来，所有在演示文稿窗口中完成的文件都保存为演示文稿文件（*.pptx），这是系统默认的保存类型。

（2）演示文稿放映文件（*.ppsx）

将演示文稿保存成固定以幻灯片放映方式打开的 PPSX 文件格式。当双击 .ppsx 文件时，演示文稿将直接呈现为放映视图，观众可以直接看到幻灯片的动画元素、切换效果及多媒体效果。

（3）演示文稿模板文件（*.potx）

PowerPoint 提供几十种演示文稿模板，包括颜色、背景、主题、大纲结构等内容，供用户使用。此外，用户也可以把自己制作的比较独特的演示文稿，保存为设计模板，以便将来制作相同风格的其他演示文稿。

6.2　演示文稿中幻灯片的制作

演示文稿中的每一页就是一张幻灯片，每张幻灯片都是演示文稿中既相互独立又相互联系的内容，制作演示文稿实际上就是制作一张张幻灯片的过程。

6.2.1　任务二　制作"二十四节气"中的幻灯片

1. 任务引入

在任务一中，已经新建了一个名为"二十四节气 .pptx"的空白演示文稿，任务二就是要为该演示文稿逐张制作幻灯片。本任务需要制作的幻灯片共 8 张，文字和图片素材均已提供，每张幻灯片的内容如图 6-9 所示，其中第 2 张和第 4 张幻灯片是"两栏内容"版式的，其余的是"标题和内容"版式的。

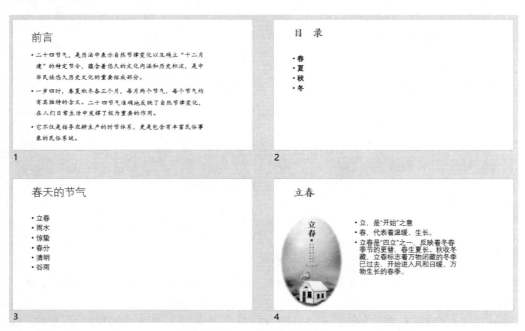

（a）第 1～4 张幻灯片的内容

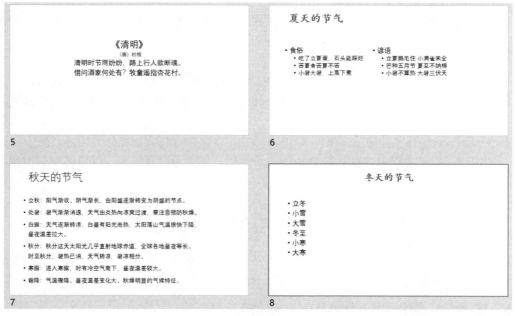

（b）第 5～8 张幻灯片的内容

图 6-9　二十四节气 .pptx

2. 任务分析

制作一张演示文稿的过程如下：确定方案→准备素材→初步制作→装饰处理→预演播放。

制作者根据演示文稿表现的主题和内容首先要确定方案，并准备好相应的素材。而第三步"初步制作"正是该任务需要解决的问题。本任务内容看似较多，其实对于已经熟练掌握 Word 2016、Excel 2016 等内容及操作技巧的读者来说，学习和掌握本任务内容则相对简单。下面分别学习有关的知识点。

6.2.2　幻灯片基本操作

制作的演示文稿通常由不止一张幻灯片组成，很多情况下需要对幻灯片的排列顺序进行调整，而多余的幻灯片需要删除，因此在幻灯片制作过程中经常需要插入新幻灯片或者删除幻灯片、复制或移动幻灯片。

1. 插入幻灯片

插入新幻灯片需要确定新幻灯片的版式。幻灯片版式就是幻灯片内各个元素的布局方案，包括文字、图形、图片及其他媒体的位置和占用空间的大小。

如果需要在某幻灯片之后插入一张新幻灯片，可以先在幻灯片 / 大纲窗格选中该幻灯片，然后根据不同的需要采用如下两种方法添加幻灯片。

方法一：如果希望新幻灯片的版式与选中的幻灯片版式一样，只需在左侧的幻灯片窗格中右击选中的幻灯片，在弹出的快捷菜单中选择"新建幻灯片"命令，如图 6-10 所示。或者在选中幻灯片后按【Enter】键，也可在其后面插入一个新的幻灯片。

方法二：如果新建的幻灯片版式不同于选中的幻灯片，则插入新幻灯片的操作步骤如下。

① 选中需要插入新幻灯片的位置。

② 单击"开始"选项卡 |"幻灯片"组 |"新建幻灯片"按钮，在打开的下拉列表中选择新建幻灯片的版式，即可在当前幻灯片之后插入一张新幻灯片。

③ 如果需要修改幻灯片版式，则单击"开始"选项卡 |"幻灯片"组 |"版式"按钮，在下拉列表中选择所需要的版式，如图 6-11 所示。

本任务中第 2 张和第 4 张幻灯片要修改为"两栏内容"版式。

图 6-10　利用快捷菜单新建幻灯片

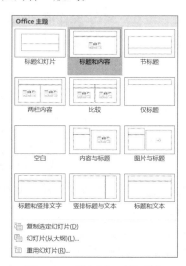

图 6-11　"版式"下拉列表

2. 删除幻灯片

右击要删除的幻灯片，在弹出的图 6-10 所示的快捷菜单中选择"删除幻灯片"命令，或者在选中要删除的幻灯片后按【Delete】键即可。

3. 移动和复制幻灯片

在演示文稿的排版过程中，可以通过移动或复制幻灯片重新调整幻灯片的排列次序，也可以将一些已设计好版式的幻灯片复制到其他演示文稿中。

在"幻灯片浏览视图"和"普通视图"下，均可以很方便地实现幻灯片移动或复制操作。选中要移动的幻灯片，然后按住鼠标左键拖动至适当位置释放即可，复制幻灯片，则需要按住【Ctrl】键不放，同时按下鼠标左键拖动至适当位置释放。还可以使用菜单和快捷键进行移动和复制。

若对演示文稿的幻灯片进行了插入和删除、移动和复制等操作，如果想撤销，可单击"快速访问工具栏"中的"撤销"按钮 ↩。

6.2.3 幻灯片的制作

幻灯片是演示文稿的基本组成单位，而每张幻灯片是由若干"对象"组成的，对象是幻灯片重要的组成元素。在幻灯片中可以插入的对象元素包括文字、图片、表格、图片、艺术字、组织结构图、声音和视频等。用户可以选择对象，修改对象的内容，移动、复制或者删除对象，还可以改变对象的属性，如颜色、阴影、边框等。因此，制作一张幻灯片的过程，实际上是制作其中每一个被指定的对象的过程。

1. 文本的输入与编辑

文本是幻灯片内容的重要组成部分。文本的输入与编辑，在 PowerPoint 2016 中的操作与在 Word 中的操作基本相同。

（1）幻灯片中有标题或文本占位符

在有标题或文本占位符的幻灯片中输入文本内容的具体操作步骤如下：

① 单击图 6-12 所示的占位符（虚线框），输入所需文本。

图 6-12　幻灯片中的占位符

② 文字输入完毕后，可以在虚线框外任意位置单击。如果需要继续输入或修改，可在文字上单击，继续编辑。

（2）幻灯片无文本占位符

在无文本占位符的幻灯片中输入文本内容，需要使用文本框。具体操作步骤如下：

① 定位到需要插入文本的幻灯片，单击"插入"选项卡 |"文本"组 |"文本框"按钮，在

下拉列表中选择"横排文本框"或"垂直文本框"命令。

②拖动鼠标，则随着鼠标指针的移动，幻灯片上将出现一个具有实线边框的方框，当方框大小合适时，释放鼠标左键，则幻灯片上将出现一个可编辑的文本框，在文本框内输入文本内容。

③如果需要设置文本框的格式属性，需要切换到"绘图工具 / 格式"选项卡，在相应的组中进行设置，设置方法和 Word 文本框一致，此处不再赘述。

2. 对象的插入与编辑

除了可在幻灯片中输入文本内容外，还可插入图片、图表、艺术字、表格、组织结构图、声音和视频等对象。

（1）插入图片

例如，在标题为"立春"的幻灯片中，左栏需要插入立春 .png 图片，具体操作步骤如下：

①选择需要插入图片的幻灯片。

②单击"插入"选项卡 |"图像"组 |"图片"按钮，打开"插入图片"对话框，如图 6-13 所示。

③打开图片文件所在文件夹，选中该图片文件的文件名，单击"打开"按钮，插入图片即完成。

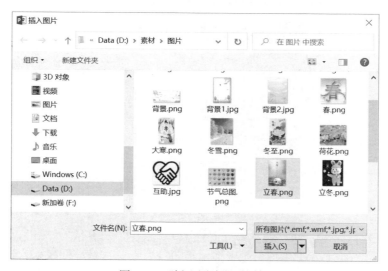

图 6-13　"插入图片"对话框

插入图片后，对图片可以进行填充与线条、效果、大小与位置、图片等图片格式的设置，操作方法和在 Word 中进行图片格式设置相似。需要注意的是，在 PowerPoint 中图片的位置是相对于幻灯片的。

设置插入的立春图片的大小和位置的操作步骤如下：

①右击幻灯片中的立春图片，在弹出的快捷菜单中选择"设置图片格式"命令，在窗口右侧出现设置图片格式任务窗格。

②在任务窗格中单击第三个按钮（大小与位置按钮），在下方的大小和位置区域进行设置，例如，大小设置为不锁定纵横比，高 6 厘米，宽 5 厘米，水平位置距左上角 26 厘米，垂直位置距左上角 10.5 厘米，如图 6-14 和图 6-15 所示。

图 6-14　设置图片大小　　　　　　　　图 6-15　设置图片位置

（2）插入及更改形状

PowerPoint 还提供了基本的形状，可以在幻灯片中插入内置的形状，如圆形图、矩形图、线条、流程图等。单击"插入"选项卡 | "插图"组 | "形状"按钮，在下拉列表中选择所需的形状，在幻灯片中拖动鼠标，就创建了相应的形状。

还可以把已有的形状更改为其他形状。选中形状后，单击"绘图工具 / 格式"选项卡 | "插入形状"组 | "编辑形状"按钮，选中更改形状，在列表中选中需要更改的形状，如图 6-16 所示。

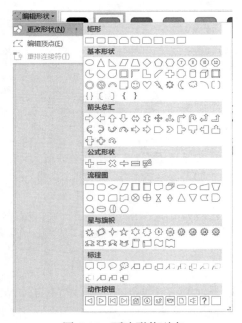

图 6-16　更改形状列表

（3）插入艺术字

PowerPoint 还提供了一个艺术汉字处理程序，可以编辑各种艺术汉字效果。加入艺术字的方法是：单击"插入"选项卡 | "文本"组 | "艺术字"按钮，打开"艺术字库"下拉列表，选择艺术字的样式，然后在艺术字编辑框中输入文字，艺术字的格式属性设置和 Word 中相同。

（4）转换为 SmartArt

在 PowerPoint 中插入 SmartArt 图形的方法和在 Word 中的相似。还可以把文字转换为

SmartArt。例如，将标题为"目录"的幻灯片中的四行文本转换为 SmartArt 图片类型下的"交替图片圆形"，具体操作步骤如下：

① 选中四行文本，也可以选中包含那四行文本的文本框。

② 单击"开始"选项卡 |"段落"组 |"转换为 SmartArt"按钮，在下拉列表中选择需要的 SmartArt 图形，如果列表中没有，则单击下方的"其他 SmartArt 图形"命令，打开"选择SmartArt 图形"对话框，在其中选择主类型和子类型，如图 6-17 所示。

SmartArt 图形也可转换为文本或者形状，单击"SmartArt 工具 / 设计"选项卡 |"重置"组 |"转换"按钮，可以选择将 SmartArt 图形转换为形状，以便任何形状都可以独立于其他形状被移动、调整大小或删除；或者将 SmartArt 图形转换为文本以删除所有形状，并在该文本中创建项目符号列表。

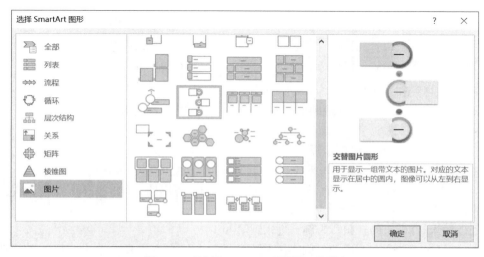

图 6-17 "选择 SmartArt 图形"对话框

将标题为春天的节气、夏天的节气、冬天的节气三张幻灯片中的文字分别转换为SmartArt，并更改颜色，设置 SmartArt 样式。

（5）插入表格和图表

在幻灯片中插入表格的方法有两种：一是在插入新幻灯片后，在幻灯片版式中选择含有表格占位符的版式，应用到新的幻灯片，然后单击幻灯片中表格占位符标识▦，打开"插入表格"对话框，在其中输入列数和行数，如图 6-18 所示，单击"确定"按钮即可插入表格，再在单元格中输入内容即可；二是直接在幻灯片中加入表格，可以单击"插入"选项卡 |"表格"组 |"表格"按钮，在下拉列表中拖选表格的行列，快速建立一个表格。

在幻灯片中使用图表可以更好地演示和比较一些数据，插入图表的方法有如下两种。

方法一：在幻灯片版式中含有图表占位符，单击幻灯片中的图表占位符标识▮▮，打开"插入图表"对话框，在其中选择图表类型及子类型，如图 6-19 所示，单击"确定"按钮即可插入图表。

方法二：直接在已有幻灯片中加入图表，单击"插入"选项卡 |"插图"组 |"图表"按钮。由于在幻灯片中创建表格和图表的方法与在 Word 或 Excel 中相似，因此不在此处详细说明建立表格和图表、格式设置的具体方法。

图 6-18　"插入表格"对话框

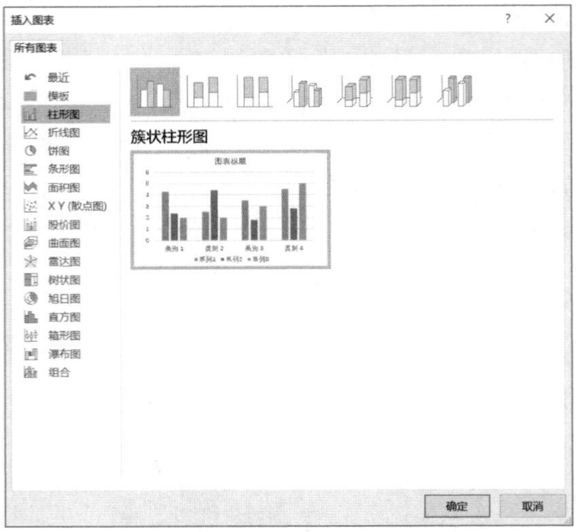

图 6-19　"插入图表"对话框

（6）插入视频和音频

PowerPoint 提供了在幻灯片放映时播放声音和视频的功能，使演示文稿声色俱佳。

在幻灯片中插入音频的操作步骤如下：

① 在普通视图下，选择要插入影片或声音的幻灯片。

② 单击"插入"选项卡 | "媒体"组 | "音频"按钮，可以插入计算机中的音频文件或者录制音频，如图 6-20 所示。

图 6-20　"音频"下拉列表

此处以插入"PC 上的音频"为例，进入到第③步。

③ 在打开的"插入声音"对话框中选择需要插入的声音文件，单击"插入"按钮，如图 6-21 所示，就完成了音频文件的插入操作，此时，在幻灯片上会出现表示声音的喇叭图标 。

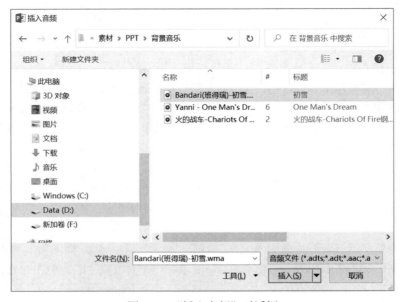

图 6-21　"插入音频"对话框

④ 如果要设置播放幻灯片中的声音，先选中喇叭图标，然后在"音频工具 / 播放"选项卡，"编辑"组和"音频选项"组中进行相应设置，如图 6-22 所示。

图 6-22　"音频工具 / 播放"选项卡

在幻灯片中插入视频的操作步骤如下：

① 在普通视图下，选择要插入影片的幻灯片。

② 单击"插入"选项卡 |"媒体"组 |"视频"按钮，在其下拉列表中可以选择插入视频的方式，如图 6-23 所示，选择"PC 上的视频"命令，操作与插入音频的方法相似，这里不再展开介绍。若选择"联机视频"命令，PowerPoint 则会要求粘贴嵌入代码以从网址插入视频。

图 6-23　"视频"下拉列表

6.3　演示文稿的格式化和修饰

为了使演示文稿能更加吸引观众，针对不同的演示内容、不同的观众对象，采用不同风格的幻灯片外观是十分必要的。丰富的文字效果、协调的色彩更能够表现出讲演者的创意和观点。

演示文稿的格式化包括文字格式化、段落格式化、对象格式化、设置幻灯片的主题和背景等内容。对于文字格式、段落格式及对象格式和 Word 中的操作方法相似，此处不再赘述，这里仅对幻灯片主题和背景加以介绍。

6.3.1　任务三　"二十四节气"的修饰

1. 任务引入

在上一个任务中，已经完成了"二十四节气"幻灯片的制作，本任务是对其中的幻灯片进行修饰，进而掌握 PowerPoint 中如何设置幻灯片的主题和背景。

任务三要求：

① 将"二十四节气"所有幻灯片应用"平面"主题。

② 在第 1 张幻灯片前插入一个新的幻灯片，应用标题版式，设置背景格式为"背景 .png"，在最后插入一张幻灯片，应用标题版式，背景设置为渐变填充，头尾幻灯片都设置隐藏背景图形。

③ 修改第 8 张幻灯片和第 9 张幻灯片的主题颜色。设置幻灯片的主题字体等。

幻灯片浏览视图的效果如图 6-24 所示。

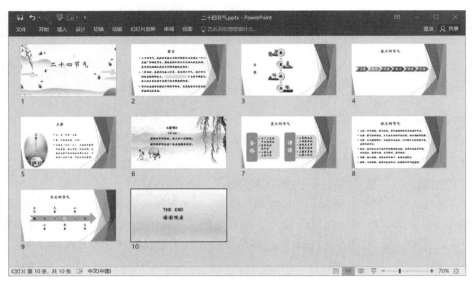

图 6-24　任务三的效果图

2. 任务分析

任务三主要是针对幻灯片主题和背景知识点的掌握，下面分别学习有关知识点。

6.3.2　设置幻灯片主题

幻灯片主题是主题颜色、主题字体和主题效果三者的结合。PowerPoint 提供了多种设计主题，以协调使用配色方案，背景、字体样式和占位符位置。使用预先设计的主题，可以轻松快捷地更改演示文稿的整体外观。默认情况下，PowerPoint 会将普通 Office 主题应用于新的空演示文稿，但可以通过应用不同的主题改变演示文稿的外观。

1. 快速应用主题

默认情况下，新建的演示文稿主题是"Office 主题"，这样显得比较单调和呆板，可以快速应用 Office 内置的主题，具体操作步骤如下：

① 选中需要应用主题的幻灯片，单击"设计"选项卡 |"主题"组 |"其他"按钮 ⇂。

② 在下拉列表中选择一款合适的主题样式，如"平面"，如图 6-25 所示。

图 6-25　选择需要应用的主题

③ 更改主题后，演示文稿中所有幻灯片的颜色、字体和效果等也变成了新更换的主题样式，如果仅仅是某一张幻灯片使用选定主题，则右击该主题，在弹出的快捷菜单中选择"应用于选定幻灯片"命令。

2. 自定义主题

PowerPoint 2016 中的主题是可以更改的。每一种风格的主题都可以变换若干种颜色、字体，或者线条与填充效果等样式，用户可以自定义主题，包括颜色、字体、效果和背景样式。

（1）更改主题颜色

主题颜色包含四种文本和背景颜色、六种强调文字颜色以及两种超链接颜色，更改主题颜色的操作步骤如下：

① 单击"设计"选项卡 | "变体"组 | "其他"按钮 ▾，打开图 6-26 所示的列表。

图 6-26　"变体"列表

② 选择"颜色"命令，打开图 6-27 所示的列表，可以选择其中的颜色方案，还可以自己定义颜色，单击自定义颜色，打开"新建主题颜色"对话框，在对话框中可以设置各种主题颜色，在右侧的"示例"中可以看到所做更改的效果，如图 6-28 所示。

③ 在"名称"文本框中为新主题颜色输入适当的名称，单击"保存"按钮。

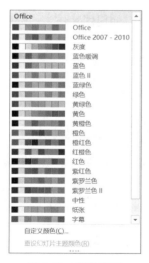

图 6-27　颜色列表

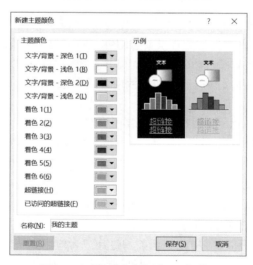

图 6-28　"新建主题颜色"对话框

（2）更改主题字体

更改现有主题的标题和正文文本字体，旨在使其与演示文稿的样式保持一致。更改主题字体的操作和更改主题颜色相似，例如，将环保主题的字体更改为图 6-29 所示的微软雅黑，需要在图 6-26 所示的"变体"列表中选择"字体"命令，在打开的列表中选择内置的字体方案，如微软雅黑。还可以选择"自定义字体"命令，打开"新建主题字体"对话框，在其中设置各种主题字体，在右侧的"示例"区域可以看到所做更改的效果，如图 6-30 所示。

更改效果和背景样式读者可自己尝试设置应用，查看相应效果。

图 6-29 "字体"列表

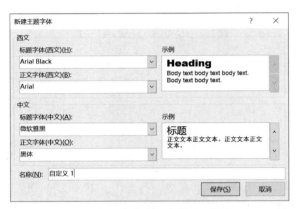

图 6-30 "新建主题字体"对话框

6.3.3 幻灯片背景

用户可以为幻灯片设置颜色、图案或者纹理等背景，也可以使用图片作为幻灯片背景，需要注意的是幻灯片的背景要与幻灯片的主题颜色搭配协调。

本任务中新增的第一张幻灯片、清明幻灯片和最后一张幻灯片需要进行背景设置。

以在新增的第一张幻灯片中设置背景格式为"背景 .png"图片，隐藏背景图形为例，具体操作步骤如下：

① 新增一张幻灯片，让其作为第一张幻灯片，设置版式为空白。

② 单击"设计"选项卡|"自定义"组|"设置背景格式"按钮，在窗口右侧出现"设置背景格式"任务窗格，选中"图片与纹理填充"单选按钮，同时选中"隐藏背景图形"复选框，如图 6-31 所示。

③ 单击下方的"文件"按钮，打开"插入图片"对话框，选择"背景 .png"，单击"关闭"按钮，如图 6-32 所示。

④ 可将设置应用到当前幻灯片或者应用到所有幻灯片。单击任务窗格下方的"全部应用"按钮，则表示背景设置应用到演示文稿中所有的幻灯片；单击"重置背景"按钮，代表将对话框中的设置还原到打开时的状态。

第六张幻灯片设置背景图片的方法和第一张幻灯片一致。

最后一张幻灯片设置渐变填充的背景，预设渐变为"线色渐变 - 个性色 1"，隐藏背景图形，其余使用默认值。

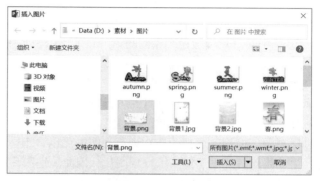

图 6-31 "设置背景格式"任务窗格 　　　　图 6-32 "插入图片"对话框

6.3.4 幻灯片母版

在制作演示文稿时，有时需要在所有幻灯片中插入公司徽标，在每一张幻灯片中进行复制粘贴的方法虽然可行，但比较低效，用户可以设置幻灯片母版来更快地达到目的。

应用母版可以使 PowerPoint 的所有幻灯片都具有统一的外观。用户可以在"母版"中添加需要在每张幻灯片上都出现的元素，如文本、图形和动作按钮等。PowerPoint 有三种母版：幻灯片母版、讲义母版和备注母版，分别用于控制演示文稿中的幻灯片、讲义页和备注页。

幻灯片母版是最常用的母版，用户可以在幻灯片母版上更改字体或项目符号、插入图片等。例如，在应用了标题和内容版式的幻灯片上都显示一个握手的图片，具体操作步骤如下：

① 打开要应用幻灯片母版的演示文稿。

② 单击"视图"选项卡 | "母版视图"组 | "幻灯片母版"按钮，即可进入幻灯片母版视图，如图 6-33 所示。同时，功能区自动增加"幻灯片母版"选项卡，如图 6-34 所示。

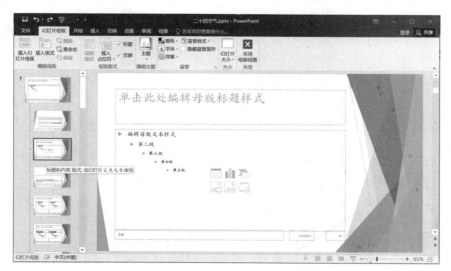

图 6-33 幻灯片母版视图

图 6-34　"幻灯片母版"选项卡

③ 选中幻灯片母版视图左侧的第三张缩略图，即"标题和内容版式：由幻灯片 2,4,6,8 使用"，单击"插入"选项卡 |"图像"组 |"图片"按钮，插入"握手 .jpg"并调整图片大小和位置，设置颜色为重新着色下的深绿，个性色 2 浅色。如有需要，可使用"幻灯片母版"选项卡相应功能命令对幻灯片主题、背景、页面进行设置。

④ 设置完毕，单击"幻灯片母版"选项卡 |"关闭"组 |"关闭母版视图"按钮，退出幻灯片母版视图，回到普通视图。在浏览视图中可以看出，第 2,4,8 张幻灯片左上角中都有握手的图片，第 6 张幻灯片由于使用了背景图片，因此握手图片未显示。

使用同样的方法，在"两栏内容版式：由幻灯片 5,7 使用"幻灯片的右上角插入"木棉花 .png"图片，并调整图片大小及位置，如图 6-35 所示。

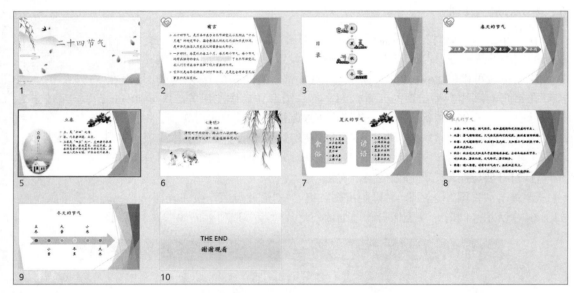

图 6-35　修改幻灯片母版后的浏览视图

6.4　演示文稿的放映

幻灯片放映是将幻灯片直接显示在计算机的屏幕上，可以在幻灯片之间增加美妙动人的切换方式，甚至可以让幻灯片上的对象动起来，更加吸引观众的注意力。

6.4.1　任务四　"二十四节气"的放映

1. 任务引入

完成了任务三，"二十四节气"演示文稿制作并修饰就完成了，接下来的任务就是对其进行放映前的准备工作了。本任务主要是围绕幻灯片放映时的一些动画设置及交互设置展开的，具体要求是：

- 幻灯片切换时要有不同的切换效果。
- 幻灯片中的文字、图片、SmartArt 图形依先后顺序出现。
- 设置一些文字或者图片的超链接，并添加动作按钮，以控制幻灯片的放映顺序。
- 实现自动放映幻灯片，并在放映时有背景音乐播放。

2. 任务分析

分析该任务，主要是对幻灯片切换效果及幻灯片的动画效果进行设置，以及采用超链接和动作设置控制幻灯片播放顺序，此外在放映幻灯片阶段能自始至终地自动播放背景音乐，并且能够按照预先设置好的"排练计时"实现幻灯片的自动循环放映。下面分别学习有关知识点。

6.4.2　设置演示文稿的演示效果

演示文稿的演示效果包括幻灯片的切换效果和幻灯片的动画效果。幻灯片切换与幻灯片动画是两个不同的概念。幻灯片切换是指在演示文稿放映期间，幻灯片进入和离开屏幕时产生的视觉效果，而幻灯片动画是设置幻灯片中的文本、图片、形状、表格、SmartArt 图形以及其他对象在进入、退出、大小或颜色变化甚至移动等视觉效果。

1. 设置幻灯片切换效果

一个演示文稿由若干张幻灯片组成。在放映过程中，由一张幻灯片转换到另一张幻灯片时，有多种不同的切换方式，如"推进""梳理""百叶窗"等切换效果。PowerPoint 允许控制切换效果的速度，添加切换时的声音，对切换效果的属性进行自定义。

设置幻灯片切换效果的具体操作步骤如下：

① 选择要设置切换效果的幻灯片（可以是多张）。

② 单击"切换"选项卡 | "切换到此幻灯片"组 | "其他"按钮 ⇣，在下拉列表中选择"细微型""华丽型""动态内容"等各种切换方式，如图 6-36 所示。

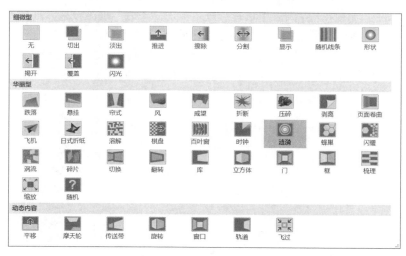

图 6-36　"切换幻灯片"列表

③ 当选中某切换效果后，还可以修改切换的效果选项，单击"切换"选项卡 | "切换到此幻灯片"组 | "效果选项"按钮，在下拉列表中选择具体效果，不同的切换方式，效果选项不同，图 6-37 所示是切换效果为"涟漪"的效果选项列表。

④ 除了幻灯片的切换方式，在"计时"组中还可以设置切换效果的其他属性，如图 6-38 所示。其中，单击"声音"下拉按钮可选择切换时所需的声音，如"风铃""爆炸"等；通过设置"持续时间"的秒数控制切换速度。全部设置完成后，单击"全部应用"按钮，则可将切换效果应用到所有幻灯片上，否则只应用到当前选定的幻灯片上。

图 6-37 "涟漪"效果选项列表   图 6-38 "计时"选项组

温馨提示

"换片方式"有两种：一种是单击鼠标时换片；另一种是自动换片。自动换片要输入放映两张幻灯片之间间隔的秒数。当两个复选框都选中时，如选择的时间到了，则自动切换到下一张，如选择的时间未到而单击了幻灯片，也将切换到下一张。

2. 设置幻灯片中对象的动画效果

切换效果是针对整张幻灯片，而动画效果则是对幻灯片中的某些对象（文本、图片、形状、表格、SmartArt 图形以及其他对象等）设置的。这样可以突出重点，控制信息的流程，提高演示的趣味性。设置各个对象间的动画顺序，达到特殊的动画效果，比如可设定对象的进入、强调和退出的效果，甚至可以自己绘制对象的动作路径。

以设置第 4 张幻灯片中的 SmartArt 图形的动画为例，具体操作步骤如下：

① 选中需要设置动画的对象 SmartArt 图形，单击"动画"选项卡 |"动画"组 |"其他"按钮 ，在打开的动画效果下拉列表中选择"进入" |"飞入"动画效果，如图 6-39 所示。

② 当选中某动画效果后，还可以修改动画效果选项，单击"动画"选项卡 |"动画"组 |"效果选项"按钮，在效果选项列表中可以设置动画出现的方向（自左侧）和序列（逐个），如图 6-40 所示。这里需要注意，选择动画不同，效果选项不同。

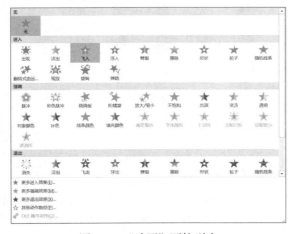

图 6-39 "动画"下拉列表   图 6-40 效果选项列表

③ 如果要为一个对象应用多个动画效果，例如，第 4 张幻灯片中的 SmartArt 图形飞入后，再设置强调动画，则在选中 SmartArt 后，单击"动画"选项卡 |"高级动画"组 |"添加动画"按钮，在下拉列表的"强调"组中选择某种动画，为其设置强调动画即可。

④ 单击"动画"选项卡 |"高级动画"组 |"动画窗格"按钮，可在窗口右侧打开"动画窗格"。该窗格显示有关动画效果的重要信息，如效果的类型、多个动画效果之间的相对顺序，动画对象的名称以及效果的持续时间等。单击该窗格中某个对象右侧的下拉按钮 ▼，可以设置动画开始的方式，以及更多的动画效果和动画计时方面的设置，对不需要的动画可以进行删除，如图 6-41 所示。可以调整动画列表中的对象播放顺序。

图 6-41　动画窗格

⑤ 用同样的方法为其他幻灯片中的对象设置进入、强调、退出或者动作路径等动画设置。

3. 用动画刷复制动画

可以使用 PowerPoint 2016 中的"动画刷"工具，快速轻松地将动画从一个对象复制到另一个对象。复制动画的具体操作步骤如下：

① 选择包含要复制动画的对象，该对象要事先设置好动画效果。

② 单击"动画"选项卡 |"高级动画"组 |"动画刷"按钮，此时鼠标指针将变成刷子形状。

③ 在幻灯片上，单击要将动画复制到其中的对象即可。

6.4.3　放映顺序的控制

在放映幻灯片过程中，有时希望中间穿插某一文件或某一网站的信息，这些信息不一定要放在自己的幻灯片中，可以通过超链接的方法随时调用；有时要从一张幻灯片跳转到另一张幻灯片，也可以通过超链接的方法实现。

在演示文稿中，采用超链接和动作按钮可以随心所欲地控制幻灯片播放顺序，使幻灯片的放映更具交互性成为可能。

1. 插入超链接

为第 3 张幻灯片目录中的四幅图片分别插入超链接，链接到相应季节的幻灯片，具体操作步骤如下：

① 选中要创建超链接的图片，如春天图片，单击"插入"选项卡 |"链接"组 |"链接"按钮，打开"插入超链接"对话框，如图 6-42 所示。

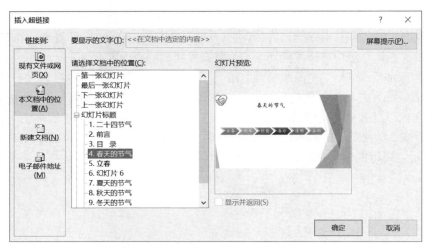

图 6-42 "插入超链接"对话框

② 在该对话框中，选择"本文档中的位置"链接类型，在"请选择文档中的位置"列表框中选择"4.春天的节气"，单击"确定"按钮，超链接就创建好了。

也可以为文字创建超链接，例如，选中文字"春"，使用上述步骤创建超链接。用户还可以根据实际需要选择链接到"原有文件或网页""新建文档""电子邮件地址"等进行设置。

若要编辑或删除已建立的超链接，可以在幻灯片视图中右击超链接的文本或对象，在弹出的快捷菜单中选择"编辑超链接"命令或"取消超链接"命令。

为文字进行超链接设置后，会使用主题默认的超链接配色方案，通过自定义主题颜色可以将"超链接"和"已访问的超链接"的配色方案加以修改。

2. 动作按钮

动作按钮是指可以添加到演示文稿中的位于形状库中的内置按钮形状，可为其定义超链接，从而在鼠标单击或者鼠标移过时执行相应的动作。例如，为第 4 ～ 9 张幻灯片添加一个"返回"动作按钮，单击该按钮，返回到第 3 张幻灯片，即返回到目录，具体操作步骤如下：

① 选中第 4 张幻灯片，单击"插入"选项卡 | "插图"组 | "形状"按钮，在下拉列表中选择"动作按钮"组中的最后一个按钮（自定义按钮），如图 6-43 所示。

② 拖动鼠标在幻灯片右下角绘制动作按钮形状，并打开"动作设置"对话框。

③ 在"动作设置"对话框中选择"单击鼠标"选项卡，在"超链接到"列表框中选择跳转的目标。此处选择"幻灯片"，如图 6-44 所示，打开"超链接到幻灯片"对话框，选择第 3 张幻灯片"3.目录"，如图 6-45 所示。单击"确定"按钮，返回到"操作设置"对话框。

如果选择"鼠标移过"选项卡，表示放映时当鼠标指针移过选定对象时发生的动作，其动作设置的内容与"单击鼠标"选项卡完全一样。

④ 单击"确定"按钮，完成操作设置。

⑤ 右击刚才绘制的动作按钮，在弹出的快捷菜单中选择"编辑文字"命令，为按钮输入文字"返回"。

这样，一个具有文字的自定义动作按钮就做好了，将该按钮复制后，粘贴在第 5 ～ 9 张幻灯片中。在幻灯片放映时，当鼠标指向动作按钮时，会变成 形状，单击鼠标，就会跳转到所链接的对象上。

　　注意：动作设置与插入超链接的不同点，动作设置中有单击鼠标、鼠标移过，超链接默认就是单击鼠标的动作。

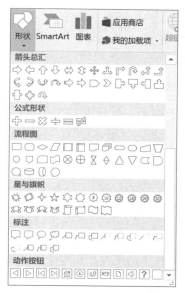

图 6-43　插入动作按钮

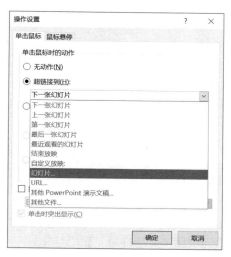

图 6-44　"操作设置"对话框

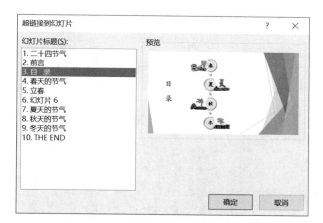

图 6-45　"超链接到幻灯片"对话框

3. 动作设置

　　有时，需要对幻灯片中的对象进行动作设置，使得单击该对象或者鼠标移过该对象时执行指定的动作，这时就需要用到动作设置。例如，在第 3 张幻灯片中插入一幅图片 end.png，调整大小及位置。当单击该图片时，跳转到最后一张幻灯片。动作设置的具体操作步骤如下：

　　① 选中第 3 张幻灯片中的 end 图片，单击"插入"选项卡 | "链接"组 | "动作"按钮，打开"操作设置"对话框。

　　② 在"单击鼠标"选项卡中选择"超链接到"单选按钮，在"超链接到"列表中选择超链接对象。本例要求链接到最后一张幻灯片，则应该选择"最后一张幻灯片"，单击"确定"按钮，完成动作设置，如图 6-46 所示。

图 6-46 "操作设置"对话框

4. 声音动画设置

前面第 2 节已经讲到了如何在幻灯片中插入声音，在任务四中要求在整个放映幻灯片阶段能自动播放背景音乐，这需要对声音进行自定义动画下的效果选项的设置，具体操作步骤如下：

① 在普通视图下，选择第 1 张幻灯片。

② 单击"插入"选项卡 | "媒体"组 | "音频"按钮，在下拉列表中选择"PC 上的音频"命令，在图 6-47 所示的对话框中选择要插入的音频文件，单击"确定"按钮，在幻灯片上会出现表示声音的"喇叭"图标。

图 6-47 "插入音频"对话框

③ 选中"喇叭"图标，切换到"音频工具 / 播放"选项卡，将"音频选项"组中的各个选项加以设置。"开始"设置为"自动(A)"，选中"放映时隐藏""跨幻灯片播放""循环播放，直到停止""播完返回开头"四个复选框，如图 6-48 所示。

图 6-48 "音频工具 / 播放"选项卡 | "音频选项"组设置

6.4.4 放映演示文稿

演示文稿制作完毕后，在放映之前还需要根据放映环境设置放映的方式，当选择的放映方式为演讲者放映时，在放映过程中可通过鼠标或键盘控制播放时间和顺序。

1. 设置放映方式

用户根据演示文稿的用途和放映环境，可设置三种放映方式，具体操作步骤如下：

① 单击"幻灯片放映"选项卡|"设置"组|"设置幻灯片放映"按钮，打开"设置放映方式"对话框，如图 6-49 所示。

图 6-49　"设置放映方式"对话框

② 在"放映类型"选项组中选择一种放映类型。

- 演讲者放映（全屏幕）：演讲者具有完整的控制权，并可采用自动或人工方式进行放映。需要将幻灯片放映投射到大屏幕上时，通常使用此方式，它也是 PowerPoint 默认的放映方式。
- 观众自行浏览（窗口）：可进行小规模的演示，演示文稿出现在窗口内，可以使用滚动条从一张幻灯片移动到另一张幻灯片，并可在放映时移动、编辑、复制和打印幻灯片。
- 在展台浏览（全屏幕）：可自动运行演示文稿。在放映过程中，除了使用鼠标，大多数控制都失效。

③ 在"放映幻灯片"选项组中设定幻灯片播放的范围，用户可以指定放映全部幻灯片，也可以指定从第几张幻灯片开始放映到第几张结束，还可以在"自定义放映"下拉列表中选择自动的放映方案。

④ 在"放映选项"选项组中选中"循环放映，按 Esc 键终止"复选框，即最后一张幻灯片放映结束后，自动转到第一张继续播放，直至按【Esc】键才能终止。如果选中"放映时不加动画"复选框，则在放映幻灯片时，原先设定的动画效果失去作用，但动画效果的设置参数依然有效。

⑤ 在"换片方式"选项组中选择人工或使用排练时间。

- "手动"单选按钮：在幻灯片放映时必须由人为干预才能切换幻灯片。
- "如果存在排练时间，则使用它"单选按钮：指幻灯片播放时按事先设定好的排练时间自动放映。

⑥ 上述设置全部完成后，单击"确定"按钮，即完成了放映方式的设置。

2. 自定义放映

设置自定义放映可以将同一个演示文稿针对不同的观众编排成多种不同的演示方案，而不必花费精力另外制作演示文稿。自定义放映的具体操作步骤如下：

① 打开需要自定义放映的演示文稿。

② 单击"幻灯片放映"选项卡 | "开始放映幻灯片"组 | "自定义幻灯片放映"按钮，在下拉列表中选择"自定义放映"命令，打开"自定义放映"对话框。

③ 单击"新建"按钮，在打开的"定义自定义放映"对话框中设置幻灯片放映名称，如图 6-50 所示，从左侧的"在演示文稿中的幻灯片"列表框中选择需要添加的幻灯片，单击"添加"按钮，添加到右侧"在自定义放映中的幻灯片"列表框中，也可以单击"删除"按钮╳将"在自定义放映中的幻灯片"列表框中的幻灯片删除，使用右侧的上下箭头按钮↑ ↓可以调整幻灯片播放的顺序，单击"确定"按钮，完成新建自定义放映的设置，返回到"自定义放映"对话框。

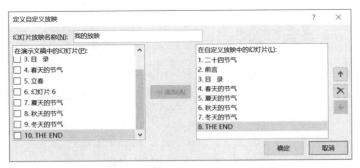

图 6-50 "定义自定义放映"对话框

④ 在"自定义放映"对话框中单击"确定"按钮，完成自定义放映的设置。此时在"幻灯片放映"选项卡 | "开始放映幻灯片"组 | "自定义幻灯片放映"列表中出现刚才新建的"我的放映"，如图 6-51 所示，单击其即可按既定幻灯片数量及顺序放映。

图 6-51 "自定义幻灯片放映"列表

3. 隐藏幻灯片

有时在进行演示文稿放映时，会面向不同的听众对象，希望根据不同的听众层次采用不同的讲解方式，当听众水平较高时，进行比较深入的讲解；而在进行普及性讲座时，一些过于专业的问题可以避而不谈，相应的幻灯片也就不希望显示出来，这时可以使用"隐藏幻灯片"功能。

隐藏幻灯片的操作步骤如下：

① 选择要隐藏的幻灯片。

② 单击"幻灯片放映"选项卡 | "设置"组 | "隐藏幻灯片"按钮，即可完成隐藏幻灯片的设置，被隐藏的幻灯片的编号上出现一个"划去"符号。

如果某张幻灯片不需要再隐藏，则再次单击"隐藏幻灯片"按钮，即可取消隐藏。

4. 排练计时

在制作自动放映演示文稿时，最难掌握的就是幻灯片何时切换，切换是否恰到好处，这取决于设计者对幻灯片放映时间的控制，即控制每张幻灯片在演示屏幕上滞留时间，既不能太快，没有给观众留下深刻印象，也不能太慢，使观众感到厌烦。

排练计时是指演讲者模拟演讲的过程，系统会将每张幻灯片的播放时间记录下来，放映时就根据设置的"排练计时"设定好的时间进行放映，排练计时设置的具体操作步骤如下：

① 单击"幻灯片放映"选项卡 |"设置"组 |"排练计时"按钮。

② 在全屏放映的幻灯片左上角出现"录制"对话框，如图 6-52 所示，表示进入排练计时方式，其中，在"幻灯片放映时间"文本框中显示了当前幻灯片的放映时间，右侧的"总放映时间"区域显示整个幻灯片的放映时间；"下一项"按钮 ➡ 可以播放下一张幻灯片，"暂停录制"按钮 ❚❚ 可以暂停计时，【重复】按钮 ↺ 可以重复设置排练计时。

③ 录制完毕后，弹出图 6-53 所示的消息框，单击"是"按钮，则接受放映时间；单击"否"按钮则不接受该时间，取消本次排练计时。

图 6-52　"录制"对话框

图 6-53　确认排练时间消息框

在任务四中，最后的要求是将预先设置好的"排练计时"时间设置为自动放映时间，同时实现幻灯片的循环放映，实现的具体操作步骤如下：

① 单击"幻灯片放映"选项卡 |"设置"组 |"设置放映方式"按钮，打开"设置放映方式"对话框。

② 选中"循环放映，按 Esc 键终止"复选框，即最后一张幻灯片放映结束后，自动转到第一张继续播放，直至按【Esc】键才能终止。

③ 选择"如果存在排练时间，则使用它"单选按钮，单击"确定"按钮。

这样，在放映幻灯片时，PowerPoint 则采用排练时设置的时间来自动、循环地放映幻灯片。自动放映一般用于展台浏览等场合，此放映方式自动放映演示文稿，不需要人工控制，大多数采用自动循环放映。自动放映也可以用于演讲场合，随着幻灯片的放映，同时讲解幻灯片中的内容。这种情况下，必须使用"排练计时"，在排练放映时自动记录每张幻灯片的使用时间。

5. 放映幻灯片

演示文稿中的幻灯片全部制作完成后就可以放映了。切换到"幻灯片放映"选项卡，在"开始放映幻灯片"组中，PowerPoint 提供了四种开始放映的方式："从头开始放映""从当前幻灯片开始放映""联机演示""自定义幻灯片放映"，其中"联机演示"可以使用户通过 Internet 向远程观众广播演示文稿，当用户在 PowerPoint 中放映幻灯片时，远程观众可以通过 Web 浏览器同步观看。

放映时，在屏幕上右击，可弹出控制幻灯片放映的快捷菜单，演讲者利用这些命令可以轻松控制幻灯片的放映过程，例如指针选项子菜单，可以用来设置笔形式、墨迹颜色，可以直接在屏幕上进行标注，在放映过程中对幻灯片中的内容进行强调或进一步讲解，如图 6-54 所示。

图 6-54　控制幻灯片放映的快捷菜单

6.5　演示文稿的输出

6.5.1　任务五　"二十四节气"的输出

1. 任务引入

"二十四节气"演示文稿完成后，有时会到其他场合去放映。假如会场的计算机中没有安装 PowerPoint 应用程序，或者由于版本太低以及系统没有安装某些字体等问题，则放映效果大打折扣。任务五就是要实现在别人的计算机上能顺利放映制作好的演示文稿。

2. 任务分析

演示文稿制作好后，只能在那些已经安装了 PowerPoint 的计算机中播放，这就可能出现一些问题。例如，制作好的演示文稿复制到需要演示的计算机上时，却发现有些漂亮的字体不见了，或者某些特殊效果无法显示，或者根本无法播放等，这是因为演示的计算机上安装的 PowerPoint 的版本较低，或者根本没有安装 PowerPoint 应用程序。

本任务主要是预防上述情况发生，考虑到了实际工作中，制作演示文稿和播放演示文稿的环境可能不是同一台计算机，为了保证演示文稿能在任何一台计算机上顺利播放，则需要进行创建视频、创建为 PDF/XPS 或者打包的操作。下面围绕这些知识点进行展开。

6.5.2　演示文稿的打印

制作完成的演示文稿不仅可以放映，还可以选择彩色、灰度或纯黑白打印整份演示文稿的幻灯片、大纲、演讲者备注以及讲义，也可以打印在投影胶片上，通过投影机放映。不论打印的内容如何，基本过程都是相同的。

1. 幻灯片大小

幻灯片大小设置决定了幻灯片、备注页、讲义以及大纲在打印纸上的尺寸和放置方向，用户可以任意改变这些设置。具体操作步骤如下：

① 单击"设计"选项卡 | "自定义"组 | "幻灯片大小"按钮，在打开的列表中选择"自定义幻灯片大小"命令，打开"幻灯片大小"对话框，如图 6-55 所示。

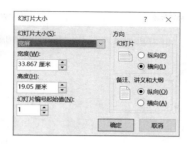

图 6-55　"幻灯片大小"对话框

② 在"幻灯片大小"下拉列表框中选择幻灯片尺寸，还可以直接修改"宽度"和"高度"。

③ 在"幻灯片编号起始值"文本框中输入合适的数字，可以改变幻灯片的起始编号。

④ 在"幻灯片"选项组中选中"纵向"或"横向"单选按钮。

⑤ 在"备注、讲义和大纲"选项组中选中"纵向"或"横向"单选按钮。

⑥ 设置完成后，单击"确定"按钮。

演示文稿中所有幻灯片的方向必须相同，但备注页、讲义和大纲可以有不同的方向。

2. 设置页眉和页脚

页眉和页脚是演示文稿中的注释内容，包括日期和时间、幻灯片编号、页脚等内容，添加页眉和页脚有助于幻灯片的制作和管理。

具体操作步骤如下：

① 在普通视图中，单击"插入"选项卡 | "文本"组 | "页眉和页脚"命令，打开"页眉和页脚"对话框，如图 6-56 所示。

图 6-56　"页眉和页脚"对话框

② 在"幻灯片"选项卡或者"备注和讲义"选项卡中可以设置"日期和时间""幻灯片编号""页脚"等，设置完毕后单击"应用"或"全部应用"按钮，可将信息添加到当前幻灯片或所有幻灯片中。

3. 设置打印选项

选择"文件"选项卡 | "打印"命令，切换到演示文稿的打印选项窗口，如图 6-57 所示。在窗口中可以进行打印设置。其中打印讲义比较常用，其目的是在讲座过程中为进一步阐述演示文稿中的幻灯片，向观众提供讲义，可以在一页纸上打印不同张数幻灯片的缩图，当设置为 3 张幻灯片时，每张幻灯片的旁边会出现可填写信息的空行，方便听众进行记录，如图 6-58 所示。

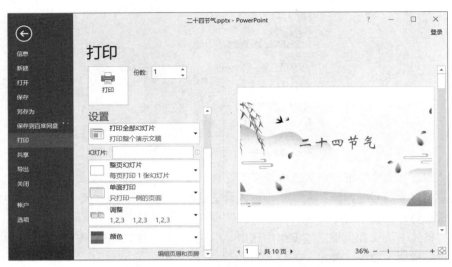

图 6-57　演示文稿的打印选项窗口

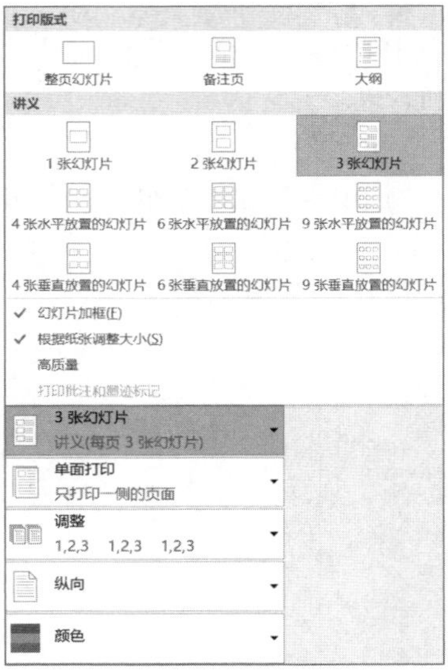

图 6-58　讲义设置

　　打印范围的设置包括全部、所选、当前及自定义，如果选择"自定义范围"选项，则需在"幻灯片"文本框中输入各幻灯片编号列表或范围，各个编号须用英文逗号隔开，如 1,3,5-12。当打印的份数多于 1 份时，还可设置是否逐份打印幻灯片。在"颜色"列表中选择合适的颜色、灰度、纯黑白等。全部设置完毕后单击"打印"按钮开始打印。

6.5.3　演示文稿的导出

1. 将演示文稿导出为视频

　　在 PowerPoint 中，可以将演示文稿创建为视频格式的文件，该文件为全保真视频，包含所有录制的计时、旁边，包括幻灯片放映中未隐藏的所有幻灯片，保留动画、切换和媒体。该视频可以通过光盘、Web 或者电子邮件方便地分发。具体操作步骤如下：

① 打开"二十四节气 .pptx"。

② 选择"文件"选项卡|"导出"命令，切换到演示文稿的导出窗口，单击左侧的"创建视频"命令，如图 6-59 所示。根据需要选择演示文稿质量。

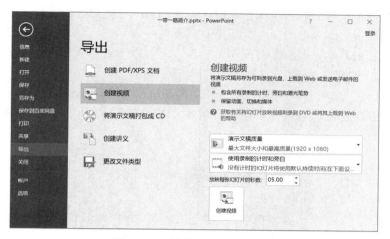

图 6-59 "创建视频"选项窗口

③ 单击"创建视频"按钮，打开"另存为"对话框，在其中选择保存路径、保存文件名，单击"保存"按钮，默认保存为 .mp4 文件。

2. 将演示文稿导出为 PDF/XPS

将演示文稿保存为 PDF 或 XPS 文档的好处在于这类文档在绝大多数计算机上其外观是一致的，字体、格式和图像不会受到操作系统版本的影响，且文档内容不容易被轻易修改。具体操作步骤如下：

① 打开"二十四节气 .pptx"。

② 选择"文件"选项卡|"导出"命令，切换到演示文稿的导出窗口，单击左侧的"创建 PDF/XPS 文档"命令，在窗口右侧再单击"创建 PDF/XPS"按钮，打开"发布为 PDF 或 XPS"对话框，在其中设置保存路径、保存文件名及保存类型，如图 6-60 所示。

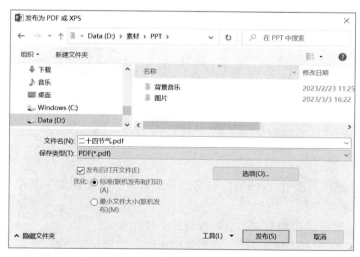

图 6-60 "发布为 PDF 或 XPS"对话框

③ 单击"发布"按钮完成转换。

3. 将演示文稿打包成 CD

演示文稿"打包"工具是一个很有效的工具，它不仅使用方便，而且也极为可靠，可以将演示文稿和所链接的文件一起打包保存到磁盘或者 CD 中，这样就可在没有安装 PowerPoint 的计算机上播放此演示文稿。

打包演示文稿的具体操作步骤如下：

① 打开"二十四节气 .pptx"。

② 选择"文件"选项卡 |"导出"命令，切换到演示文稿的导出窗口，单击"将演示文稿打包成 CD"命令，在窗口右侧再单击"打包成 CD"按钮，打开"打包成 CD"对话框，如图 6-61 所示。

图 6-61　"打包成 CD"对话框

③ 若计算机可以刻录光盘，则在"打包成 CD"对话框中单击"复制到 CD"按钮，否则单击"复制到文件夹"按钮，打开"复制到文件夹"对话框，如图 6-62 所示。单击"浏览"按钮，选择打包文件要保存的位置，完成设置后，单击"确定"按钮，程序开始打包，打包工作完成后，则返回到"打包成 CD"对话框。

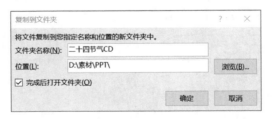

图 6-62　"复制到文件夹"对话框

④ 单击"关闭"按钮，退出打包程序。

6.5.4　拓展练习

打开"论文答辩文字素材 .docx"，为第四章的素材"毕业论文"制作"论文答辩 .pptx"演示文稿，设计要求如下：

（1）使用统一模板，模板自定；也可以设置个性化母版。

（2）幻灯片间要有一定的交互性，适当使用超级链接及动作设置。

（3）设置必要的幻灯片切换效果

习　题

单项选择题

1. PowerPoint 2016 的默认文件扩展名为（　　）。

　　A．ppta　　　　　　　　B．pptx　　　　　　　　C．ppsx　　　　　　　　D．potx

2. PowerPoint 的各种视图中，显示单个幻灯片以进行文本编辑的视图是（　　）。

　　A．普通视图　　　　　　B．浏览视图　　　　　　C．放映视图　　　　　　D．备注视图

3. PowerPoint 提供了多种（　　），它包含了相应的配色方案、母版和字体样式等，可供用户快速生成风格统一的演示文稿。

　　A．版式　　　　　　　　B．母版　　　　　　　　C．主题　　　　　　　　D．幻灯片

4. 可以在 PowerPoint 大纲视图中进行（　　）编辑它们。

　　A．更改大纲的段落次序　　　　　　　　　　B．更改大纲的层次结构

　　C．折叠与展开大纲　　　　　　　　　　　　D．以上都是

5. 下列不属于 PowerPoint 窗口部分的是（　　）。

　　A．播放区　　　　　　　B．大纲区　　　　　　　C．备注区　　　　　　　D．幻灯片区

6. 在 PowerPoint 中，要打印内容幻灯片，下面不可以打印的是（　　）。

　　A．幻灯片　　　　　　　B．讲义　　　　　　　　C．母版　　　　　　　　D．备注

7. 在 PowerPoint 中，利用母版可以实现的是（　　）。

　　A．统一改变字体设置　　　　　　　　　　　B．统一添加相同的对象

　　C．统一修改项目符号　　　　　　　　　　　D．以上都是

8. 在 PowerPoint 中，以下（　　）对象可以添加文字。

　　A．形状　　　　　　　　B．音频　　　　　　　　C．外部图片　　　　　　D．以上都是

9. PowerPoint 的 "超链接" 命令的作用是（　　）。

　　A．实现演示文稿幻灯片的移动　　　　　　　B．中断幻灯片放映

　　C．在演示文稿中插入幻灯片　　　　　　　　D．实现幻灯片内容的跳转

10. 下列（　　）不能在绘制的形状上添加文本，然后键入文本。

　　A．在形状上右击，在弹出的快捷菜单中选择 "编辑文字" 命令

　　B．使用 "插入" 选项卡中的 "文本框" 命令

　　C．在该形状上单击

　　D．单击该形状，然后按【Enter】键

11. 在幻灯片视图窗格中，要删除选中的幻灯片，不能实现的操作是（　　）。

　　A．按【Delete】键

　　B．按【BackSpace】键

　　C．单击功能区中的 "隐藏幻灯片" 按钮

　　D．右击，在弹出的快捷菜单中选择 "删除幻灯片" 命令

12. 在 PowerPoint 中，超链接只有在（　　）视图中才能被激活。

　　A．幻灯片视图　　　　　　　　　　　　　　B．大纲视图

　　C．幻灯片浏览视图　　　　　　　　　　　　D．幻灯片放映视图

13. 在 PowerPoint 中，幻灯片放映时某个对象按照一定的路径轨迹运动的动画效果，应选择（　　）动画效果设置。

    A. 动作路径　　　　　B. 强调　　　　　　C. 退出　　　　　　D. 进入

14. PowerPoint 的一大特色就是可以使演示文稿中的幻灯片具有一致的外观，一般采用下面方法来实现（　　）。

    A. 母版的使用　　　　　　　　　　　B. 主题的使用

    C. 幻灯片背景的设置　　　　　　　　D. 以上方法都是

15. 在"自定义动画"设置中，（　　）是正确的。

    A. 只能用鼠标设置控制，不能用时间设置控制

    B. 只能用时间设置控制，不能用鼠标设置控制

    C. 既能用鼠标设置控制，也能用时间设置控制

    D. 鼠标和时间都不能设置控制

第 **7** 章
计算机网络基础与应用

本章导读

计算机网络是计算机技术和通信技术高度发展、紧密结合的产物。它的出现给整个世界带来了翻天覆地的变化，从根本上改变了人们的工作与生活方式。计算机网络在当今社会中起着非常重要的作用，已经成为人们社会生活中的重要组成部分。本章主要介绍计算机网络的基本知识、Internet 的基本应用、小型局域网组建和网络的基本维护。

通过对本章内容的学习，读者应该能够做到：

- 了解：计算机网络的基本概念和组成。
- 理解：计算机网络的类型和有关的网络协议。
- 应用：Internet 的基本应用、小型局域网的组建及网络的基本维护。

7.1　计算机网络的基本知识

计算机网络是计算机技术和通信技术高度发展、紧密结合的产物，是信息社会的基础设施，是信息交换、资源共享和分布式应用的重要手段。计算机网络在当今社会中起着非常重要的作用，已经成为人们社会生活中的重要组成部分。一个国家的信息基础设施和网络化程度已成为衡量其现代化水平的重要标志。

7.1.1　计算机网络的基本概念

1. 计算机网络的定义

随着计算机网络应用的不断深入，人们对计算机网络的定义也在不断地变化和完善中。简单来说，计算机网络就是相互连接但又相互独立的计算机集合。具体来说，计算机网络就是将位于不同地理位置、具有独立功能的多个计算机系统，通过通信设备和线路互相连接起来，使用功能完整的网络软件实现网络资源共享的大系统。

2. 计算机网络的功能

计算机网络的功能主要体现在信息交换、资源（硬件、软件、数据）共享、分布式处理和提高可用性及可靠性四个方面。

（1）信息交换（数据通信）

网络上的计算机间可进行信息交换。例如，可以利用网络收发电子邮件、发布信息，进行电子商务、远程教育及远程医疗等。

（2）资源共享

用户在网络中，可以不受地理位置的限制，在自己的位置使用网络上的部分或全部资源。例如，网络上的各用户共享网络打印机，共享网络杀毒软件，共享数据库中的信息。

（3）分布式处理

在网络操作系统的控制下，使网络中的计算机协同工作，完成仅靠单机无法完成的大型任务。

（4）提高可用性及可靠性

网络中的相关主机系统通过网络连接起来后，各主机系统可以彼此互为备份。如果某台主机出现故障，它的任务可由网络中的其他主机代为完成，这就避免了系统瘫痪，提高了系统的可用性及可靠性。

3. 计算机网络的分类

根据不同的分类标准，可以将计算机网络划分为不同的类型。例如，按传输介质，可分为有线网络和无线网络；按传输技术，可分为广播式网络和点到点式网络；按使用范围，可分为公用网和专用网；按信息交换方式，可分为报文交换网络和分组交换网络；按服务方式，可分为客户机 / 服务器网络和对等网；按网络的拓扑结构，可分为总线、星状、环状、树状和网状网络等；按通信距离的远近，可分为广域网、城域网和局域网。

在上述分类方式中，最主要的一种划分方式就是按网络覆盖的地理范围进行分类。

（1）局域网

局域网（local area network，LAN）是指将较小地理范围内的各种计算机网络设备互连在一起而形成的通信网络，可以包含一个或多个子网，通常局限在几千米的范围内。局域网中的数据传输速率很高，一般可达到 100 ～ 1000 Mbit/s，甚至可达到 10Gbit/s。

（2）城域网

城域网（metropolitan area network，MAN）是介于局域网和广域网之间的一种大型 LAN，又称城市地区网络。它以光纤为主要传输介质，其传输速率为 100 Mbit/s 或更高。覆盖范围一般为 5 ～ 100 km，城域网是城市通信的主干网，它充当不同局域网之间的通信桥梁，并向外连入广域网。

（3）广域网

广域网（wide area network，WAN）覆盖的范围为数十千米至数千千米。广域网可以覆盖一个国家或地区。广域网的通信子网一般利用公用分组交换网、卫星通信网和无线分组交换网，将分布在不同地区的计算机系统互连起来，以达到资源共享和互通信息。在广域网中，数据传送速率比局域网低，广域网的典型速率是从 56 kbit/s 到 155 Mbit/s，已有 622 Mbit/s、2.4 Gbit/s 甚至更高速率的广域网。

7.1.2 计算机网络的组成

从资源构成的角度来讲，计算机网络由硬件和软件组成，硬件包括各种主机、终端等用户端设备，以及交换机、路由器等通信控制处理设备，而软件则由各种系统程序和应用程序以及大量的数据资源组成。从逻辑功能上可以将计算机网络划分为资源子网和通信子网。

1. 计算机网络的逻辑组成

计算机网络的逻辑组成包括资源子网和通信子网两部分。

资源子网是计算机网络中面向用户的部分，负责数据处理工作。它包括网络中独立工作的计算机及其外围设备、软件资源和数据资源。

通信子网则是网络中的数据通信系统，它由用于信息交换的网络节点处理机和通信链路组成，主要负责通信处理工作。

2. 计算机网络的物理组成

计算机网络的物理组成包括网络硬件和网络软件两部分。

在计算机网络中，硬件是物理基础，软件是支持网络运行提高效率和开发资源的工具。

（1）计算机网络硬件

① 主机：可独立工作的计算机是计算机网络的核心，也是用户主要的网络资源。

② 网络设备：网卡、调制解调器、集线器、中继器、网桥、交换机、路由器、网关等。

③ 传输介质：按其特性可分为有线通信介质和无线通信介质。如双绞线、同轴电缆和光缆；短波、微波、卫星通信和移动通信等。

（2）计算机网络软件

① 网络系统软件：网络系统软件是控制和管理网络运行、提供网络通信、管理和维护共享资源的网络软件。它包括网络操作系统、网络通信和网络协议软件、网络管理软件和网络编程软件等。

② 网络应用软件：网络应用软件一般是指为某一应用目的而开发的网络软件，它为用户提供了一些实际的应用。

7.1.3　计算机网络的体系结构

为了使互联的计算机之间很好地进行相互通信，将每个计算机互联的功能划分为定义明确的层次，规定了同层次进程通信的协议及相邻层之间的接口服务。将这些同层进程间通信的协议以及相邻层接口统称为网络体系结构。因此，计算机网络的体系结构是计算机网络的各层及其协议的集合，是对这个计算网络及其部件所应完成功能的精确定义。

1. 网络协议

（1）网络协议的概念

网络协议就是为在网络节点之间进行数据交换而建立的规则、标准或约定。当计算机网络中的两台设备需要通信时，双方应遵守共同的协议才能进行数据交换。也就是说，网络协议是计算机网络中任意两节点间的通信规则。

（2）网络协议的三要素

① 语法：即数据与控制信息的结构或格式。

② 语义：即需要发出何种控制信息，完成何种动作以及做出何种响应。

③ 同步：即事件实现顺序的详细说明。

为了降低网络协议设计的复杂性、便于网络维护、提高网络运行效率，国际标准化组织制定的计算机网络协议系统采用了层次结构。层次划分时所遵循的分层原则包括：

• 各层相对独立。

• 层次数量适中。

• 每层具有特定功能。

• 低层对高层提供服务与低层完成服务的方式无关。

- 相邻层次之间的接口应有利于标准化。

2. 典型的网络体系结构

世界上著名的网络体系结构有：

（1）ARPANET 网络体系

美国国防部高级研究计划管理局的网络体系结构，是互联网的前身，其核心是 TCP/IP 网络协议。

（2）SNA 集中式网络

美国 IBM 公司的网络体系结构，是国际标准化组织 ISO 制定 OSI 参考模型的主要基础。

（3）DNA 网络体系

DEC 公司的网络体系结构。

（4）OSI 参考模型

国际标准化组织 ISO 制定的全球通用的国际标准网络体系结构。

3. OSI 参考模型

开放系统互连参考模型（open system interconnection reference model，OSI/RM）是国际标准化组织 ISO 在 1980 年颁布的全球通用的国际标准网络体系结构。OSI 不是实际物理模型，而是对网络协议进行规范化的逻辑参考模型。它根据网络系统的逻辑功能将其分为七层，如图 7-1 所示。OSI 参考模型规定了每一层的功能、要求和技术特性等内容。

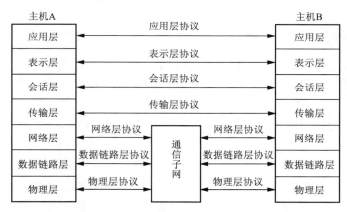

图 7-1　OSI 七层参考模型

在 OSI 七层参考模型中，每一层协议都建立在下一层之上，信赖下一层，并向上一层提供服务。其中第 1 ~ 3 层属于通信子网层，提供通信功能；第 5 ~ 7 层属于资源子网层，提供资源共享功能；第 4 层（传输层）起着衔接上下三层的作用。每一层的主要功能简述如下：

（1）物理层

定义传输介质的物理特性，实现比特流的传输。

（2）数据链路层

帧同步、差错控制、流量控制、链路管理，实现数据从链路一端到另一端的可靠传输。

（3）网络层

编址、路由选择、拥塞控制，实现异种网络互连。

（4）传输层

建立端到端的通信连接，流量控制、实现透明可靠的传输。

（5）会话层

在网络节点间建立会话关系，并维持会话的畅通。

（6）表示层

解决数据格式转换。

（7）应用层

负责应用管理和执行应用程序，提供与用户应用有关的功能。

7.2　Internet 的基本知识

7.2.1　Internet 概述

1. Internet 的定义

Internet 即"因特网"，是由全人类共有、规模最大的国际性网络集合。实际上，Internet 本身不是一种具体的物理网络，而是一种逻辑概念。它是把世界各地已有的各种网络（包括计算机网络、数据通信网、公用电话交换网等）相互连接起来，组成了一个世界范围内的超级网络，是连接网络的网络。Internet 的前身是美国国防部高级研究计划管理局在 1969 年作为军用实验网络建立的 ARPANET，其核心是 TCP/IP 网络协议。

2. Internet 的组成

Internet 主要由通信线路、路由器、主机与信息资源等部分组成。

（1）通信线路

通信线路是 Internet 的基础设施，它负责将 Internet 中的路由器与主机连接起来。Internet 中的通信线路归纳起来主要有两类：有线线路（如光缆、同轴电缆等）和无线线路（如卫星、无线电等）。对于通信线路的传输能力通常用"数据传输速率"来描述，一般单位为比特 / 秒（bit/s）；另一种更为形象的描述通信线路的传输能力的术语为"带宽"（即频带宽度）。

（2）路由器

路由器是 Internet 中最重要的设备之一，它负责将 Internet 中的各个网络连接起来。当数据从一个网络传输到路由器时，需要根据数据所要到达的目的地，通过路径选择算法为数据选择一条最佳的输出路径。如果路由器选择的输出路径比较拥挤，路由器还负责管理数据传输的等待队列。

（3）服务器与客户机

所有连接在因特网上的计算机统称为主机，接入因特网的主机按在因特网中扮演的角色不同分成两类，即服务器和客户机，服务器就是因特网服务与信息资源的提供者，而客户机则是因特网服务和信息资源的使用者。

服务器借助于服务器软件向用户提供服务和管理信息资源，用户通过客户机中装载的访问各类因特网服务的软件访问因特网上的服务和资源。

因特网中的服务种类很多，如 WWW 服务、电子邮件、文件传输服务等，用户可以通过各种服务获取资料、搜索信息、相互交流、网上购物、发布信息和进行娱乐等。

（4）信息资源

信息资源是用户最关心的问题，它影响到 Internet 受欢迎的程度。Internet 的发展方向是更好地组织信息资源，使用户快捷地获得信息。

在 Internet 中存在多种类型的信息资源，如文本、图像、声音、视频等，涉及社会生活的各个方面。

3. Internet 的服务功能

Internet 是全球数字化信息库，它提供了全面的信息服务，如浏览、检索、电子邮件、文件传输、信息交流等服务。这些服务的主要功能可划分为五个方面：万维网服务（WWW）、电子邮件（E-mail）、文件传输（FTP）、远程登录（Telnet）、即时通信（IM）。

（1）万维网服务

WWW（World Wide Web）万维网，将位于全世界互联网上不同网址的相关数据信息有机地联系在一起，通过浏览器向用户提供一种友好的信息查询界面。WWW 遵从超文本传输协议（HyperText Transfer Protocol，HTTP），采用客户机/服务器工作模式，当用户连接到 Internet 后，如果在自己的计算机中运行 WWW 的客户端程序（一般称为 Web 浏览器，如 Internet Explorer），提出查询请求，这些请求信息就会通过网络介质传送给 Internet 上相应站点的 Web 服务器（运行 WWW 服务器程序的计算机），然后服务器做出"响应"，再把查询结果（网页信息）传送给客户计算机。

（2）电子邮件（E-mail）

与传统的邮件传递系统相比，电子邮件（E-mail）系统不但省时、省钱，而且在需要时，用户还能确定收件人是否已收到邮件。这种方便、快捷、经济的信息传递服务给人们的工作、生活带来了深刻的影响，是目前最常用的通信方式之一。

用户发送和接收电子邮件与实际生活中邮局传送普通邮件的方式相似。如图 7-2 所示，先将需要发送的信息放在邮件中；再通过电子邮件系统发送到网络上的一个邮件服务器（发送端电子邮箱所在的邮件服务器）；然后通过网络传送到另一个邮件服务器（接收端电子邮箱所在的邮件服务器），这类似于普通邮件的运送过程中，邮车把邮件从一个邮局送到另一个邮局；接收方的邮件服务器收到邮件后，再转发到接收者的电子邮箱中，这相当于邮差将信件投递到收信者的信箱里；最后接收方在自己的电子邮箱中收取到电子邮件。

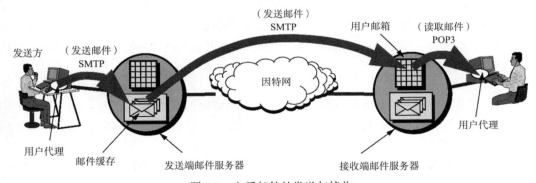

图 7-2　电子邮件的发送与接收

发送电子邮件时遵循 SMTP（simple mail transfer protocol，简单邮件传输协议），而接收电子邮件时则遵循 POP3（post office protocol 3，邮局协议）。

（3）文件传输（FTP）

用户一般不希望在远程联机的情况下浏览存放在远程计算机上的文件，而是更愿意先将这些文件下载到自己的计算机中，这样不仅可以节省联机时间和联机费用，还可以更加从容地阅读和处理这些文件。Internet 提供的文件传输服务 FTP 就正好满足了用户的这一需求。

文件传输是指在计算机网络上的主机之间传送文件。若是将本地计算机的数据传送到远程计算机上，则这个过程称为上传，反之，从远程计算机上接收数据到本地计算机上就称为下载。上传和下载都是在文件传输协议 FTP（File Transfer Protocol）的支持下进行的。

Internet 上的两台计算机，无论地理位置相距多远，只要两者都支持 FTP 协议，就可以将一台计算机上的文件传送到另一台计算机上。常用的文件传输软件有基于 DOS 环境的 ftp.exe 和基于 Windows 环境的 3D-FTP、CuteFTP。

（4）远程登录（Telnet）

远程登录是 Internet 提供的基本服务之一。远程登录是在网络通信协议 Telnet 的支持下，使本地计算机暂时成为远程计算机仿真终端的过程。用户可以通过程序 Telnet.exe，实现对远程计算机的访问和控制。远程登录一般有两种形式：一是使用用户账号与口令登录；二是匿名登录。登录成功后，用户便可以使用远程计算机上的信息资源，享受远程计算机与本地终端同样的权力。

（5）即时通信（IM）

即时通信（instant messaging，IM）是一种基于互联网的即时交流消息的业务，是一个终端服务，允许两人或多人使用网络即时传递文字、图片、文档、语音与视频的交流方式。即时通信服务往往都具有 Presence Awareness 的特性——显示联络人名单、在线状态等。

按使用用途，即时通信可分为企业即时通信和网站即时通信；按装载的对象，又可分为手机即时通信和 PC 即时通信。

即时通信的常用软件有：腾讯 QQ、微信、阿里旺旺、Skype、新浪 UC、米聊、移动飞信、微软 MSN、e-Link 等。

7.2.2　TCP/IP 协议与层次模型

1. TCP/IP 协议

TCP/IP 协议是互联网络信息交换规则、规范的集合体（包含 100 多个相互关联的协议，TCP 和 IP 是其中最为关键的两个协议）。

（1）IP（Internet protocol）协议

IP 协议是网际协议，它是 Internet 协议体系的核心，定义了 Internet 上计算机网络之间的路由选择。

（2）TCP（transmission control protocol）协议

TCP 协议是传输控制协议，面向"连接"，规定了通信的双方必须先建立连接，才能进行通信；在通信结束后，终止它们的连接。

（3）其他常用协议

Telnet：远程登录服务。

FTP：文件传输协议。

HTTP：超文本传输协议。

SMTP：简单邮件传输协议。

DNS：域名解析服务。

2. TCP/IP 层次模型

与 OSI 七层参考模型不同，TCP/IP 层次模型采用四层结构：应用层、传输层、网际层和网络接口层。图 7-3 所示为 TCP/IP 层次模型与 OSI 参考模型之间的对应关系。

OSI	TCP/IP协议集	
应用层	应用层	Telnet、FTP、SMTP、DNS、HTTP……
表示层		
会话层		
传输层	传输层	TCP、UDP
网络层	网际层	IP、ARP、RARP、ICMP
数据链路层	网络接口层	各种通信网络接口（以太网等）（物理网络）
物理层		

图 7-3　TCP/IP 层次模型与 OSI 参考模型的对应关系

7.2.3　IP 地址与域名系统

1. IP 地址概述

（1）IP 地址

IP 地址是 Internet 上一台主机或一个网络节点的逻辑地址，是用户在 Internet 上的网络身份证，由 4 个字节共 32 位二进制数字组成。在实际使用中，每个字节的数字常用十进制来表示，即每个字节数的范围是 0 ~ 255，且各数之间用点隔开。例如 32 位的 IP 地址 11001010011100000000000000100100，就可以简单方便地表示为 202.112.0.36。

众所周知，日常生活中的电话号码包含两层信息：前若干位代表地理区域，后若干位代表电话序号。与此相同，32 位二进制 IP 地址也由两部分组成，分别代表网络号和主机号。IP 地址的结构如图 7-4 所示。

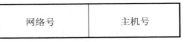

网络号	主机号

图 7-4　IP 地址的结构

（2）IP 地址的分类

为了充分利用 IP 地址空间，Internet 委员会定义了五种 IP 地址类型以适合不同容量的网络，即 A ~ E 类，见表 7-1，用于规划因特网上物理网络的规模。其中 A、B、C 三类最为常用。

表 7-1　IP 地址的分类

网络类别	第一段值	网络位	主机位	适用于
A	0 ~ 127	前 8	后 24	大型网络
B	128 ~ 191	前 16	后 16	中型网络
C	192 ~ 223	前 24	后 8	小型网络
D	224 ~ 239	多点广播		
E	240 ~ 255	保留备用		

（3）IP 地址的配置原则

① 不能将 0.0.0.0 或 255.255.255.255 配置给某一主机。这两个 32 位全 0 和全 1 的 IP 地址保留下来，用于解释为本网络和本网广播。

② 配置给某一主机的网络号不能为 127。例如，IP 地址 127.0.0.1 用作网络软件测试的回送地址。

③ 一个网络中的主机号应是唯一的。例如，在同一个网络中，不能有两个 192.168.15.1 这样相同的 IP 地址。

被保留的地址仅作为特殊用途。

（4）IPv6

目前，IP 协议的版本号是 4，简称 IPv4，发展至今已经使用了 30 多年。IPv4 的地址位数为 32 位，也就是说最多有 2^{32} 个地址分配给连接到 Internet 上的计算机等网络设备。

由于因特网的蓬勃发展和广泛应用，IP 地址的需求量愈来愈大，其定义的有限地址空间将被耗尽，地址空间的不足必将妨碍互联网的进一步发展。为了扩大地址空间，下一版本的互联网协议 IPv6 重新定义了网络地址空间。

IPv6 采用 128 位地址长度，几乎可以不受限制地提供地址，同时，IPv6 还考虑了在 IPv4 中解决不好的其他问题，主要有端到端 IP 连接、服务质量（QoS）、安全性、多播、移动性、即插即用等。IPv6 在不久的将来将取代目前被广泛使用的 IPv4。

2. 域名系统

（1）域名

由于 IP 地址是用一串数字来表示的，用户很难记忆，为了方便记忆和使用 Internet 上的服务器或网络系统，就产生了域名（domain name，又称域名地址），也就是符号地址。相对于 IP 地址这种数字地址，利用域名更便于记忆互联网中的主机。

域名和 IP 地址是 Internet 地址的两种表示方式，它们之间是一一对应的关系。域名和 IP 地址的区别在于：域名是提供用户使用的地址，IP 地址是由计算机进行识别和管理的地址。例如，清华大学的域名为 www.tsinghua.edu.cn，它对应的 IP 地址为 2402:f000:1:404:166:111:4:100(IPv6 地址)。

（2）域名层次结构

域名采用层次结构，一般含有 3～5 个字段，中间用"."隔开。从左至右，级别不断增大（若自右至左，则是逐渐具体化），图 7-5 表示了广东培正学院域名的层次结构及含义。

图 7-5　域名层次结构的含义

由于 Internet 起源于美国，所以一级域名在美国用于表示组织机构，美国之外的其他国家用于表示国别或地域。常用的一级域名见表 7-2。

表 7-2　常用顶级域名一览表

域　名	含　义	域　名	含　义
com	商业部门	cn	中国
net	大型网络	us	美国
gov	政府部门	uk	英国
edu	教育部门	au	澳大利亚
mil	军事部门	jp	日本
org	组织机构	ca	加拿大

在一级域名下，继续按机构性和地理性划分的域名，就称为二、三级域名。如北京大学的域名 www.pku.edu.cn 中的 .edu、上海热线域名 www.online.sh.cn 中的 .sh 等。

温馨提示

域名使用中，大写字母和小写字母是没有区别的；域名的每一部分与 IP 地址的每一部分没有任何对应关系。

（3）域名系统（domain name system，DNS）

虽然域名的使用为用户提供了极大方便，但主机域名不能直接用于 TCP/IP 协议进行路由选择。当用户使用主机域名进行通信时，必须首先将其转换成 IP 地址，这个过程称为域名解析。

把域名转换成对应 IP 地址的软件称为域名系统（domain name system，DNS）。装有域名系统软件的主机就是域名服务器（domain name server）。DNS 提供域名解析服务，从而帮助寻找主机域名所对应的网络和可以识别的 IP 地址。

（4）URL 与信息定位

WWW 的信息分布在各个 Web 站点，为了能在茫茫的信息海洋中准确找到这些信息，就必须先对因特网上的所有信息进行统一定位。统一资源定位器（uniform resource locator, URL）就是用来确定各种信息资源位置的，俗称"网址"。其功能是描述浏览器检索资源所用的协议、主机域名及资源所在的路径与文件名。

一个典型的 URL 由三部分组成，格式如下：

资源类型 :// 存放资源的主机域名 / 资源文件名

URL 地址中表示的资源类型：

HTTP：超文本传输协议。

FTP：文件传输协议。

Telnet：与主机建立远程登录连接。

Mailto：提供 E-mail 功能。

7.2.4 常见的 Internet 接入方式

随着网络技术的发展和网络的普及，用户接入 Internet 的方式已从过去常用的电话拨号、ISDN 综合数字业务网等低速接入方式，发展到目前主要通过局域网、宽带 ADSL、有线电视网、光纤接入、无线接入等高速接入方式。

1. 局域网接入

通过网卡，利用数据通信专线（双绞线、光纤等）将用户计算机连接到某个已与 Internet 相连的局域网（如园区网）。

2. ADSL 接入

ADSL（非对称数字用户线路）是一种利用既有的电话线实现高速、宽带上网的方法。采用 ADSL 接入，需要在用户端安装 ADSL Modem 和网卡。所谓"非对称"是指与 Internet 的连接具有不同的上行和下行速度。上行是指用户向网络上传信息，而下行是指用户从 Internet 下载信息。目前 ADSL 上行传输速率可达 1 Mbit/s，下行最高传输速率可达 8 Mbit/s。

3. 有线电视接入

有线电视接入是指通过中国有线电视网（CATV）接入 Internet，其传输速率可达 10 Mbit/s。采用 CATV 接入需要在用户端安装 Cable Modem（电缆调制解调器）。

4. 光纤接入方式

光纤接入方式是为居住在已经或便于进行综合布线的住宅、小区和写字楼的较集中的用户，以及有独享光纤需求的大企事业单位或集团用户高速上网需求提供的，传输带宽 2 ～ 155 Mbit/s 不等。可根据用户群体对不同速率的需求，实现高速上网或企业局域网间的高速互连。同时由于光纤接入方式的上传和下传都有很高的带宽，尤其适合开展远程教学、远程医疗、视频会议等对外信息发布量较大的网上应用。

5. 无线接入

无线接入是指从用户终端到网络交换节点采用或部分采用无线手段的接入技术。

无线接入 Internet 的技术分成两类，一类是基于移动通信的无线接入，如 GPRS（利用手机 SIM 卡上网，以数据流量计费）、EDGE（稍快于 GPRS，是向 3G 的过渡技术）、3G（即第三代移动通信技术，现共有四种技术标准：CDMA 2000、WCDMA、TD-SCDMA、WiMAX）、4G（即第四代移动通信技术，从目前全球范围 4G 网络测试和运行的结果看，4G 网络速度大致可比 3G 网络快 10 倍）、5G（即第五代移动通信技术，是具有比 4G 网络的传输速度更快的高速率、低时延和大连接特点的新一代宽带移动通信技术，5G 通信设施是实现人机物互联的网络基础设施）；另一类是基于无线局域网技术的无线接入，无线局域网又称 WLAN，它作为传统布线网络的一种替代方案或延伸，利用无线技术在空中传输数据、话音和视频信号，目前，无线局域网有许多标准，比如 IEEE 802.11、IEEE 802.11b、IEEE 802.11a、IEEE 802.11g、蓝牙、HomeRF 等，其中手机和笔记本计算机常用的 Wi-Fi 无线上网，就是其中一个基于 IEEE 802.11 系列的技术标准。

当前，无线接入已经成为接入 Internet 的一个热点应用。

7.3　Internet 的基本应用

7.3.1　Edge 浏览器的使用和管理

在 WWW 中，信息以网页方式进行组织，如果把 WWW 比作 Internet 上的大型图书馆，则每个 Web 站点就是一本书，而每个网页就是一页书，主页就是书的封面和目录。

Microsoft Edge 浏览器是一款用于连接 WWW，并与之通信的浏览器软件。下面以 Microsoft Edge 浏览器为例，介绍如何浏览 Internet 上的各种信息。

1. 网页的浏览

利用 Microsoft Edge 浏览器浏览网页时，在其地址栏中直接输入网址（IP 或域名）即可打开对应的网站。如图 7-6 所示，在地址栏中输入 www.peizheng.edu.cn 并按【Enter】键，即可打开"广东培正学院"的网站首页，单击该主页上的各标题链接，可以进一步访问网站中提供的相关信息。

图 7-6　Edge 浏览器浏览网页

温馨提示

一般情况下，输入目标网址时不必输入前面的"http://"，Edge 会自动识别。

另外，在 Edge 中，还可使用以下几种方法浏览网页：

① 单击地址栏右端，在下拉列表框中选择最近搜索过的网页。

② 可直接通过在地址栏中输入搜索内容搜索自动获取搜索结果，而无须转到像百度这样的搜索网站进行搜索。

③ 利用收藏夹，查看收藏夹和历史记录中的网页。

④ 使用搜索工具查找想浏览的网页。

2. Edge 收藏夹

收藏夹是一个文件夹，用于存放用户所喜爱的、需要经常访问的站点网址。浏览网页时，单击"收藏夹" ☆ |"将此页添加到收藏夹"命令 ☆，可随时将自己喜爱的站点添加到收藏夹中；对于收藏夹中的已有站点，只要单击"收藏夹"菜单或者单击"收藏夹"按钮 ☆ 或按【Ctrl+Alt+O】组合键，在展开的收藏菜单中单击相应的站点名称，就能快速打开该站点；而单击"收藏夹" ☆ |"更多选项"按钮，还可以方便地对收藏夹进行整理（如新建、移动、删除、重命名等）。

3. Edge 集锦

Edge 浏览器新增了一个集锦功能，类似于一个多功能收藏夹，但比收藏夹功能强大。集锦不仅可以保存网站链接，还可以保存图片、文字等内容。如果收藏夹相当于是一个 TXT 文本文件，那么集锦就相当于是一个 Word 文件。

单击 Edge 浏览器右上角的"…"按钮，然后选择"集锦"，打开集锦功能。直接单击集锦 ⊞ 按钮或按【Ctrl+Shift+Y】组合键也可打开集锦功能。

如果保存的集锦不想要了，单击集锦右上角的选框，删除即可。

4. 启用朗读模式

在 Edge 浏览器中，单击地址栏右侧的"朗读"按钮 ∧ 后，即进入"朗读"模式，Edge 浏览器会自动朗读当前网页的内容。

5. 设置默认主页

启动 Edge 浏览器时，同时打开的网页称为默认页面或主页，用户可以根据自己的喜好将相关网页设置为主页，以便快速浏览。设置默认主页的具体操作步骤如下：

（1）单击 Edge 浏览器右上角的"…"按钮，在弹出的快捷菜单中选择"设置"命令。

（2）选择"开始、主页和新建标签页"|"打开以下页面"，编辑页面链接，输入广东培正学院网址 https://www.peizheng.edu.cn，单击"保存"按钮保存设置。

（3）在"'开始'按钮"区域打开"在工具栏上显示'首页'按钮"。

（4）在地址编辑栏中输入广东培正学院网址 https://www.peizheng.edu.cn，单击"保存"按钮保存设置。

（5）设置过程如图 7-7 所示。

设置完成后，单击 Edge 浏览器地址栏左侧的"主页"按钮 ⌂，即可打开广东培正学院主页。关闭 Edge 浏览器，重新启动后，Edge 浏览器打开的首页也是广东培正学院主页。

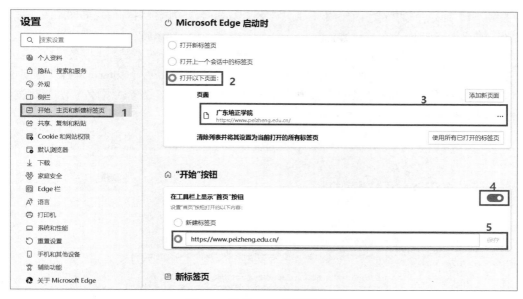

图 7-7　设置 edge 的默认主页

7.3.2　信息检索的应用

Internet 中的信息资源非常丰富，如何快速、准确地在网上找到自己需要的信息已变得越来越重要。借助搜索引擎，可以很容易地找到自己所需要的信息。

1.　搜索引擎

搜索引擎（search engine）是指根据一定的策略、运用特定的计算机程序从 Internet 上搜集信息，在对信息进行组织和处理后，为用户提供检索服务，将用户检索相关的信息展示给用户的系统。对用户而言，搜索引擎实际上是一个提供信息检索服务的网站，它使用某些程序把 Internet 上的信息进行归类，以帮助人们在信息海洋中找到自己所需要的信息。一些常用搜索引擎网站的网址见表 7-3。

表 7-3　常用搜索引擎

搜索引擎名称	URL 地址	说　明
Baidu 百度	http://www.baidu.com	全球最大的中文搜索引擎
Yahoo 中国雅虎	http://www.yahoo.cn	全球最大的门户网站
Haosou 好搜	http://www.haosou.com	360 公司推出的搜索引擎
Sogou 搜狗	http://www.sogou.com	搜狐、腾讯共同推出的中文搜索引擎
Youdao 有道	http://www.youdao.com	网易自主研发的搜索引擎
Bing 必应	http://cn.bing.com	微软公司推出的中文搜索引擎

2.　常用搜索技巧

① 合理选择关键字。

② 使用组合关键字（不同关键字之间用空格隔开）。

③ 高级搜索。

【例 7.1】通过百度搜索引擎搜索有关"广州计算机等级考试报名"信息的网站。

具体搜索步骤如下：

① 把"广州计算机等级考试报名"分解为"广州""计算机等级考试""报名" 3 个关键字。

② 在 Edge 浏览器地址栏中，输入百度网址：www.baidu.com，按【Enter】键打开百度主页。

③ 在百度检索框中输入要检索信息的关键字 "广州 计算机等级考试 报名"，Edge 浏览器即会按关键字搜索出结果，如图 7-8 所示。

图 7-8　百度搜索

另外，还可使用百度高级搜索功能进行搜索，在百度主页的"设置"菜单中选择"高级搜索"命令，打开"高级搜索"界面，如图 7-9 所示。采用高级搜索功能的方法进行搜索，往往更容易得到合乎需要的搜索结果。

图 7-9　使用百度高级搜索

百度搜索网站,还为用户提供了更加个性化的、方便的搜索服务功能,例如,单击"知道"链接,进入"知道"搜索页面，输入相关问题的关键字后，再单击"搜索答案"按钮，就可以寻求解答或直接找到相应问题的已有解答。同样，单击其他功能项可以分别了解相关类别的资讯内容，如新闻、图片、视频、百科、文库等。

7.3.3 文献检索的应用

文献检索（information retrieval）是指根据学习和工作的需要获取文献的过程。宋代朱熹认为"文指典籍，献指熟知史实的贤人"，近代认为文献是指具有历史价值的文章和图书或与某一学科有关的重要图书资料，随着现代网络技术的发展，文献检索更多是通过计算机技术来完成。在 Internet 中进行文献检索是科研人员的一项必备技能。

1. 文献数据库

为了方便利用计算机进行文献检索，Internet 中建立了许多文档型的数据库，存放已经数字化的文献信息，这些信息通常以 pdf 的格式存储，用户可以按照文献的发表年份、文献中的关键词等内容从数据库中查找相关文献。

普通用户可以在网络上检索文献数据库，并免费获取书目、摘要，甚至还可能获得文献的全文。各高校的图书馆也陆续引进了一些大型文献数据库，如国外的 IEEE 数据库、国内的万方数据库和维普中文科技期刊全文数据库等。这些电子资源一般以镜像站点的形式链接在校园网上供校内师生使用。常用的文献数据库见表 7-4。

表 7-4　常用文献数据库

数据库名称	说　明
万方数据库	由中国科技信息研究所和万方数据集团公司开发的网上数据库联机检索系统，内容涉及自然科学和社会科学的各个专业领域。它是一个集学术期刊、学位论文、会议论文、中外专利、科技成果、中外标准、法律法规、查询服务为一体的数据资源系统
维普中文科技期刊全文数据库	重庆维普资讯有限公司的数据库产品，包含了 1989 年至今的 8 000 余种期刊刊载的文献，涵盖社会科学、自然科学、工程技术、农业、医药卫生、经济、教育和图书情报等学科
中国学术期刊全文数据库	我国第一个以电子期刊方式按月连续出版的大型集成化学术期刊原版全文数据库。它将学科内容相关的期刊文献分为理工（A、B、C）、农业、医药卫生、文史哲（双月刊）、经济政治与法律、教育与社会科学、电子与信息等专辑
超星数字图书馆	目前世界上最大的中文在线数字图书馆，拥有百万余种中文电子图书资源
IEEE/IET Electronic Library (IEL) 数据库	IEL 数据库内容包括自 1988 年以来美国电气电子工程师学会（IEEE）和英国工程技术学会（IET）出版的所有期刊、会议录和标准的电子全文信息，部分期刊还可以看到预印本

2. 文献检索方法

利用百度学术搜索引擎（https://xueshu.baidu.com/），可在 Internet 上快速查找文献。百度学术搜索引擎的使用方法与一般的搜索引擎相同，但利用"高级搜索"中的选项，可以按照文献的作者、关键词、刊物名称和发表时间等内容进行搜索，如图 7-10 所示。

另外，可以使用专业的文献数据库进行检索。使用时，首先要选择合适的数据库，然后通过高校图书馆的数据库镜像链接进入该数据库的主页，在主页中指定相应的关键词进行检索。例如，在维普期刊数据库中检索 2020—2023 年期间核心期刊发表的有关"网络安全"的论文，可以通过高校图书馆网站内的"电子期刊"文献资源中的"维普中文科技期刊数据库"镜像链接，进入维普期刊数据库检索页面，然后选择时间段、期刊范围，输入关键词"网络安全"，单击"检索"按钮即可进行相应检索，如图 7-11 所示。

图 7-10　百度学术高级搜索页面

图 7-11　维普期刊数据库检索页面

温馨提示

在 Internet 上利用百度学术搜索等方法检索到的文献，大多数都需要付费下载，因此可以将上面的两种方法结合起来使用。首先通过百度学术搜索找到文献的地址，然后再到学校图书馆的数据库中检索并下载全文。

7.3.4　电子邮件的操作

电子邮件极大地方便了人们的沟通与交流，人们在生活和工作中常常会用到电子邮件。收发电子邮件主要有以下两种方式：

① Web 方式（在线操作方式）。这种方式是通过浏览器直接连接邮件服务器，在浏览器显示的邮件服务器页面中输入用户名和密码后，登录进入已注册的邮箱，在邮箱网页中在线进行电子邮件的相关操作。

② 邮件客户端方式（离线操作方式）。这种方式是在本地客户机中运行电子邮件客户端程序进行电子邮件的收发，如 foxmail 邮件客户端。使用电子邮件客户端时，应先对客户端程序进行接收服务器和发送服务器的设置，然后才能进行电子邮件的收发。这种方式只在收信和发信时客户端程序才进行网络连接，其他时间都是离线的，因此邮件客户端方式又称离线操作方式。

对于大多数网络用户而言，一般都采用 Web 方式进行电子邮件的收发，好处是显而易见的，因为只要有浏览器就可以很方便地使用电子邮件，免去了设置客户端的麻烦。

1. 电子邮箱的地址

电子邮箱是用来存储电子邮件的网络存储空间，由电子邮件服务机构为用户提供。电子邮箱的地址格式为：用户名 @ 邮件服务器主机域名。其中的符号 @ 表示英文单词 at，读作 [ət]，中文含义是"在"的意思。例如，电子邮箱地址 pzxyjsj@163.com 的意思就是：在 163.com 上用户名为 pzxyjsj 的用户邮箱。

2. 电子邮箱的注册

目前，很多互联网服务商（Internet service provider，ISP）都提供了电子邮箱服务。其中，既有收费的电子邮箱，也有免费的电子邮箱，可供不同需求的单位用户和个人用户申请使用。比较著名的电子邮箱服务商有：网易 163 邮箱、网易 126 邮箱、QQ 邮箱等。下面以 163 网易免费邮箱为例，介绍在 Web 方式下电子邮箱的注册操作过程。

启动浏览器，在地址栏中输入 http://www.163.com 进入网易主页，然后选择"注册免费邮箱"，进入"注册网易免费邮箱"页面，如图 7-12 所示。

图 7-12　网易电子邮箱注册页面

在注册页面中可以选择"免费邮箱"或"VIP 邮箱"（"VIP 邮箱"为收费邮箱），根据页面提示，输入"邮箱地址""密码""手机号码"，勾选同意服务条款，单击"立即注册"按钮，完成邮箱注册。

温馨提示

注册页面表单中邮箱地址的用户名，要求在同一邮件服务器上是唯一的，所以如果注册时输入的用户名已经被他人先行注册，将被提示重新输入用户名。建议使用比较有特色的用户名，也可以考虑使用手机号码注册邮箱，使用手机号注册比较有特色且不会重名，不仅获取验证码方便，如果忘记邮箱密码，取回或更改密码也方便。

3. 电子邮箱的操作

如果完成了邮箱注册，那么我们就可以开始使用该邮箱进行电子邮件的收发了。在网易首页中，单击"登录"按钮，在打开的下拉列表中，输入用户名和密码，单击"登录"按钮，然后选择"进入我的邮箱"选项，即可进入邮箱界面，如图 7-13 所示。

图 7-13　163 网易免费邮界面

（1）电子邮箱的基本功能

在图 7-13 的邮箱界面中，单击"收信"按钮可以用于接收电子邮件，单击"写信"按钮可以进入写信页面。邮箱界面中左侧显示的是邮箱的常用功能，右侧则是选取某项功能后显示的相关内容。现将其中最常用的基本功能介绍如下：

①"收件箱"是默认的接收邮件文件夹，该文件夹内存放已接收的电子邮件。单击"收件箱"后，右侧显示的是该邮箱所收到的邮件，已读邮件用正常字体显示邮件发件人和主题，未读邮件用粗体方式显示。

②"草稿箱"是用来存放已写但还未发送的电子邮件，如果在写电子邮件的过程中，因各种原因中断时，可以把未完成的邮件存放在草稿箱中，方便以后继续完成，不致使所做工作白费。

③"已发送"是用来保存已经发出的电子邮件。

④ "已删除"是用来存放被删除的电子邮件，其作用相当于 Windows 中的回收站，如遇误删情况，还可以进行取回。

（2）写信与发信操作

在登录后的邮箱界面中，单击"写信"按钮，打开图 7-14 所示的写信界面，在该界面中可进行如下操作：

① 收件人：在此处填写收件人的电子邮箱地址。

② 抄送：如该邮件还想抄送给收件人之外的其他人员，可单击"抄送"按钮并填写。

③ 密送：如想将该邮件秘密发送给除收件人和抄送人之外的联系人，可单击"密送"按钮并填写，收件人和抄送人不会看到密送人。

④ 主题：在此处填写邮件的主题，以方便收件人了解邮件内容。

⑤ 添加附件：如邮件有其他文本、图片、音频、视频等文件要随邮件主体一起发送，可以单击"添加附件"按钮，把相关文件添加进来作为附件随主体邮件同时发送。

⑥ 在界面的下方有个较大的空白区域是邮件内容编辑区，可以在此处输入、编辑邮件内容。

⑦ 完成邮件的写作后，单击"发送"按钮，即可将电子邮件发出，并且该邮件同时也会保存到"已发送"文件夹中。

图 7-14　写信界面

（3）收信与回信操作

在邮箱界面中，单击"收件箱"或"收信"按钮，即可进入收件箱，邮箱中收到的邮件将列出在收件箱的右侧，在该界面中可进行如下操作：

① 阅读邮件：单击需要阅读的邮件主题即可打开该邮件，看到该邮件的内容。如果该邮件有附件，则会有附件提示，单击"查看附件"按钮，选择相应附件，在显示的对话框中可以选择"下载""预览""存网盘"等操作。

② 回复邮件：单击"回复"按钮，打开邮件回复界面，在回复内容编辑区输入相应回信内容后，

单击"发送"按钮即可对来信进行回复。

③ 转发邮件：在邮件打开状态，也可单击"转发"按钮，在"收件人"文本框中输入需要转发的联系人邮箱地址，即可将该邮件转发给相应的联系人。

④ 删除邮件：邮件阅读完毕，如果该邮件无须保存，则可单击"删除"按钮，删除该邮件。

温馨提示

• 在邮件阅读状态，单击"删除"按钮将邮件删除后，该邮件并未真正删除，如属误删，可到"已删除"文件夹中恢复该邮件。

• 电子邮件对附件的个数通常是有限制的，如果需要传送的附件文件数很多，可以将这些文件先打成一个压缩包，再将压缩包作为附件进行传送。

• 电子邮件对附件的大小是有限制的（不同的邮件服务器限制也不相同），超过了服务器的限制，邮件将不能发送。如仍要发送，可用文件分割软件先对文件进行分割后，再对分割后的文件分多个邮件进行发送，接收方接收后再进行合成。

• 在接收邮件中的附件时要注意，由于一些文件是带有病毒的，因此，对陌生人发送的邮件一般不要轻易打开，以防中毒。如需打开，最好先对该附件进行杀毒。

7.3.5 文件传输与下载

文件传输协议 FTP 使用 TCP 可靠传输，FTP 是 Internet 文件传输的基础，通过该协议，用户可以从一个 Internet 主机向另一个 Internet 主机下载或上传文件，实现不同计算机间的文件传输。下载文件是指从远程主机中将文件复制到自己的计算机中，上传文件则是将文件从自己的计算机中复制到远程主机中。用户可以通过匿名（anonymous）FTP 或身份验证（通过用户名及密码验证）连接到远程主机中，并下载或上传文件。FTP 文件下载和上传的方式有很多种，简单介绍如下：

1. 使用浏览器

在浏览器的地址栏内直接输入 FTP 服务器的地址。例如，在 IE 浏览器的地址栏中输入 ftp://ftp.tup.tsinghua.edu.cn/（清华大学出版社 ftp 服务器地址），打开图 7-15 所示的窗口。注意：Edge 浏览器不支持打开 ftp 站点，如需使用 FTP，可以使用 Windows 10 自带的 IE11 浏览器。

图 7-15　使用浏览器访问 FTP 站点

在图 7-15 所示窗口中，如要下载某个文件夹或文件，首先右击该文件夹或文件，在弹出的快捷菜单中选择"目标另存为"命令，打开"另存为"对话框，在对话框中选择要保存的文件或文件夹在磁盘中的位置，单击"保存"按钮下载所需内容。

2. 使用资源管理器

在 Windows 资源管理器地址栏内输入 FTP 服务器的地址，如输入 ftp://ftp.tup.tsinghua.edu.cn/（清华大学出版社 ftp 服务器地址），打开图 7-16 所示的窗口。

图 7-16　使用资源管理器访问 FTP 站点

在图 7-16 所示窗口中，如要下载某个文件夹或文件，可以把该窗口中的资源当成本地磁盘一样操作，如把 FTP 站点中的"理工分社"文件夹复制到本地磁盘中可以直接将"理工分社"文件夹拖动到本地磁盘相应位置即可实现文件夹复制，如图 7-17 所示。

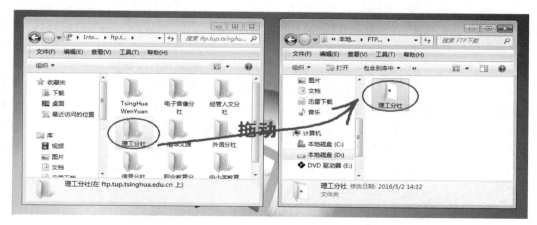

图 7-17　直接拖动复制 FTP 站点文件夹到本地磁盘

3. 使用 FTP 客户端软件

也可以使用 FTP 客户端软件进行文件资源的下载与上传，如使用 CuteFTP 客户端软件。CuteFTP 客户端软件具有类似资源管理器的窗口，操作方便、功能强大。启动 CuteFTP 客户端软件后，会看到图 7-18 所示的软件界面。

CuteFTP 客户端既可下载文件，也可上传文件。下载是在右边的窗口将文件用鼠标选定，然后拖动到左边窗口即可完成。上传的过程与下载类似，用鼠标选定左边窗口中的文件拖动到右边窗口即可。在传输过程中，由于线路故障或其他网络故障造成传输中断，使文件的下载或上传失败，CuteFTP 还提供了续传功能，大大提高了 FTP 传输能力。

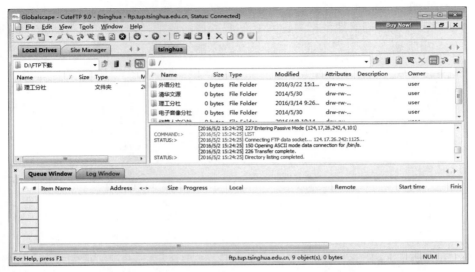

图 7-18　使用 CuteFTP 客户端软件访问 FTP 站点

除此之外，目前还有很多专门的网络下载工具，如迅雷、快车等，这些专门的网络下载工具大多采用多线程方式，可以成倍提高下载速度。

7.3.6　Internet 的其他应用

Internet 上除了上述信息浏览、文件检索、电子邮件、文件传输服务外，还有很多深受大众欢迎的服务功能，如远程登录（Telnet）、BBS、网络电话、电子商务等，目前正蓬勃发展的物联网及应用也离不开 Internet。

1. 电子商务

电子商务是采用数字化电子方式进行商务数据交换和开发商务业务活动，它是指整个贸易或商品交易活动全面实现电子化。电子商务系统将参加商务活动的各方，包括商家、企业、顾客、金融机构、信用卡公司或证券公司、政府等，利用计算机网络密切结合起来，处在电子商务统一体中，全面实现在线交易和交易电子化。

电子商务与传统商务的本质区别，在于它是以数字化计算机网络为基础进行商品、货币和服务交易，其产生和发展是与 Internet 技术的发展和日益成熟分不开的。

2. BBS 和虚拟社区

BBS（bulletin board system，公告牌系统）是 Internet 上的一种信息服务系统。

BBS 像日常生活中的黑板报一样，按不同的主题划分很多个栏目，栏目设立依据大多数BBS 使用者的要求和喜好而定。使用者可以阅读他人关于某个主题的最新看法，也可以将自己的想法毫无保留地贴到公告栏中。同样，别人对你的观点的回应也是很快的。

3. 网络电话

网络电话又称 IP 电话，它是一种让用户利用计算机通过 Internet 连接到另一台计算机或者电话的应用。无论双方相距多远都能让他们互通语音信息，或者传送视频、语音邮件及其他资料文件。IP 电话由于其通话成本远远低于传统长途电话，因而具有广阔的发展前景。

4. 远程登录

远程登录就是一台计算机连接到远方的另一台计算机，并可以利用其资源、运行其系统程序。远程登录可以使用户的计算机通过 Internet 登录到世界上任何一台计算机上，让用户操纵和使用它。通过远程登录，用户可以实时地使用远程计算机系统对外开放的全部资源。很多大型计算机中心都通过 Internet 对外提供科学计算服务，本地计算机可通过远程登录向远程主机提交科学计算程序和数据。一些大学的图书馆也允许用户通过远程登录方式查询藏书目录等。

5. 博客

博客（Blog）是 web 和 log 的组合词。博客是网络上个人信息的一种流水记录形式，它既具有传统日记随时记录感想、摘抄有用信息的功能，又有 BBS 的分享和交流作用。它简单易用，技术门槛低，具备及时编辑、及时发布、按时间排序和自动管理、简单易用等特点。一个博客就是一个网页，它通常是由简短而且经常更新的帖子构成，不同的博客其内容和目的有很大的不同。

除了博客，网络目前还出现了非常流行的微博客，即微博。从字面上可以把微博理解为"微型博客"，但是微博的特点绝不仅仅是"微型的博客"这么简单。微博具有简单便捷、互动性强、强实效性和现场感的特点，简而言之，就是让用户在网站上写短消息。

6. 维客与威客

（1）维客

维客是一种新技术，一种超文本系统。这种超文本系统支持面向社群的协作式写作，同时也包括一组支持这种写作的辅助工具。也就是说，这是多人协作的写作工具。而参与创作的人，也被称为维客。

（2）威客

威客的意思是：通过互联网互动问答平台（威客网站）让智慧、知识和专业、专长通过网络转换成实际收入的人，即在网络上通过互动问答平台出卖自己无形资产（知识商品）的人，或者说是在网络上做知识（商品）买卖的人。在网络时代，凭借自己的创造能力（智慧和创意）在互联网上帮助别人，而获得报酬的人就是威客。

7. 物联网

物联网的概念是在 1999 年提出的。物联网（the internet of things）就是"物物相连的互联网"。这有两层意思：第一，物联网的核心和基础仍然是互联网，是在互联网基础上的延伸和扩展的网络；第二，其用户端延伸和扩展到了任何物品与物品之间，进行信息交换和通信。严格而言，物联网的定义是：通过射频识别（RFID）、红外感应器、全球定位系统、激光扫描器等信息传感设备，按约定的协议，把任何物品与互联网连接起来，进行信息交换和通信，以实现智能化识别、定位、跟踪、监控和管理的一种网络。

7.4　局域网技术及局域网组建

局域网的覆盖范围较小，通常应用于公司、校园、厂区或一个建筑物内。决定局域网特性的三个技术要素是：网络拓扑结构、传输介质与介质访问控制方法。

7.4.1 局域网的工作模式

局域网的工作模式有两种：对等模式和客户机/服务器（C/S）模式。

1. 客户机/服务器模式

能够提供和管理共享资源的计算机称为服务器（server），而使用服务器上共享资源的计算机称为客户机（client）。对于服务器，需要运行某种网络操作系统，如 Windows Server 2008、Novell Netware、UNIX 等。对于客户机，它们除了能运行自己的应用程序外，还应该通过网络连接到某一台服务器上，获得该服务器提供的网络服务。在这种以服务器为中心的网络中，一旦服务器出现故障或者关闭，整个网络将无法正常运行。

2. 对等模式

对等网中不使用服务器。在这种网络系统中，所有计算机无主从之分，都处于平等地位，一台计算机既可以作为服务器，也可以作为客户机。例如，当用户从其他用户的计算机上获取信息时，该用户的计算机就成为网络客户机；如果是其他用户访问该用户的计算机资源，那么该用户的计算机就成为服务器。由于不需要专门的服务器，网络中的各个用户就可以方便地共享文件、打印机等软、硬件资源，所以对等网的组建及维护成本较低。在对等网中，无论哪台计算机出现故障或者被关闭，都不会影响网络的运行。

7.4.2 局域网的设备组成

如图 7-19 所示，虚线框内为一个典型的局域网示意图。组成局域网的主要设备有服务器、工作站、传输介质（如双绞线）、连接设备（如网卡、集线器或交换机）等。另外，局域网通过调制解调器（如 ADSL Modem），还可以方便地与广域网进行连接。

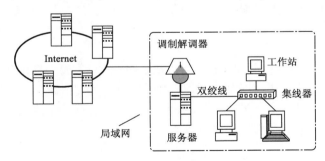

图 7-19　局域网的设备组成

7.4.3 以太网（Ethernet）

1. 以太网的定义

Ethernet 是中等区域范围内实现计算机通信的局域网技术规范。按 Ethernet 规范组建的计算机网络即为以太网。以太网适用于办公自动化、分布式数据处理、终端访问等。以太网是当前局域网中最通用的通信协议标准。以太网的数据传输速率一般为 100 ～ 1 000 Mbit/s，高速以太网可达 10 000 Mbit/s，以太网采用 CSMA/CD 介质访问控制方法。

2. CSMA/CD 访问控制方法

载波侦听多路访问/冲突检测（carrier sense multiple access/ collision detect，CSMA/CD）是以太网中使用的介质访问控制方法，应用于以太网数据链路层。CSMA/CD 介质访问控制方法适用于总线结构的局域网，可有效解决多站点在共享传输介质中的信道争用问题。

在采用 CSMA/CD 方法的局域网上，每一个站点想要利用线路发送数据时，首先要监听线路的忙、闲状态（如果线路上已有数据在传输，即线路忙，否则线路闲）。只有当线路空闲时，站点才可以发送数据。但如果此时有两个或更多站点要发送数据，就可能造成冲突，如图 7-20 所示，致使数据被破坏和丢失。为了解决信道的争用冲突，站点需要暂停发送数据，随机延迟后再重新发送。

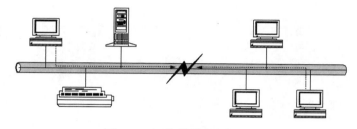

图 7-20　网络传输冲突示意图

CSMA/CD 的工作过程可以归纳为：先听后发、边听边发、冲突停止、随机重发。

7.4.4　小型局域网的组建

局域网规模各不相同，组建方式也各有特色。现在以组建一个小型的宿舍局域网为例，介绍对等网的组建方法和步骤，以及在局域网中实现资源共享的方法。

1. 连接硬件设备

首先确定需要组建的网络拓扑结构。这里采用星状网络拓扑结构，如图 7-21 所示，以交换机（集线器或路由器）作为网络的中心节点，用双绞线（两端有 RJ-45 接口）将所有计算机的网卡与中心节点设备进行物理连接。

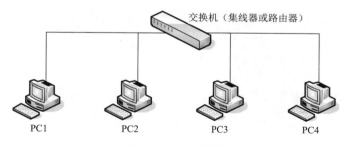

图 7-21　宿舍局域网

2. 网卡驱动、协议与服务的安装和配置

（1）安装网卡驱动程序和 TCP/IP 协议

现在使用的计算机及附属设备一般都支持"即插即用"功能，所以安装了即插即用的网卡后，第一次启动计算机时，Windows 会检测到网卡这个硬件，系统会出现"发现新硬件并安装驱动程序"的提示信息，并且会自动安装网卡驱动程序和 TCP/IP 协议。如遇到特殊网卡，系统不能自动识别时，就需要用户手动安装该网卡的驱动程序。

温馨提示

手动安装驱动程序时，请注意正确选择驱动程序。同一个品牌的网卡通常包括一系列的规格型号，安装驱动程序时请选择对应的规格型号。另外，驱动程序对于不同的操作系统也不相同（同一操作系统又分为 32 位和 64 位操作系统），应注意区分。

（2）配置 TCP/IP 属性

设置 IP 地址、子网掩码、默认网关、DNS 服务器地址。

在搜索框中输入"控制面板"，打开"控制面板"窗口。

① 单击"网络和 Internet" | "网络和共享中心"按钮，打开"网络和共享中心"窗口，如图 7-22 所示。

图 7-22　"网络和共享中心"窗口

② 在"网络和共享中心"窗口中，单击左侧导航栏中的"更改适配器设置"选项，打开"网络连接"窗口，如图 7-23 所示。

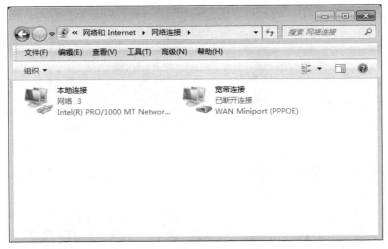

图 7-23　"网络连接"窗口

③ 右击"本地连接"图标，在弹出的快捷菜单中选择"属性"命令，打开属性对话框，如图 7-24 所示。

④ 选择"Internet 协议版本 4（TCP/IPv4）"选项，单击"属性"按钮，打开"Internet 协议版本 4（TCP/IPv4）属性"对话框，在其中选择"使用下面的 IP 地址"单选按钮，手动配置"IP 地址""子网掩码""默认网关"以及设置"首先 DNS 服务器""备用 DNS 服务器"地址，如图 7-25 所示。

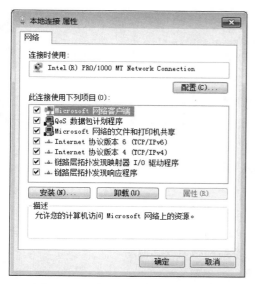

图 7-24　"本地连接 属性"对话框

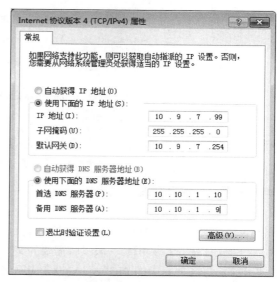

图 7-25　"Internet 协议版本 4（TCP/IPv4）属性"对话框

⑤ 单击"确定"按钮，完成网络参数的配置。

在设置参数时，各台计算机的 IP 地址应具有唯一性且在同一网段（网络号相同）；如果此网络与园区网相连，而园区网中有 DHCP（dynamic host configuration protocol）服务器，那么也可以在该对话框中选择"自动获得 IP 地址""自动获得 DNS 服务器地址"单选按钮，让系统自动获得网络相关参数。

（3）设置计算机名及工作组名称

右击桌面上的"计算机"图标，在弹出的快捷菜单中选择"属性"命令，打开"设置"|"关于"对话框，单击"重命名这台电脑"选项，打开"系统属性"对话框，选择"计算机名"选项卡，单击"更改"按钮，打开"计算机名 / 域更改"对话框，输入计算机与工作组名称之后，单击"确定"按钮并重启计算机。

温馨提示

同一网络中的计算机名和 IP 地址的设置必须遵守唯一性原则，否则将会发生计算机名、IP 地址冲突。

（4）安装网络客户端

在图 7-24 所示的对话框中，单击"安装"按钮，在弹出的对话框中选择"客户端"，单击"添加"按钮，并选择"网络客户端"，然后单击"确定"按钮。

（5）配置共享和打印服务

单击"控制面板"|"网络和 Internet"|"网络和共享中心"|"更改高级共享设置"选项，打开图 7-26 所示的"高级共享设置"窗口，选择"启用文件和打印机共享"等单选按钮，最后单击"保存修改"按钮。

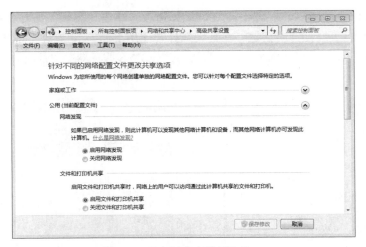

图 7-26　"高级共享设置"窗口

3．共享文件和文件夹

（1）设置共享资源

接入局域网后，用户可以将自己计算机上的文件、文件夹以及打印机共享到网络上，供他人使用。但出于安全性考虑，一般只将需要的文件夹共享给网络上的其他用户。

【例 7.2】将 D 盘中的 PIC 文件夹设置为网络共享。

具体操作步骤如下：

① 在"此电脑"窗口的 D 盘中找到或新建一个"PIC"文件夹。

② 右击该文件夹，在弹出的快捷菜单中选择"属性"命令。

③ 在打开的"PIC 属性"对话框中，选择"共享"选项卡，单击"共享"按钮，如图 7-27 所示。

④ 在图 7-28 所示的"网络访问"对话框中，单击"共享名"文本框右侧的下拉按钮选择用户，或者在"共享名"文本框中直接输入要共享的用户名，如输入 guest，单击"添加"按钮。

图 7-27　"PIC 属性"对话框的共享选项卡

图 7-28　网络访问对话框

⑤ 如图 7-29 所示，进一步选择给该用户的共享权限，单击"共享"按钮，确认共享，如图 7-30 所示，共享文件夹权限设置完成。

图 7-29 设置文件共享的权限

图 7-30 文件夹 PIC 已共享

⑥ 在打开的"PIC 属性"对话框中选择"安全"选项卡，单击"编辑"按钮，如图 7-31 所示，设置 Guest 用户的安全权限与共享权限一致，单击"确定"按钮，完成共享文件夹安全设置。

图 7-31 "PIC 属性"对话框的"安全"选项卡

⑦ 启用 Guest 账户。右击"计算机"图标，在弹出的快捷菜单中选择"管理"命令，打开"计算机管理"窗口，选择"系统工具"|"本地用户和组"|"用户"选项，在右侧窗口中右击"Guest"文件，在弹出的快捷菜单中选择"属性"命令，打开"Guest 属性"对话框，取消选择"账户已禁用"复选框，如图 7-32 所示。

（2）访问共享资源

将计算机连接到网络中后，可以很方便地访问网络上的共享资源。在 Windows 中访问局域网上的共享资源，与浏览本地计算机中的资源一样方便。要显示局域网中某计算机下的共享资源，可以使用以下两种方法。

① 在"资源管理器"或 IE 浏览器的地址栏中直接输入 IP 地址（或 \\计算机名）进行访问。这时窗口中将显示该计算机下的所有共享资源，双击共享文件夹，将显示其内容。这时，就可

以像操作本地文件夹或文件那样来使用共享资源了。

②通过"网上邻居"进行访问。在"网上邻居"中依次选择邻近的计算机，查看工作组计算机，找到要查看的计算机，即可浏览其中共享的文件夹及文件内容。

图 7-32　启用 Guest 账户

7.4.5　小型无线局域网的组建

1. 无线局域网的特点

无线局域网利用电磁波在空中发送和接收数据，这不仅满足了移动和特殊应用领域网络接入的需要，还能解决有线网络因布线问题而难以涉及的范围。无线局域网的传输速率较高、安装便捷、使用灵活、易于扩展。目前无线局域网的传输速率为 11 Mbit/s 和 54 Mbit/s，传输距离也得到了较大的提高。无线局域网作为有线网络的一种补充和扩展，在未来的信息化社会将会得到更广泛的使用，如构建无线城市等。

（1）安装便捷

如图 7-33 所示，无线局域网一般只需要安放一个或多个接入点（Access Point，AP）设备，就可以建立覆盖整个建筑或地区的无线局域网络，这样就免去了组建有线局域网时繁杂的布线工作。

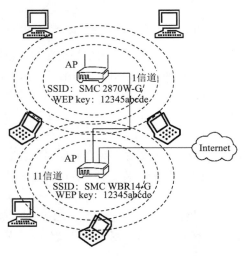

图 7-33　无线局域网及其扩展

（2）使用灵活

只要在无线局域网的信号覆盖区域内，带有无线网卡的计算机在任何位置都可以接入网络，并可以方便移动。目前，一些公共场所都提供了无线局域网服务，如机场、图书馆。

（3）易于扩建

只要安放合适的接入点 AP 设备，就能够方便地扩建无线局域网，支持少则几个用户，多则上千个用户的联网需求。

2. 无线局域网的拓扑结构

（1）对等网络

网络中的用户直接通过无线网卡连接，不必使用接入点 AP 设备，主要用于几个用户（最多为 48 个）之间进行短距离的简单资源共享（有效通信距离约为 100 m），而且不能接入有线网络。

（2）结构化网络

图 7-34 所示为一个典型的结构化网络，无线工作站通过一个集中的接入设备无线路由进行网络通信。无线路由作为网络的中心节点，负责信号的接收和转发；同时，无线路由还作为一个桥梁，实现无线网络和有线网络之间的互连。

图 7-34 结构化网络

3. 组建小型结构化无线网络

（1）硬件准备

首先，每台计算机均需配置一块支持 IEEE 802.11b 或 802.11g 的无线网卡。其次，还要具备支持 IEEE 802.11b 或 802.11g 的无线接入点 AP 设备，作为无线路由。

（2）配置无线路由与无线网卡

首先，按照无线路由产品说明书的要求和步骤，配置无线路由器，包括网络名称 SSID（Service Set Identifier）、工作信道、IP 地址和子网掩码、WEPkey 等参数。然后，在装有无线网卡的计算机上配置无线网卡，注意与无线路由的 SSID 保持一致，使用相同工作信道和同一网段的 IP 地址。

7.5 网络的基本维护

7.5.1 几个常用的网络测试命令

用户在访问 Internet 时，有时偶尔会发现存在网络不通的现象。那么判断网络故障原因和故障所在位置，快速排除故障，及时恢复网络正常运行，是用户最为关心的。一般操作系统都会提供一些诊断网络故障的命令。在 Windows 操作系统的命令提示符下，微软提供了一些常用的网络测试命令，这些命令不区分大小写，以命令行方式运行。

1. Ipconfig 命令

命令格式：ipconfig [/?][/all][/renew][/release]

主要功能：显示网络适配器的物理地址、主机的 IP 地址、子网掩码、默认网关以及 DNS 等 IP 协议的具体配置信息。

参数含义：

/? 当命令的参数记不清时，可以用此参数进行帮助。

/all 显示与 TCP/IP 协议相关的所有细节。包括主机名、DNS 服务器、节点类型、是否启用 IP 路由、网络适配器的物理地址、主机的 IP 地址、子网掩码以及默认网关等。

/renew 向 DHCP 服务器重新申请租用一个 IP 地址。

/release 将本地计算机租用的 IP 地址释放，归还给 DHCP 服务器。

ipconfig 命令可用于显示当前 TCP/IP 配置的设置值。这些信息一般用来检验手动配置的 TCP/IP 设置是否正确。但是，如果计算机和所在的局域网使用了动态主机配置协议 (DHCP)，这时，ipconfig 命令可以让用户了解自己的计算机是否成功租用到一个 IP 地址，如果租用到则可以了解它目前分配到的是什么地址。了解计算机当前的 IP 地址、子网掩码和默认网关实际上是进行网络测试和故障分析的必要提前。

当使用 ipconfig 时不带任何参数选项，那么它为每个已经配置了的接口显示 IP 地址、子网掩码和默认网关值。

ipconfig /all

当使用 all 选项时，ipconfig 能为 DNS 和 WINS 服务器显示它已配置且所要使用的附加信息 (如 IP 地址等)，并且显示内置于本地网卡中的物理地址 (MAC)。如果 IP 地址是从 DHCP 服务器租用的，ipconfig 将显示 DHCP 服务器的 IP 地址和租用地址预计失效的日期。

ipconfig /release 和 ipconfig /renew

这是两个附加选项，只能在向 DHCP 服务器租用其 IP 地址的计算机上起作用。如果输入 ipconfig /release，那么所有接口的租用 IP 地址便重新交付给 DHCP 服务器 (归还 IP 地址)。如果输入 ipconfig /renew，那么本地计算机便设法与 DHCP 服务器取得联系，并租用一个 IP 地址。请注意，大多数情况下网卡将被重新赋予和以前所赋予的相同的 IP 地址。

【例 7.3】用 ipconfig 命令查看本机 TCP/IP 协议配置。

具体操作步骤如下：

① 单击"开始" | "Windows 系统" | "命令提示符"命令，打开"命令提示符"窗口，如图 7-35 所示。

② 在"命令提示符"下输入 inconfig 按【Enter】键即可查看本机 TCP/IP 协议配置情况，如图 7-36 所示。

图 7-35 "命令提示符"窗口

图 7-36 查看本机 TCP/IP 协议配置

　　在图 7-36 中可以查看到，本机的 IP 地址为 192.168.56.1；子网掩码为 255.255.255.0；默认网关空缺。

　　2. ping 命令

　　命令格式：ping 目的地址 [-t][-a][-n count][-l size]

　　其中：目的地址是指目的主机的 IP 地址或主机名或域名。

　　主要功能：用于向目标主机（地址）发送一个回送请求数据包，要求目标主机收到请求后给予答复，从而判断网络的响应时间和本机是否与目标主机（地址）连通。

　　参数含义：

　　-t 不停地向目标主机发送数据，直到用户按【Ctrl+C】组合键中止。

　　-a 以 IP 地址格式显示目标主机的网络地址。

　　-n count 指定要 ping 多少次，具体次数由 count 指定，默认值为 4。

　　-l size 指定发送到目标主机的数据包大小，默认值为 32，最大值为 65 527。

　　ping 是个使用频率极高的实用程序，用于确定本地主机是否能与另一台主机交换（发送与接收）数据报。根据返回的信息，可以推断 TCP/IP 参数是否设置得正确以及运行是否正常。需要注意的是：成功地与另一台主机进行一次或两次数据报交换并不表示 TCP/IP 配置就是正确的，必须执行大量的本地主机与远程主机的数据报交换，才能确定 TCP/IP 的正确性。

　　简单地说，ping 就是一个测试程序，如果 ping 运行正确，大体上就可以排除网络访问层、网卡、MODEM 的输入输出线路、电缆和路由器等存在的故障，从而减小了问题的范围。但由于可以自定义所发数据报的大小及无休止的高速发送，ping 也被某些别有用心的人作为 DDoS(拒绝服务攻击) 的工具，例如许多大型网站就是被黑客利用数百台可以高速接入互联网的计算机连续发送大量 ping 数据报而瘫痪的。

　　按照默认设置，Windows 上运行的 ping 命令发送 4 个 ICMP(网间控制报文协议) 回送请求，每个 32 字节数据，如果一切正常，应能得到 4 个回送应答。ping 能够以毫秒为单位显示发送回送请求到返回回送应答之间的时间量。如果应答时间短，表示数据报不必通过太多的路由器或网络连接速度比较快。ping 还能显示 TTL(Time To Live，存在时间) 值，可以通过 TTL 值推算数据包已经通过了多少个路由器：源地点 TTL 起始值 (就是比返回 TTL 略大的一个 2 的乘方数)- 返回时 TTL 值。例如，返回 TTL 值为 119，那么可以推算数据报离开源地址的 TTL 起始值为 128，而源地点到目标地点要通过 9 个路由器网段 (128-119); 如果返回 TTL 值为 246，TTL 起始值就是 256，源地点到目标地点要通过 9 个路由器网段。

　　【例 7.4】用 ping 命令查看本机与百度网站的连通性。

　　具体操作步骤如下：

　　① 打开"命令提示符"窗口。

　　② 在"命令提示符"下输入"ping www.baidu.com"，按【Enter】键即可查看本机与百度网站的连接情况，如图 7-37 所示。

　　在图 7-37 中可以查看到，百度网站的 IP 地址为 183.232.231.174，连通性很好，丢包率为 0%。

图 7-37　查看本机与百度网站的连通性

3. tracert 命令

命令格式：tracert 目的地址 [-d][-h maximum_hops][-j host_list][-w timeout]

主要功能：一个路由跟踪实用程序，用于判断数据包到达目标主机所经过的路径、显示数据包经过的中继节点清单和到达时间。

参数含义：

-d 不将地址解析为主机名。

-h maximum_hops 指定搜索到目标地址可经过的最大跳跃数。

-j host_list 按照主机列表中的地址释放源路由。

-w timeout 指定超时时间间隔，程序默认的时间单位是毫秒。

如果有网络连通性问题，可以使用 tracert 命令检查到达的目标 IP 地址的路径并记录结果。tracert 命令显示用于将数据包从计算机传递到目标位置的一组 IP 路由器，以及每个跃点所需的时间。如果数据包不能传递到目标，tracert 命令将显示成功转发数据包的最后一个路由器。当数据包从计算机经过多个网关传送到目的地时，tracert 命令可以用来跟踪数据包使用的路由（路径）。该实用程序跟踪的路径是源计算机到目的地的一条路径，不能保证或认为数据报总遵循这个路径。如果配置使用 DNS，那么常常会从所产生的应答中得到城市、地址和常见通信公司的名字。tracert 是一个运行得比较慢的命令（如果指定的目标地址比较远），每个路由器大约需要 15 s。

tracert 的使用很简单，只需要在 tracert 后面跟一个 IP 地址或 URL，tracert 会进行相应的域名转换。

tracert 最常见的用法：

tracert IP address [-d] 该命令返回到达 IP 地址所经过的路由器列表。通过使用 -d 选项，将更快地显示路由器路径，因为 tracert 不会尝试解析路径中路由器的名称。

tracert 一般用来检测故障的位置，可以用 tracert IP 检测哪个环节上出了问题，虽然没有确定是什么问题，但它已经告诉了问题所在的地方，即很有把握地知道某某地方出了问题。

【例 7.5】用 tracert 命令查看本机与百度网站连接所经过的路径。

具体操作步骤如下：

① 打开"命令提示符"窗口。

② 在"命令提示符"下输入"tracer www.baidu.com"，按【Enter】键即可查看本机与百度网站连接所经过的路径，如图 7-38 所示。

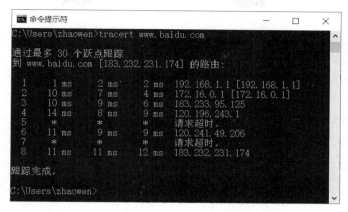

图 7-38　查看本机与百度网站连接所经过的路径

在图 7-38 中可以查看到，本机与百度网站连接经过了 12 跳，其中有 3 个节点请求超时，最终到达百度网站的 IP 地址为 183.232.231.174。

7.5.2　网络常见故障的诊断与排除

1. 网卡硬件故障排除

（1）网卡设置错误

原因：错误的驱动程序、IRQ 或 I/O 端口地址设错了、OS 不支持这块网卡或卡上的某些功能。

解决办法：先用网卡附带软件检测当前设置，再检查系统设置是否与其相符。

（2）接线故障或接触不良

原因：双绞线的头没顶到 RJ-45 接头顶端、双绞线未按照标准脚位压入接头、接头规格不符或者是内部的双绞线断了。

解决办法：检查双绞线颜色和 RJ-45 接头的脚位是否与标准相符；双绞线的头是否顶到 RJ-45 接头顶端；观察 RJ-45 接头侧面，金属片是否已刺入双绞线之中，若没有，极可能造成线路不通；是否使用剥线工具时切断了双绞线；换好的网线试一试。

（3）交换机（集线器）有问题

原因：交换机（集线器）有的端口有故障，或整个交换机（集线器）故障。

解决办法：换到交换机其他端口试一试；换一个交换机（集线器）试一试。

（4）网卡故障

原因：网卡与主板插槽接触不良，网卡本身故障。

解决办法：指示灯观察（打开计算机电源，Power/Tx 灯便会亮，在数据传输时，此灯还会闪烁）；重新接插网卡；换一块好网卡试一试。

2. 网络故障诊断

（1）使用 ping 命令

① ping 127.0.0.1：不通。原因：网卡安装或 TCP/IP 协议配置有问题。

② ping 网卡的 IP 地址：不通。原因：网络配置不正确或 IP 冲突。

③ ping 一个同网段的其他主机 IP 地址：不通。原因：地址配置问题、计算机与网络之间的硬件问题（网线或者 HUB 端口故障）、ARP 缓冲区崩溃。

④ ping 自己的默认网关地址：不通。原因：网关地址错误、网关端口损坏、网关没工作、

配置错误。

⑤ ping 一个远程的 IP 地址：不通。原因：网关设备配置错误、网关设备没有正常工作、子网掩码配置不正确。

⑥ ping 一个规范的 IP 主机域名：不通。DNS 配置错误、DNS 服务器没有正常工作或未开机。

（2）使用 tracert 命令

它能精确定位网络互连问题中故障发生的地方。

（3）使用 ipconfig 命令

它能方便地检查 TCP/IP 栈的配置。

习　题

单项选择题

1. 计算机网络能够提供的共享资源有（　　）。
   A. 软件资源和数据资源　　　　　　　　B. 硬件资源和软件资源
   C. 数据资源　　　　　　　　　　　　　D. 硬件资源、软件资源和数据资源

2. 在数据通信中，信号传输的信道可分为（　　）和逻辑信道。
   A. 物理信道　　　　B. 无线信道　　　　C. 数据信道　　　　D. 连接信道

3. 数据通信中传输速率一般用（　　）和波特率表示。
   A. 可靠度　　　　　B. 比特率　　　　　C. 宽带　　　　　　D. 差错率

4. 数字信号传输时，传送速率 bit/s 是指（　　）。
   A. 每秒字节数　　　　　　　　　　　　B. 每秒并行通过的字节数
   C. 每分钟字节数　　　　　　　　　　　D. 每秒串行通过的位数

5. 为进行网络中的数据交换而建立的规则、标准或约定称为（　　）。
   A. 网络协议　　　　　　　　　　　　　B. 网络系统
   C. 网络拓扑结构　　　　　　　　　　　D. 网络体系结构

6. OSI 参考模型将整个网络的通信功能划分为七个层次，其中最高层称为（　　）。
   A. 应用层　　　　　B. 物理层　　　　　C. 表示层　　　　　D. 网络层

7. 在 OSI 七层结构模型中，数据链路层属于（　　）。
   A. 第 7 层　　　　　B. 第 4 层　　　　　C. 第 2 层　　　　　D. 第 6 层

8. Internet 上使用的最基本的两个协议是（　　）。
   A. TCP 和 Telnet　　　　　　　　　　B. IP 和 Telnet
   C. TCP 和 SMTP　　　　　　　　　　D. TCP 和 IP

9. TCP/IP 协议集的 IP 协议位于（　　）。
   A. 网络层　　　　　B. 网络接口层　　　C. 传输层　　　　　D. 应用层

10. 下列给出的协议中，属于 TCP/IP 协议结构的应用层是（　　）。
    A. TCP　　　　　　B. UDP　　　　　　C. IP　　　　　　　D. Telnet

11. 在 Internet 网上，为每个网络和上网的主机都分配唯一的地址，这个地址称为（　　）。
    A. WWW 地址　　　B. DNS 地址　　　　C. TCP 地址　　　　D. IP 地址

12. 目前常用 IP 地址的二进制位数为（　　）位。

  A. 8　　　　　　　　B. 16　　　　　　　C. 32　　　　　　D. 64

13. 用于完成 IP 地址与域名地址映射的服务器是（　　　）。

  A. IRC 服务器　　　　　　　　　　　　B. WWW 服务器

  C. FTP 服务器　　　　　　　　　　　　D. DNS 服务器

14. FTP 的主要功能是（　　　）。

  A. 在网上传送文件　　　　　　　　　　B. 远程登录

  C. 浏览网页　　　　　　　　　　　　　D. 收发电子邮件

15. （　　　）是利用有线电视网进行数据传输的宽带接入技术。

  A. ADSL　　　　　　　　　　　　　　B. ISDN

  C. Cable Modem　　　　　　　　　　　D. 56 kbit/s Modem

16. 在数据通信的系统模型中，发送数据的设备属于（　　　）。

  A. 数据源　　　　　　B. 发送器　　　　　C. 数据宿　　　　D. 数据通信网

17. 将本地计算机的文件传送到远程计算机上的过程称为（　　　）。

  A. 浏览　　　　　　　B. 上传　　　　　　C. 下载　　　　　D. 登录

18. 下列传输媒体（　　　）属于有线媒体。

  A. 光纤　　　　　　　B. 红外传输　　　　C. 微波线路　　　D. 卫星线路

19. 一个学校组建的有专用服务器的计算机网络，按分布距离分类应属于（　　　）。

  A. 城域网　　　　　　B. 对等网　　　　　C. 局域网　　　　D. 广域网

20. 下列关于对等网的说法中错误的是（　　　）。

  A. 对等网上各台计算机无主从之分

  B. 网上任意节点也可以作为工作站，以分享其他服务器的资源

  C. 当网上一台计算机有故障时，全部网络瘫痪

  D. 网上任意节点计算机都可以作为网络服务器，为其他计算机提供资源

第8章

计算机应用技术发展

本章导读

随着时代的发展、信息技术的普及，计算机应用技术也在飞速地更新迭代，大数据、云计算、人工智能和物联网之间存在着比较紧密的联系。从技术体系结构来看，云计算和大数据是比较接近的，都是以分布式存储和分布式计算为核心，但是云计算主要提供服务，而大数据主要完成数据的价值化。未来物联网要想真正发挥出巨大的作用，一定离不开人工智能技术，而人工智能技术要想实现落地应用，一定离不开物联网提供的场景，所以二者之间存在非常紧密的依赖关系。

通过对本章内容的学习，读者应该能够做到：

- 了解：计算机应用技术的发展前景与特点。
- 理解：计算机应用技术的实现过程。
- 应用：掌握各个应用技术的社会应用方向。

8.1 大 数 据

8.1.1 大数据概述

大数据（big data）是指无法在一定时间内用常规软件工具对其内容进行抓取、管理和处理的数据集合。大数据技术，是指从各种各样类型的数据中，快速获得有价值信息的能力。适用于大数据的技术，包括大规模并行处理（MPP）数据库、数据挖掘电网、分布式文件系统、分布式数据库、云计算平台、互联网和可扩展的存储系统。大数据架构词云如图 8-1 所示。

图 8-1　大数据架构词云

1. 大数据的定义

大数据由巨型数据集组成，这些数据集大小常超出人类在可接受时间下的收集、使用、管理和处理能力。

在一份 2001 年的研究与相关的演讲中，麦塔集团（META Group，现为高德纳）分析员道格·莱尼（Doug Laney）指出数据增长的挑战和机遇有三个方向：量（Volume，数据大小）、速（Velocity，数据输入/输出的速度）与多变（Variety，多样性），合称"3V"或"3Vs"。高德纳与现在大部分大数据产业中的公司，都继续使用 3V 来描述大数据。高德纳于 2012 年修改对大数据的定义："大数据是大量、高速及/或多变的信息资产，它需要新型的处理方式去促成更强的决策能力、洞察力与最优化处理。"另外，有机构在 3V 之外定义第 4 个 V：真实性（Veracity）为第四特点。

大数据必须借由计算机对数据进行统计、比对、解析方能得出客观结果。美国在 2012 年就开始着手大数据，当年投入 2 亿美元在大数据的开发中，更强调大数据会是未来的石油。数据挖掘（data mining）则是在探讨用以解析大数据的方法。

2. 大数据的特点

具体来说，大数据具有 4 个基本特征，如图 8-2 所示。

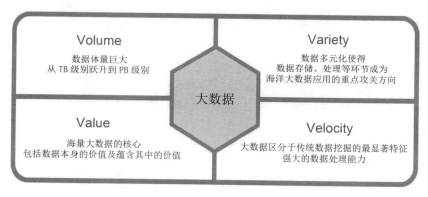

图 8-2　大数据的特征

（1）数据体量巨大。百度资料表明，其新首页导航每天需要提供的数据超过 1.5 PB（1 PB=1 024 TB），这些数据如果打印出来将超过 5 千亿张 A4 纸。有资料证实，到目前为止，人类生产的所有印刷材料的数据量仅为 200PB。

（2）数据类型多样。现在的数据类型不仅是文本形式，更多的是图片、视频、音频、地理位置信息等多类型的数据，个性化数据占绝对多数。

（3）处理速度快。数据处理遵循"1 秒定律"，可从各种类型的数据中快速获得高价值的信息。

（4）价值密度低。以视频为例，一小时的视频，在不间断的监控过程中，可能有用的数据仅仅只有一两秒。

3. 大数据的作用

我们正处在科技高速发展的时代，如今互联网已经与我们的生活息息相关，我们每天在互联网产生大量的数据，这些数据散落在网络中看似没有什么作用，但是这些数据经过系统的处理整合确是非常有价值的。

第一，对大数据的处理分析正成为新一代信息技术融合应用的节点。移动互联网、物联网、社交网络、数字家庭、电子商务等是新一代信息技术的应用形态，这些应用不断产生大数据。云计算为这些海量、多样化的大数据提供存储和运算平台。通过对不同来源数据的管理、处理、分析与优化，将结果反馈到上述应用中，将创造出巨大的经济和社会价值。换而言之，如果把大数据比作一种产业，那么这种产业实现盈利的关键，在于提高对数据的"加工能力"，通过"加工"实现数据的"增值"。

大数据具有催生社会变革的能量。但释放这种能量，需要严谨的数据治理、富有洞见的数据分析和激发管理创新的环境（Ramayya Krishnan，卡内基·梅隆大学海因兹学院院长）。

第二，大数据是信息产业持续高速增长的新引擎。面向大数据市场的新技术、新产品、新服务、新业态会不断涌现。在硬件与集成设备领域，大数据将对芯片、存储产业产生重要影响，还将催生一体化数据存储处理服务器、内存计算等市场。在软件与服务领域，大数据将引发数据快速处理分析、数据挖掘技术和软件产品的发展。

第三，大数据利用将成为提高核心竞争力的关键因素。各行各业的决策正在从"业务驱动"转变为"数据驱动"。

对大数据的分析可以使零售商实时掌握市场动态并迅速做出应对；可以为商家制定更加精准有效的营销策略提供决策支持；可以帮助企业为消费者提供更加及时和个性化的服务；在医疗领域，可提高诊断准确性和药物有效性；在公共事业领域，大数据也开始发挥促进经济发展、维护社会稳定等方面的重要作用。

第四，大数据时代科学研究的方法手段将发生重大改变。例如，抽样调查是社会科学的基本研究方法。在大数据时代，可通过实时监测、跟踪研究对象在互联网上产生的海量行为数据，进行挖掘分析，揭示出规律性的东西，提出研究结论和对策。

8.1.2 大数据技术

1. 大数据分析的基础

大数据最重要的应用是对大数据进行分析，以便获取智能的、深入的、有价值的信息。现实生活中越来越多的应用涉及大数据，而这些大数据的属性，包括数量、速度、多样性等都呈现了大数据不断增长的复杂性，所以大数据的分析方法在大数据领域显得尤为重要，可以说是判断最终信息是否有价值的决定性因素。基于上述认识，大数据分析普遍存在的方法理论有哪些呢？大数据可视化如图8-3所示。

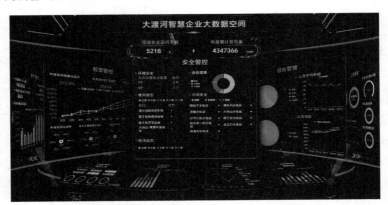

图8-3 大数据可视化

（1）可视化分析

大数据分析的使用者有大数据分析专家，同时还有普通用户，但是他们二者对于大数据分析最基本的要求就是可视化分析，因为可视化分析能够直观地呈现大数据特点，同时能够非常容易被读者接受，就如同看图说话一样简单明了。

（2）数据挖掘算法

大数据分析的理论核心是数据挖掘算法，各种数据挖掘算法基于不同的数据类型和格式才能更加科学地呈现出数据本身具备的特点，也正是因为这些被全世界统计学家所公认的各种统计方法（可以称为真理）才能深入数据内部，挖掘出价值。另外一方面也是因为有这些数据挖掘算法才能更快速地处理大数据，如果一个算法得花上好几年才能得出结论，那大数据的价值也就无从说起了。

（3）预测性分析

大数据分析最重要的应用领域之一是预测性分析，从大数据中挖掘出特点，通过科学的建立模型，之后便可以通过模型带入新的数据，从而预测未来的数据。

（4）语义引擎

非结构化数据的多元化给数据分析带来新的挑战，我们需要一套工具系统地分析、提炼数据。语义引擎需要足够的人工智能从数据中主动提取信息。

（5）数据质量和数据管理

大数据分析离不开数据质量和数据管理，高质量的数据和有效的数据管理，无论是在学术研究还是在商业应用领域，都能够保证分析结果的真实和有价值。

大数据分析的基础就是以上五个方面，当然更加深入大数据分析的话，还有很多更有特点的、更深入的、更专业的大数据分析方法。

2. 数据分析处理过程

数据采集：数据采集是大数据处理的第一层，ETL 工具负责将分布的、异构数据源中的数据（如关系数据、平面数据文件等）抽取到临时中间层后进行清洗、转换、集成，最后加载到数据仓库或数据集中，成为联机分析处理、数据挖掘的基础。

数据采集之后便是数据存储，使用到关系数据库、NOSQL、SQL 等。

整个数据分析过程中，使用的基础架构有云存储、分布式文件存储等，如图 8-4 所示。

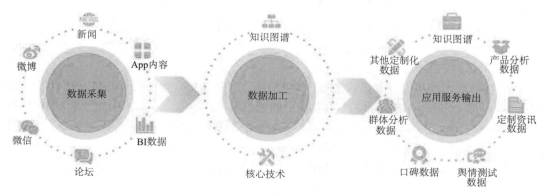

图 8-4　数据采集过程

数据处理：对于采集到的不同的数据集，可能存在不同的结构和模式，如文件、XML 树、关系表等，表现为数据的异构性。对多个异构的数据集，需要做进一步集成处理或整合处理，将来自不同数据集的数据收集、整理、清洗、转换后，生成一个新的数据集，为后续查询和分析处理提供统一的数据视图。

统计分析：假设检验、显著性检验、差异分析、相关分析、T 检验、方差分析、卡方分析、偏相关分析、距离分析、回归分析、简单回归分析、多元回归分析、逐步回归、回归预测与残差分析、岭回归、logistic 回归分析、曲线估计、因子分析、聚类分析、主成分分析、因子分析、快速聚类法与聚类法、判别分析、对应分析、多元对应分析（最优尺度分析）、bootstrap 技术等。

数据挖掘：分类（classification）、估计（estimation）、预测（prediction）、相关性分组或关联规则（affinity grouping or association rules）、聚类（clustering）、描述和可视化（description and visualization）、复杂数据类型挖掘（Text、Web、图形图像、视频、音频等）。

模型预测：预测模型、机器学习、建模仿真。

结果呈现：云计算、标签云、关系图等。

8.1.3 大数据的处理

1. 采集

大数据的采集是指利用多个数据库接收发自客户端（Web、App 或者传感器形式等）的数据，并且用户可以通过这些数据库进行简单的查询和处理工作。比如，电商会使用传统的关系型数据库 MySQL 和 Oracle 等存储每一笔事务数据，除此之外，Redis 和 MongoDB 等 NoSQL 数据库也常用于数据的采集。

在大数据的采集过程中，其主要特点和挑战是并发数高，因为同时有可能会有成千上万的用户进行访问和操作，比如火车票售票网站和淘宝网站，它们并发的访问量在峰值时达到上百万，所以需要在采集端部署大量数据库才能支撑。并且如何在这些数据库之间进行负载均衡和分片需要深入思考和设计。

2. 导入 / 预处理

虽然采集端本身会有很多数据库，但是如果要对这些海量数据进行有效的分析，还是应该将这些来自前端的数据导入到一个集中的大型分布式数据库，或者分布式存储集群，并且可以在导入基础上做一些简单的清洗和预处理工作。也有一些用户会在导入时使用 Storm 对数据进行流式计算，来满足部分业务的实时计算需求。

导入与预处理过程的特点和挑战主要是导入的数据量大，每秒的导入量经常会达到百兆，甚至千兆级别。

3. 统计 / 分析

统计与分析主要利用分布式数据库，或者分布式计算集群存储于其内的海量数据进行普通的分析和分类汇总等，以满足大多数常见的分析需求，在这方面，一些实时性需求会用到 EMC 的 GreenPlum、Oracle 的 Exadata，以及基于 MySQL 的列式存储 Infobright 等，而一些批处理，或者基于半结构化数据的需求可以使用 Hadoop。

统计与分析的主要特点和挑战是分析涉及的数据量大，其对系统资源，特别是 I/O 会有极大的占用。

4. 挖掘

与前面统计和分析过程不同的是，数据挖掘一般没有什么预先设定好的主题，主要是在现有数据上面进行基于各种算法的计算,从而起到预测(Predict)的效果,从而实现一些高级别数据分析的需求。比较典型的算法有用于聚类的 Kmeans、用于统计学习的 SVM 和用于分类的 NaiveBayes,主要使用的工具有 Hadoop 的 Mahout 等。该过程的特点和挑战主要是用于挖掘的算法很复杂,并且计算涉及的数据量和计算量都很大,常用数据挖掘算法都以单线程为主。

整个大数据处理的普遍流程至少应该满足这四个方面的步骤,才能算得上是一个比较完整的大数据处理。

8.1.4 大数据面临的问题

1. 大数据的常见误解

(1)数据不等于信息

经常有人把数据和信息当作同义词来用。其实不然,数据指的是一个原始的数据点(无论是通过数字、文字、图片还是视频等),信息则直接与内容挂钩,需要有资讯性(informative)。数据越多,不一定就能代表信息越多,更不能代表信息就会成比例增多。有两个简单的例子:

很多人如今已经会定期地对自己的硬盘进行备份,每次备份都会创造出一组新的数据,但信息并没有增多。

很多人在多个社交网站上活跃,访问的社交网站越多,获得的数据就会成比例的增多,获得的信息虽然也会增多,但却不会成比例的增多。不单单因为我们会互相转发好友的微博(或者其他社交网站上的内容),更因为很多内容类似,有些微博虽然具体文字不同,但表达的内容相似。

(2)信息不等于智慧(insight)

去除数据中所有重复的部分,整合内容类似的数据后,剩下的全是信息,这对我们就一定有用吗?不一定,信息要能转化成智慧,至少要满足以下三个标准:

① 可破译性。这是大数据时代特有的问题,越来越多的企业每天都会生产出大量的数据,却还没想好怎么用,因此,他们就将这些数据暂时非结构化(unstructured)地存储起来。这些非结构化的数据却不一定可破译。比如,你记录了某客户在你网站上三次翻页的时间间隔:3 秒、2 秒、17 秒,却忘记标注这三个时间到底代表了什么,这些数据是信息(非重复性),却不可破译,因此不可能成为智慧。

② 关联性。无关的信息,至多只是噪声。

③ 新颖性。这里的新颖性很多时候无法仅仅根据手上的数据和信息进行判断。举个例子,某电子商务公司通过一组数据 / 信息,分析出了客户愿意为当天送货的产品多支付 9 块钱,然后又通过另一组完全独立的数据 / 信息得到了同样的内容,这样的情况下,后者就不具备新颖性。不过很多时候,只有在处理了大量的数据和信息以后,才能判断它们的新颖性。

2. 大数据存储面临的问题

随着大数据应用的爆发性增长,它已经衍生出了自己独特的架构,而且也直接推动了存储、网络以及计算技术的发展。毕竟处理大数据这种特殊的需求是一个新的挑战。硬件的发展最终还是由软件需求推动的,就这个例子来说,我们很明显地看到大数据分析应用需求正在影响着数据存储基础设施的发展。

从另一方面看,这一变化对存储厂商和其他 IT 基础设施厂商未尝不是一个机会。随着结构化数据和非结构化数据量的持续增长,以及分析数据来源的多样化,此前存储系统的设计已经无法满足大数据应用的需要。存储厂商已经意识到这一点，他们开始修改基于块和文件的存储系统的架构设计以适应这些新的要求。下面讨论一些与大数据存储基础设施相关的属性，看看它们如何迎接大数据的挑战。

（1）容量问题

这里所说的"容量"通常可达到 PB 级的数据规模，因此，海量数据存储系统也一定要有相应等级的扩展能力。与此同时，存储系统的扩展一定要简便，可以通过增加模块或磁盘柜来增加容量，甚至不需要停机。基于这样的需求，客户现在越来越青睐 Scale-out 集群架构的存储。Scale-out 集群架构的特点是每个节点除了具有一定的存储容量之外，内部还具备数据处理能力以及互联设备，与传统存储系统的烟囱式架构完全不同，Scale-out 架构可以实现无缝平滑的扩展，避免存储孤岛。

"大数据"应用除了数据规模巨大之外，还意味着拥有庞大的文件数量。因此如何管理文件系统层累积的元数据是一个难题，处理不当的话会影响到系统的扩展能力和性能，而传统的 NAS 系统就存在这一瓶颈。所幸的是，基于对象的存储架构就不存在这个问题，它可以在一个系统中管理十亿级别的文件数量，而且还不会像传统存储一样遭遇元数据管理的困扰。基于对象的存储系统还具有广域扩展能力，可以在多个不同的地点部署并组成一个跨区域的大型存储基础架构。

（2）延迟问题

"大数据"应用还存在实时性的问题。特别是涉及与网上交易或者金融类相关的应用。举个例子来说，网络成衣销售行业的在线广告推广服务需要实时地分析客户的浏览记录，并准确地投放广告。这就要求存储系统在必须能够支持上述特性的同时保持较高的响应速度，因为响应延迟的结果是系统会推送"过期"的广告内容给客户。这种场景下，Scale-out 架构的存储系统就可以发挥出优势，因为它的每一个节点都具有处理和互联组件，在增加容量的同时处理能力也可以同步增长。而基于对象的存储系统则能够支持并发的数据流，从而进一步提高数据吞吐量。

有很多"大数据"应用环境需要较高的 IOPS（input/output operations per second），每秒进行读写（I/O）操作的次数，多用于数据库等场合，是衡量随机访问的性能，比如 HPC 高性能计算。此外，服务器虚拟化的普及也导致了对高 IOPS 的需求，正如它改变了传统 IT 环境一样。为了迎接这些挑战，各种模式的固态存储设备应运而生，小到简单的在服务器内部做高速缓存，大到全固态介质的可扩展存储系统等都在蓬勃发展。

一旦企业认识到大数据分析应用的潜在价值，他们就会将更多的数据集纳入系统进行比较，同时让更多的人分享并使用这些数据。为了创造更多的商业价值，企业往往会综合分析那些来自不同平台的多种数据对象。包括全局文件系统在内的存储基础设施就能够帮助用户解决数据访问的问题，全局文件系统允许多个主机上的多个用户并发访问文件数据，而这些数据则可能存储在多个地点的多种不同类型的存储设备上。

（3）安全问题

某些特殊行业的应用，比如金融数据、医疗信息以及政府情报等都有自己的安全标准和保密性需求。虽然对于 IT 管理者来说这些并没有什么不同，而且都是必须遵从的，但是，大数据分析往往需要多类数据相互参考，而在过去并不会有这种数据混合访问的情况，因此大数据应用也催生出一些新的、需要考虑的安全性问题。

（4）成本问题

"大"可能意味着代价不菲。而对于那些正在使用大数据环境的企业来说，成本控制是关键问题。想控制成本，就意味着要让每一台设备都实现更高的"效率"，同时还要减少那些昂贵的部件。目前，像重复数据删除等技术已经进入主存储市场，而且现在还可以处理更多的数据类型，这都可以为大数据存储应用带来更多的价值，提升存储效率。在数据量不断增长的环境中，通过减少后端存储的消耗，哪怕只是降低几个百分点，都能够获得明显的投资回报。此外，自动精简配置、快照和克隆技术的使用也可以提升存储的效率。

很多大数据存储系统都包括归档组件，尤其对那些需要分析历史数据或需要长期保存数据的机构来说，归档设备必不可少。从单位容量存储成本的角度看，磁带仍然是最经济的存储介质，事实上，在许多企业中，使用支持 TB 级大容量磁带的归档系统仍然是事实上的标准和惯例。

对成本控制影响最大的因素是那些商业化的硬件设备。因此，很多初次进入这一领域的用户以及那些应用规模最大的用户都会定制自己的"硬件平台"而不是用现成的商业产品，这一举措可以用来平衡他们在业务扩展过程中的成本控制战略。为了适应这一需求，现在越来越多的存储产品都提供纯软件的形式，可以直接安装在用户已有的、通用的或者现成的硬件设备上。此外，很多存储软件公司还在销售以软件产品为核心的软硬一体化装置，或者与硬件厂商结盟，推出合作型产品。

3. 大数据的积累

数据的积累，许多大数据应用都会涉及法规遵从问题，这些法规通常要求数据要保存几年或者几十年。比如医疗信息通常是为了保证患者的生命安全，而财务信息通常要保存 7 年。而有些使用大数据存储的用户却希望数据能够保存更长的时间，因为任何数据都是历史记录的一部分，而且数据的分析大都是基于时间段进行的。要实现长期的数据保存，就要求存储厂商开发出能够持续进行数据一致性检测的功能以及其他保证长期高可用的特性。同时还要实现数据直接在原位更新的功能需求。

（1）灵活性

大数据存储系统的基础设施规模通常都很大，因此必须经过仔细设计，才能保证存储系统的灵活性，使其能够随着应用分析软件一起扩容及扩展。在大数据存储环境中，已经没有必要再做数据迁移了，因为数据会同时保存在多个部署站点。一个大型的数据存储基础设施一旦开始投入使用，就很难再调整了，因此它必须能够适应各种不同的应用类型和数据场景。

（2）应用感知

最早一批使用大数据的用户已经开发出了一些针对应用定制的基础设施，比如针对政府项目开发的系统，还有大型互联网服务商创造的专用服务器等。在主流存储系统领域，应用感知技术的使用越来越普遍，它也是改善系统效率和性能的重要手段，所以，应用感知技术也应该用在大数据存储环境中。

小用户怎么办？依赖大数据的不仅仅是那些特殊的大型用户群体，作为一种商业需求，小型企业未来也一定会应用到大数据。我们看到，有些存储厂商已经在开发一些小型的"大数据"存储系统，主要吸引那些对成本比较敏感的用户。

8.1.5 大数据应用与案例分析

1. 大数据应用案例之：医疗行业

Seton Healthcare 是采用 IBM 最新沃森技术医疗保健内容分析预测的首个客户。该技术允许企业找到大量病人相关的临床医疗信息，通过大数据处理，更好地分析病人的信息。

在加拿大多伦多的一家医院，针对早产婴儿，每秒有超过 3 000 次的数据读取。通过这些数据分析，医院能够提前知道哪些早产儿出现问题并且有针对性地采取措施，避免早产婴儿夭折。

它让更多的创业者更方便地开发产品，比如通过社交网络收集数据的健康类 App。也许未来数年后，它们搜集的数据能让医生给患者的诊断变得更为精确，比方说不是通用的成人每日三次一次一片，而是检测到患者的血液中药剂已经代谢完成会自动提醒患者再次服药，如图 8-5 所示。

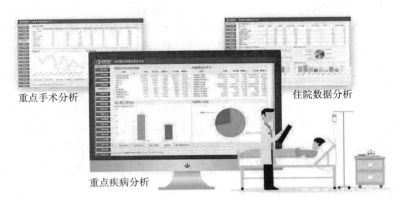

图 8-5　大数据医疗行业应用

2. 大数据应用案例之：能源行业

智能电网现在已经做到了终端，即智能电表。在德国，为了鼓励利用太阳能，会在家庭安装太阳能，除了卖电给用户，当用户的太阳能有多余电的时候还可以买回来。通过电网每隔 5～10 min 收集一次数据，收集来的这些数据可以用来预测客户的用电习惯等，从而推断出在未来 2～3 个月时间里，整个电网大概需要多少电。有了这个预测后，就可以向发电或者供电企业购买一定数量的电。通过这个预测，可以降低采购成本。

维斯塔斯风力系统，依靠的是 BigInsights 软件和 IBM 超级计算机，然后对气象数据进行分析，找出安装风力涡轮机和整个风电场最佳的地点。利用大数据，以往需要数周的分析工作，现在仅需要不足 1 小时便可完成，大数据新能源应用如图 8-6 所示。

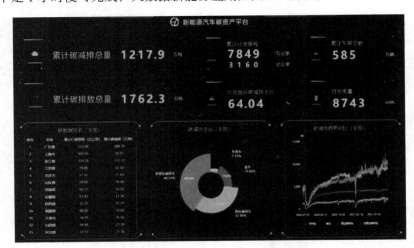

图 8-6　大数据新能源应用

3. 大数据应用案例之：通信行业

XO Communications 通过使用 IBM SPSS 预测分析软件，减少了将近一半的客户流失率。XO 现在可以预测客户的行为，发现行为趋势，并找出存在缺陷的环节，从而帮助公司及时采取措施，保留客户。此外，IBM 新的 Netezza 网络分析加速器，将通过提供单个端到端网络、服务、客户分析视图的可扩展平台，帮助通信企业制定更科学、合理决策。

电信业者通过数以千万计的客户资料，能分析出多种使用者行为和趋势，卖给需要的企业，这是全新的资料经济。

中国移动通过大数据分析，对企业运营的全业务进行针对性的监控、预警、跟踪。系统在第一时间自动捕捉市场变化，再以最快捷的方式推送给指定负责人，使其在最短时间内获知市场行情。

NTT docomo（日本最大的移动通信运营商，拥有超过 6 000 万的签约用户）把手机位置信息和互联网上的信息结合起来，为顾客提供附近的餐饮店信息，接近末班车时间时，提供末班车信息服务。

大数据通信行业如图 8-7 所示。

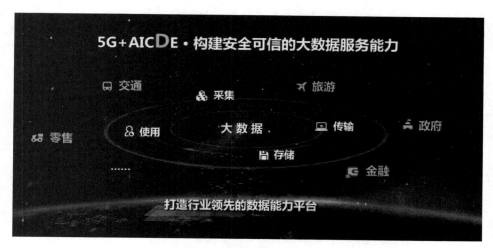

图 8-7　大数据通信行业应用

4. 大数据应用案例之：零售业

"我们的某个客户，是一家领先的专业时装零售商，通过当地的百货商店、网络及其邮购目录业务为客户提供服务。公司希望向客户提供差异化服务，如何定位公司的差异化，他们通过收集社交信息，更深入地理解化妆品的营销模式，随后他们认识到必须保留两类有价值的客户：高消费者和高影响者。希望通过接受免费化妆服务，让用户进行口碑宣传，这是交易数据与交互数据的完美结合，为业务挑战提供了解决方案。"Informatics 的技术帮助这家零售商用社交平台上的数据充实了客户主数据，使他的业务服务更具有目标性。

零售企业也监控客户的店内走动情况以及与商品的互动。它们将这些数据与交易记录相结合来展开分析，从而在销售哪些商品、如何摆放货品以及何时调整售价上给出意见，此类方法已经帮助某领先零售企业减少了 17% 的存货，同时在保持市场份额的前提下，增加了高利润率自有品牌商品的比例。大数据零售行业应用如图 8-8 所示。

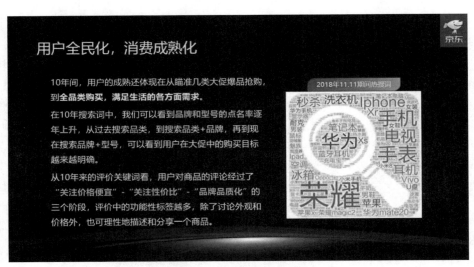

图 8-8　大数据零售业应用

8.2　云　计　算

8.2.1　云计算概述

云计算（cloud computing）是分布式计算技术的一种，其最基本的概念，是通过网络将庞大的计算处理程序自动分拆成无数个较小的子程序，再交由多部服务器所组成的庞大系统经搜寻、计算分析之后将处理结果回传给用户。通过这项技术，网络服务提供者可以在数秒之内，达成处理数以千万计甚至亿计的信息，达到和"超级计算机"同样强大效能的网络服务。云计算服务架构图如图 8-9 所示。

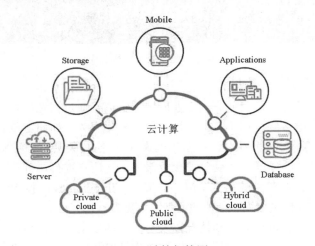

图 8-9　云计算架构图

云计算是一种资源交付和使用模式，指通过网络获得应用所需的资源（硬件、平台、软件）。提供资源的网络称为"云"。"云"中的资源在使用者看来是可以无限扩展的，并且可以随时获取。这种特性经常被比喻为像水电一样使用硬件资源，按需购买和使用。

最简单的云计算技术在网络服务中已经随处可见，例如搜索引擎、网络信箱等，使用者只要输入简单指令即能得到大量信息，未来如手机、GPS 等移动装置都可以通过云计算技术，发展出更多的应用服务。

进一步的云计算不仅只做资料搜寻、分析的功能，更可计算一些像是分析 DNA 结构、基因图谱定序、解析癌症细胞等，稍早之前的大规模分布式计算技术即为"云计算"的概念起源，Google 目前的云技术，主要由 MapReduce、GFS 及 BigTable 三项组成。

8.2.2　云计算发展历程

1. 产生背景

互联网自 1960 年开始兴起，主要用于军方、大型企业等之间的纯文字电子邮件或新闻集群组服务。直到 1990 年才开始进入普通家庭，随着 Web 网站与电子商务的发展，网络已经成为目前人们离不开的生活必需品之一。云计算概念首次在 2006 年 8 月的搜索引擎会议上提出，成为互联网的第三次革命。

云计算也正在成为信息技术产业发展的战略重点，全球的信息技术企业都在纷纷向云计算转型。例如，每家公司都需要数据信息化，存储相关的运营数据，进行产品管理、人员管理、财务管理等，而进行这些数据管理的基本设备是计算机了。

对于一家企业来说，一台计算机的运算能力远远无法满足数据运算需求，那么公司就要购置一台运算能力更强的计算机，也就是服务器。而对于规模比较大的企业来说，一台服务器的运算能力显然不够，那就需要企业购置多台服务器，甚至演变成为一个具有多台服务器的数据中心，而且服务器的数量会直接影响该数据中心的业务处理能力。除了高额的初期建设成本之外，计算机的运营支出中电费要比投资成本高得多，再加上计算机和网络的维护支出，这些总的费用是中小型企业难以承担的，于是云计算的概念便应运而生了。

2. 发展历程

现如今，云计算被视为计算机网络领域的一次革命，因为它的出现，社会的工作方式和商业模式也在发生巨大的改变，我国云计算发展历程如图 8-10 所示。

2006—2010　　云概念引入
2006年，商业模式探索，用户认知仍需教育 2012年，网购数据爆发，阿里云开始搭建

2010—2013　　初期发展
2009年，阿里云创立并逐步完善 2012年，UCloud、QingCloud创立

2013—2017　　快速成长期
2013年，腾讯云面向社会开放 2015年，12306与阿里合作

2017至今　　激烈竞争期
2017年，二十多家云计算商融资破百亿 2018年，华为云加大投入，多巨头激烈竞争

图 8-10　我国云计算发展历程

追溯云计算的根源，它的产生和发展与之前所提及的并行计算、分布式计算等计算机技术密切相关，都促进着云计算的成长。但云计算的历史可追溯到 1956 年，Christopher Strachey 发表了一篇有关虚拟化的论文，正式提出了虚拟化的概念。虚拟化是今天云计算基础架构的核心，是云计算发展的基础。而后随着网络技术的发展，逐渐孕育了云计算的萌芽。

在 20 世纪 90 年代，计算机网络出现了大爆炸，出现了以思科为代表的一系列公司，随即网络出现泡沫时代。

在 2004 年，Web 2.0 会议举行，Web 2.0 成为当时的热点，这也标志着互联网泡沫破灭，计算机网络发展进入了一个新的阶段。在这一阶段，让更多的用户方便快捷地使用网络服务成为互联网发展亟待解决的问题，与此同时，一些大型公司也开始致力于开发大型计算能力的技术，为用户提供了更加强大的计算处理服务。

在 2006 年 8 月 9 日，Google 首席执行官埃里克·施密特（Eric Schmidt）在搜索引擎大会（SESSanJose 2006）首次提出"云计算"（cloud computing）的概念。这在云计算发展史上有着巨大的历史意义。

2007 年以来，"云计算"成为计算机领域最令人关注的话题之一，同样也是大型企业、互联网建设着力研究的重要方向。因为云计算的提出，互联网技术和 IT 服务出现了新的模式，引发了一场变革。

在 2008 年，微软发布其公共云计算平台（windows azure platform），由此拉开了微软的云计算大幕。同样，云计算在国内也掀起一场风波，许多大型网络公司纷纷加入云计算的阵列。

2009 年 1 月，阿里软件在江苏南京建立首个"电子商务云计算中心"。同年 11 月，中国移动云计算平台"大云"计划启动。到现阶段，云计算已经发展到较为成熟的阶段。

2019 年 8 月 17 日，北京互联网法院发布《互联网技术司法应用白皮书》。发布会上，北京互联网法院互联网技术司法应用中心揭牌成立。

2020 年我国云计算市场规模达到 1 781 亿元，增速为 33.6%。其中，公有云市场规模达到 990.6 亿元，同比增长 43.7%，私有云市场规模达 791.2 亿元，同比增长 22.6%。

3. 推广过程

2007 年 9 月，Google 与 IBM 开始在美国大学校园，包括卡内基·梅隆大学、麻省理工学院、斯坦福大学、加州大学伯克利分校及马里兰大学等，推广云计算的计划，这项计划希望能降低分布式计算技术在学术研究方面的成本，并为这些大学提供相关的软硬件设备及技术支持（包括数百台个人计算机及 BladeCenter 与 System x 服务器，这些计算平台将提供 1 600 个处理器，支援包括 Linux、Xen、Hadoop 等开放源代码平台）。而学生则可以通过网络开发各项以大规模计算为基础的研究计划。

2008 年 8 月 3 日，美国专利商标局（以下简称"SPTO"）网站信息显示，戴尔正在申请"云计算"（cloud computing）商标，此举旨在加强对这一未来可能重塑技术架构的术语的控制权。戴尔在申请文件中称，云计算是"在数据中心和巨型规模的计算环境中，为他人提供计算机硬件定制制造"。

8.2.3 云计算技术

云计算的可贵之处在于高灵活性、可扩展性和高性价比等，与传统的网络应用模式相比，其具有如下优势与特点：

1. 虚拟化技术

必须强调的是，虚拟化突破了时间、空间的界限，是云计算最为显著的特点，虚拟化技术包括应用虚拟和资源虚拟两种。众所周知，物理平台与应用部署的环境在空间上是没有任何联系的，正是通过虚拟平台对相应终端操作完成数据备份、迁移和扩展等。

2. 动态可扩展

云计算具有高效的运算能力，在原有服务器基础上增加云计算功能能够使计算速度迅速提高，最终实现动态扩展虚拟化的层次达到对应用进行扩展的目的。

3. 按需部署

计算机包含了许多应用、程序软件等，不同的应用对应的数据资源库不同，所以用户运行不同的应用需要较强的计算能力对资源进行部署，而云计算平台能够根据用户的需求快速配备计算能力及资源。

4. 灵活性高

目前市场上大多数 IT 资源、软硬件都支持虚拟化，比如存储网络、操作系统和开发软硬件等。虚拟化要素统一放在云系统资源虚拟池中进行管理，可见云计算的兼容性非常强，不仅可以兼容低配置机器、不同厂商的硬件产品，还能够获得更高性能计算。

5. 可靠性高

倘若服务器故障也不影响计算与应用的正常运行。因为单点服务器出现故障可以通过虚拟化技术将分布在不同物理服务器上面的应用进行恢复或利用动态扩展功能部署新的服务器进行计算。

6. 性价比高

将资源放在虚拟资源池中统一管理在一定程度上优化了物理资源，用户不再需要昂贵、存储空间大的主机，可以选择相对廉价的 PC 组成云，一方面减少费用，另一方面计算性能不逊于大型主机。

7. 可扩展性

用户可以利用应用软件的快速部署条件来更为简单快捷地将自身所需的已有业务以及新业务进行扩展。例如，计算机云计算系统中出现设备故障，对于用户来说，无论是在计算机层面上，抑或是在具体运用上均不会受到阻碍，可以利用计算机云计算具有的动态扩展功能对其他服务器开展有效扩展。这样一来就能够确保任务得以有序完成。在对虚拟化资源进行动态扩展的情况下，同时能够高效扩展应用，提高计算机云计算的操作水平。

8.2.4　云计算服务类型

通常，云计算服务类型分为三类，即基础设施即服务（aaS）、平台即服务（PaaS）和软件即服务（SaaS）。这三种云计算服务有时称为云计算堆栈，因为它们构建堆栈，它们位于彼此之上，以下是这三种服务的概述，云计算基础架构如图 8-11 所示。

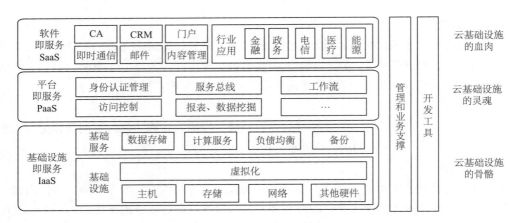

图 8-11　云计算基础构架

1. 基础设施即服务（IaaS）

基础设施即服务是主要的服务类别之一，它向云计算提供商的个人或组织提供虚拟化计算资源，如虚拟机、存储、网络和操作系统。

2. 平台即服务（PaaS）

平台即服务是一种服务类别，为开发人员提供通过全球互联网构建应用程序和服务的平台。PaaS 为开发、测试和管理软件应用程序提供按需开发环境。

3. 软件即服务（SaaS）

软件即服务也是其服务的一类，通过互联网提供按需软件付费应用程序，云计算提供商托管和管理软件应用程序，并允许其用户连接到应用程序并通过全球互联网访问应用程序。

8.2.5　云计算关键技术

1. 体系结构

要实现云计算需要创造一定的环境与条件，尤其是体系结构必须具备以下关键特征：第一，要求系统必须智能化，具有自治能力，减少人工作业的前提下实现自动化处理平台智能地响应要求，因此云系统应内嵌有自动化技术；第二，面对变化信号或需求信号云系统要有敏捷的反应能力，所以对云计算的架构有一定的敏捷要求。与此同时，随着服务级别和增长速度的快速变化，云计算同样面临巨大挑战，而内嵌集群化技术与虚拟化技术能够应付此类变化。云计算体系架构如图 8-12 所示。

云计算平台的体系结构由用户界面、服务目录、管理系统、部署工具、监控和服务器集群组成。

（1）用户界面。主要用于云用户传递信息，是双方互动的界面。

（2）服务目录。顾名思义是提供用户选择的列表。

（3）管理系统。指的是主要对应用价值较高的资源进行管理。

（4）部署工具。能够根据用户请求对资源进行有效部署与匹配。

（5）监控。主要对云系统上的资源进行管理与控制并制定措施。

（6）服务器集群。服务器集群包括虚拟服务器与物理服务器，隶属管理系统。

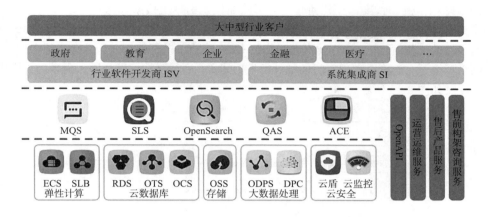

图 8-12 云计算体系结构

2. 资源监控

云系统上的资源数据十分庞大，同时资源信息更新速度快，想要精准、可靠的动态信息需要有效途径确保信息的快捷性。而云系统能够为动态信息进行有效部署，同时兼备资源监控功能，有利于对资源的负载、使用情况进行管理。其次，资源监控作为资源管理的"血液"，对整体系统性能起关键作用，一旦系统资源监管不到位，信息缺乏可靠性那么其他子系统引用了错误的信息，必然对系统资源的分配造成不利影响。因此贯彻落实资源监控工作刻不容缓。资源监控过程中，只要在各个云服务器上部署 Agent 代理程序便可进行配置与监管活动，比如通过一个监视服务器连接各个云资源服务器，然后以周期为单位将资源的使用情况发送到数据库，由监视服务器综合数据库有效信息对所有资源进行分析，评估资源的可用性，最大限度提高资源信息的有效性。

3. 自动化部署

科学的发展倾向于半自动化操作，实现了出厂即用或简易安装使用。基本上计算资源的可用状态也发生转变，逐渐向自动化部署。对云资源进行自动化部署指的是基于脚本调节的基础上实现不同厂商对于设备工具的自动配置，用以减少人机交互比例、提高应变效率，避免超负荷人工操作等现象的发生，最终推进智能部署进程。自动化部署主要指的是通过自动安装与部署实现计算资源由原始状态变成可用状态。表现为能够划分、部署与安装虚拟资源池中的资源，能够给用户提供各类应用于服务的过程，包括存储、网络、软件以及硬件等。系统资源的部署步骤较多，自动化部署主要是利用脚本调用自动配置、部署与配置各个厂商设备管理工具，保证在实际调用环节能够采取静默的方式实现，避免了繁杂的人际交互，让部署过程不再依赖人工操作。除此之外，数据模型与工作流引擎是自动化部署管理工具的重要部分，不容小觑。一般情况下，对于数据模型的管理就是将具体的软硬件定义在数据模型当中即可；而工作流引擎指的是触发、调用工作流，以提高智能化部署为目的，善于将不同的脚本流程在较为集中与重复使用率高的工作流数据库中应用，有利于减轻服务器的工作量。

8.2.6 云计算应用

1. 应用过程

较为简单的云计算技术已经普遍服务于现如今的互联网服务中，最为常见的就是网络搜索引擎和网络邮箱。例如百度，在任何时刻，都能在搜索引擎上搜索任何自己想要的资源，通过云端共享了数据资源。而网络邮箱也是如此，在过去，寄写一封邮件是一件比较麻烦的事情，同时也是很慢的过程，而在云计算技术和网络技术的推动下，电子邮箱成为社会生活中的一部分，只要在网络环境下，就可以实现实时的邮件寄发。其实，云计算技术已经融入现今的社会生活。云计算产业链如图 8-13 所示。

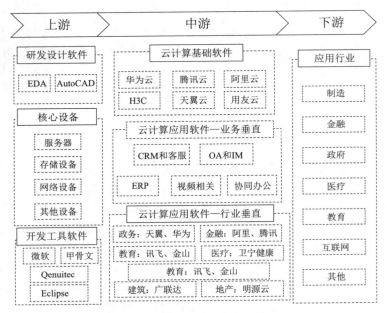

图 8-13　云计算平台产业链

存储云又称云存储，是在云计算技术上发展起来的一个新的存储技术。云存储是一个以数据存储和管理为核心的云计算系统。用户可以将本地的资源上传至云端，可以在任何地方连入互联网获取云上的资源。在国内，百度云和微云则是市场占有量最大的存储云。存储云向用户提供了存储容器服务、备份服务、归档服务和记录管理服务等，大大方便了使用者对资源的管理。

医疗云，是指在云计算、移动技术、多媒体、4G/5G 通信、大数据以及物联网等新技术基础上，结合医疗技术，使用"云计算"创建医疗健康服务云平台，实现了医疗资源的共享和医疗范围的扩大。医疗云提高了医疗机构的效率，方便居民就医。像现在医院的预约挂号、电子病历、医保等都是云计算与医疗领域结合的产物，医疗云还具有数据安全、信息共享、动态扩展、布局全国的优势。

金融云，是指利用云计算的模型，将信息、金融和服务等功能分散到庞大分支机构构成的互联网"云"中，旨在为银行、保险和基金等金融机构提供互联网处理和运行服务，同时共享互联网资源，从而解决现有问题并且达到高效、低成本的目标。在 2013 年 11 月 27 日，阿里云整合阿里巴巴旗下资源并推出来阿里金融云服务。其实，这就是现在基本普及了的快捷支付，因为金融与云计算的结合，现在只需要在手机上简单操作，就可以完成银行存款、购买保险和基金买卖。现在，不仅仅阿里巴巴推出了金融云服务，像苏宁金融、腾讯等企业均推出了自己的金融云服务。

教育云，实质上是指教育信息化的一种发展。具体来说，教育云可以将所需要的任何教育硬件资源虚拟化，然后将其传入互联网中，以向教育机构和学生老师提供一个方便快捷的平台。现在流行的慕课就是教育云的一种应用。慕课指的是大规模开放的在线课程。现阶段慕课的三大优秀平台为 Coursera、edX 以及 Udacity，在国内，中国大学 MOOC 也是非常好的平台。在2013 年 9 月 9 日，清华大学推出来 MOOC 平台——学堂在线，许多大学现已使用学堂在线开设了一些课程的 MOOC。

2. 发展问题

访问的权限问题，用户可以在云计算服务提供商处上传自己的数据资料，相比于传统的利用自己计算机或硬盘的存储方式，此时需要建立账号和密码完成虚拟信息的存储和获取。这种方式虽然为用户的信息资源获取和存储提供了方便，但用户失去了对数据资源的控制，而服务商则可能存在对资源的越权访问现象，从而造成信息资料的安全难以保障。

技术保密性问题，信息保密性是云计算技术的首要问题，也是当前云计算技术的主要问题。比如，用户的资源被一些企业进行资源共享。网络环境的特殊性使得人们可以自由地浏览相关信息资源，信息资源泄漏是难以避免的，如果技术保密性不足就可能严重影响到信息资源的所有者。

数据完整性问题，在云计算技术的使用中，用户的数据被分散地存储于云计算数据中心的不同位置，而不是某个单一的系统中，数据资源的整体性受到影响，使其作用难以有效发挥。另一种情况是，服务商没有妥善、有效地管理用户的数据信息，从而造成数据存储的完整性受到影响，信息的应用作用难以被发挥。

法律法规不完善，云计算技术相关的法律法规不完善也是主要的问题，想要实现对云计算技术作用的有效发挥，就必须对其相关法律法规进行完善。目前来看，法律法规尚不完善，云计算技术作用的发挥仍然受到制约。就当前云计算技术在计算机网络中的应用来看，其缺乏完善的安全性标准，缺乏完善的服务等级协议管理标准，没有明确的责任人承担安全问题的法律责任。另外，缺乏完善的云计算安全管理的损失计算机制和责任评估机制，法律规范的缺乏也制约了各种活动的开展，计算机网络的云计算安全性难以得到保障。

3. 完善措施

合理设置访问权限，保障用户信息安全，当前，云计算服务由供应商提供，为保障信息安全，供应商应针对用户端的需求情况，设置相应的访问权限，进而保障信息资源的安全分享。在开放式的互联网环境下，供应商一方面要做好访问权限的设置工作，强化资源的合理分享及应用；另一方面，要做好加密工作，从供应商到用户都应强化信息安全防护，注意网络安全构建，有效保障用户安全。因此，云计算技术的发展，应强化安全技术体系的构建，在访问权限的合理设置中，提高信息防护水平。

强化数据信息完整性，推进存储技术发展，存储技术是计算机云计算技术的核心，如何强化数据信息的完整性，是云计算技术发展的重要方面。首先，云计算资源以离散的方式分布于云系统中，要强化对云系统中数据资源的安全保护，并确保数据的完整性，这有助于提高信息资源的应用价值；其次，加快存储技术发展，特别是大数据时代，云计算技术的发展，应注重存储技术的创新构建；再次，要优化计算机网络云技术的发展环境，通过技术创新、理念创新，进一步适应新的发展环境，提高技术的应用价值，这是新时期计算机网络云计算技术的发展重点。

建立健全法律法规，提高用户安全意识，随着网络信息技术的不断发展，云计算应用领域日益广泛。建立完善的法律法规，是为了更好地规范市场发展，强化对供应商、用户等行为的规范及管理，为计算机网络云计算技术的发展提供良好条件。此外，用户端要提高安全防护意识，能够在信息资源的获取中，遵守法律法规，规范操作，避免信息安全问题造成严重的经济损失。因此，新时期计算机网络云计算技术的发展，要从实际出发，通过法律法规的不断完善，为云计算技术发展提供良好环境。

8.3 人工智能

8.3.1 人工智能概述

人工智能（Artificial Intelligence，AI）是研究、开发用于模拟、延伸和扩展人的智能的理论、方法、技术及应用系统的一门新的技术科学，涉及多门学科，如图 8-14 所示。

图 8-14　人工智能学科

人工智能是计算机科学的一个分支，它企图了解智能的实质，并生产出一种新的能以人类智能相似的方式做出反应的智能机器，该领域的研究包括机器人、语音识别、图像识别、自然语言处理和专家系统等。人工智能从诞生以来，理论和技术日益成熟，应用领域也不断扩大，可以设想，未来人工智能带来的科技产品，将会是人类智慧的"容器"。人工智能可以对人的意识、思维的信息过程进行模拟。人工智能不是人的智能，但能像人那样思考，也可能超过人的智能。

1. 人工智能定义

人工智能的定义可以分为两部分，即"人工"和"智能"。"人工"比较好理解，争议性也不大。有时我们会考虑什么是人力所能及制造的，或者人自身的智能程度有没有高到可以创造人工智能的地步等。但总的来说，"人工系统"就是通常意义下的人工系统。

关于"智能"，就涉及其他诸如意识（consciousness）、自我（self）、思维（mind）（包括无意识的思维（unconscious_mind））等问题。人唯一了解的智能是人本身的智能，这是普遍认同的观点。但是我们对自身智能的理解非常有限，对构成人的智能的必要元素也了解有限，所以就很难定义什么是"人工"制造的"智能"了。因此人工智能的研究往往涉及对人的智能本身的研究。其他关于动物或其他人造系统的智能也普遍被认为是人工智能相关的研究课题。

人工智能在计算机领域内，得到了愈加广泛的重视。并在机器人、经济政治决策、控制系统、仿真系统中得到应用。

一位教授对人工智能的定义是："人工智能是关于知识的学科——怎样表示知识以及怎样获得知识并使用知识的科学。"而另一位教授认为："人工智能就是研究如何使计算机去做过去只有人才能做的智能工作。"这些说法反映了人工智能学科的基本思想和基本内容。即人工智能是研究人类智能活动的规律，构造具有一定智能的人工系统，研究如何让计算机完成以往需要人的智力才能胜任的工作，也就是研究如何应用计算机的软硬件来模拟人类某些智能行为的基本理论、方法和技术。

人工智能是计算机学科的一个分支，20 世纪 70 年代以来被称为世界三大尖端技术之一（空间技术、能源技术、人工智能）。也被认为是 21 世纪三大尖端技术（基因工程、纳米科学、人工智能）之一。这是因为近 30 年来人工智能获得了迅速发展，在很多学科领域都获得了广泛应用，并取得了丰硕成果，人工智能已逐步成为一个独立的分支，无论在理论和实践上都已自成一个系统。

人工智能是研究使计算机来模拟人的某些思维过程和智能行为(如学习、推理、思考、规划等)的学科，主要包括计算机实现智能的原理、制造类似于人脑智能的计算机，使计算机能实现更高层次的应用。人工智能将涉及计算机科学、心理学、哲学和语言学等学科。可以说几乎是自然科学和社会科学的所有学科，其范围已远远超出了计算机科学的范畴，人工智能与思维科学的关系是实践和理论的关系，人工智能是处于思维科学的技术应用层次，是它的一个应用分支。从思维观点看，人工智能不局限于逻辑思维，要考虑形象思维、灵感思维才能促进人工智能的突破性发展，数学常被认为是多种学科的基础科学，数学也进入语言、思维领域，人工智能学科也必须借用数学工具，数学不仅在标准逻辑、模糊数学等范围发挥作用，数学进入人工智能学科，它们将互相促进而更快地发展。

2．人工智能研究价值

例如繁重的科学和工程计算本来是要人脑来承担的，如今计算机不但能完成这种计算，而且能够比人脑做得更快、更准确，因此当代人已不再把这种计算看作"需要人类智能才能完成的复杂任务"，可见复杂工作的定义是随着时代的发展和技术的进步而变化的，人工智能这门科学的具体目标也自然随着时代的变化而发展。它一方面不断获得新的进展，另一方面又转向更有意义、更加困难的目标。

通常，"机器学习"的数学基础是"统计学""信息论""控制论"。还包括其他非数学学科。这类"机器学习"对"经验"的依赖性很强。计算机需要不断从解决一类问题的经验中获取知识，学习策略，在遇到类似的问题时，运用经验知识解决问题并积累新的经验，就像普通人一样。我们可以将这样的学习方式称为"连续型学习"。但人类除了会从经验中学习之外，还会创造，即"跳跃型学习"。这在某些情形下称为"灵感"或"顿悟"。一直以来，计算机最难学会的就是"顿悟"。或者再严格一些来说，计算机在学习和"实践"方面难以学会"不依赖于量变的质变"，很难从一种"质"直接到另一种"质"，或者从一个"概念"直接到另一个"概念"。正因为如此，这里的"实践"并非同人类一样的实践。人类的实践过程同时包括经验和创造。

3．人工智能应用

实际应用：机器视觉、指纹识别、人脸识别、视网膜识别、虹膜识别、掌纹识别、专家系统、自动规划、智能搜索、定理证明、博弈、自动程序设计、智能控制、机器人学、语言和图像理解、遗传编程等。

学科范畴：人工智能是一门边缘学科，属于自然科学和社会科学的交叉。

涉及学科：哲学和认知科学、数学、神经生理学、心理学、计算机科学、信息论、控制论、不定性论。

研究范畴：自然语言处理、知识表现、智能搜索、推理、规划、机器学习、知识获取、组合调度问题、感知问题、模式识别、逻辑程序设计软计算、不精确和不确定的管理、人工生命、神经网络、复杂系统、遗传算法。

意识和人工智能：人工智能就其本质而言，是对人的思维的信息过程的模拟。对于人的思维模拟可以从两条道路进行，一是结构模拟，仿照人脑的结构机制，制造出"类人脑"的机器；二是功能模拟，暂时撇开人脑的内部结构，而从其功能过程进行模拟。现代电子计算机的产生便是对人脑思维功能的模拟，是对人脑思维的信息过程的模拟。

弱人工智能如今不断地迅猛发展，尤其是 2008 年经济危机后，美日欧希望借助机器人等实现再工业化，工业机器人以比以往任何时候更快的速度发展，更加带动了弱人工智能和相关领域产业的不断突破，很多必须用人来做的工作如今已经能用机器人实现。

而强人工智能则暂时处于瓶颈，还需要科学家们的努力。

8.3.2 人工智能的发展

1. 发展历程

1956 年夏季，一批有远见卓识的年轻科学家在一起聚会，共同研究和探讨用机器模拟智能的一系列有关问题，并首次提出了"人工智能"这一术语，它标志着"人工智能"这门新兴学科的正式诞生。IBM 公司"深蓝"计算机击败了人类的世界国际象棋冠军更是人工智能技术的一个完美表现。

从 1956 年正式提出人工智能学科算起，60 多年来，取得长足的发展，成为一门广泛的交叉和前沿科学。总的说来，人工智能的目的就是让计算机能够像人一样思考。如果希望做出一台能够思考的机器，那就必须知道什么是思考，更进一步讲就是什么是智慧。什么样的机器才是智慧的呢？科学家已经作出了汽车、火车、飞机、收音机等，它们模仿我们身体器官的功能，但是能不能模仿人类大脑的功能呢？到目前为止，我们也仅仅知道大脑是由数十亿个神经细胞组成的器官，我们对其知之甚少。人工智能发展如图 8-15 所示。

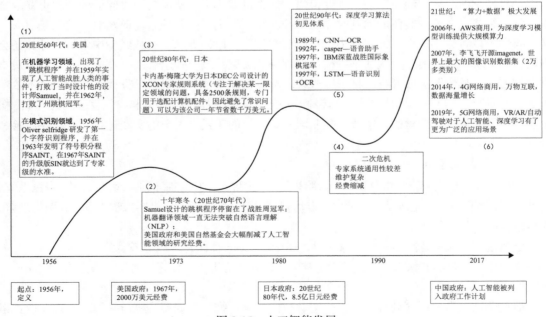

图 8-15　人工智能发展

当计算机出现后，人类开始真正有了一个可以模拟人类思维的工具，在以后的岁月中，无数科学家为这个目标努力着。如今人工智能已经不再是几个科学家的专利了，全世界几乎所有大学的计算机系都有人在研究这门学科，学习计算机的大学生也必须学习这样一门课程，在大家不懈的努力下，如今计算机似乎已经变得十分聪明了。例如，1997 年 5 月，IBM 公司研制的深蓝（deep blue）计算机战胜了国际象棋大师卡斯帕洛夫（Kasparov）。大家或许不会注意到，在一些地方计算机帮助人进行其他原来只属于人类的工作，计算机以它的高速和准确为人类发挥着它的作用。人工智能始终是计算机科学的前沿学科，计算机编程语言和其他计算机软件都因为有了人工智能的进展而得以存在。

2. 我国人工智能发展现状

2019 年 3 月 4 日，十三届全国人大二次会议举行新闻发布会，大会发言人表示，已将与人工智能密切相关的立法项目列入立法规划。2019 年 6 月 17 日，国家新一代人工智能治理专业委员会发布《新一代人工智能治理原则——发展负责任的人工智能》，提出了人工智能治理的框架和行动指南。这是中国促进新一代人工智能健康发展，加强人工智能法律、伦理、社会问题研究，积极推动人工智能全球治理的一项重要成果。

在人工智能领域，2020 年人工智能产业规模保持平稳增长，产业规模达到了 3 031 亿元，同比增长 15%，增速略高于全球的平均增速。产业主要集中在北京、上海、广东、浙江等地，我国在人工智能芯片领域、深度学习软件架构领域、中文自然语言处理领域进展显著。

《深度学习平台发展报告（2022）》认为，伴随技术、产业、政策等各方环境成熟，人工智能已经跨过技术理论积累和工具平台构建的发力储备期，开始步入以规模应用与价值释放为目标的产业赋能黄金十年。

2022 年 6 月 27 日，在第二十四届中国科协年会闭幕式上，中国科协隆重发布 9 个对科学发展具有导向作用的前沿科学问题，其中包括"如何实现可信可靠可解释人工智能技术路线和方案"。2022 年 12 月 9 日，最高人民法院发布《关于规范和加强人工智能司法应用的意见》。

3. 发展方向

《重大领域交叉前沿方向 2021》（2021 年 9 月 13 日由浙江大学中国科教战略研究院发布）认为当前以大数据、深度学习和算力为基础的人工智能在语音识别、人脸识别等以模式识别为特点的技术应用上已较为成熟，但对于需要专家知识、逻辑推理或领域迁移的复杂性任务，人工智能系统的能力还远远不足。基于统计的深度学习注重关联关系，缺少因果分析，使得人工智能系统的可解释性差，处理动态性和不确定性能力弱，难以与人类自然交互，在一些敏感应用中容易带来安全和伦理风险。类脑智能、认知智能、混合增强智能是重要发展方向。

4. 应用成果

2022 年 6 月，Michael Chazan 等利用一款深度学习人工智能工具，发现 90 万年前人类用火的证据，这被认为是有史以来最重要的创新之一。

韩国计划到 2027 年将人工智能技术用于军事目的，包括自行榴弹炮的无人操作和无人机的使用。

在人工智能技术"芯片—框架—模型—应用"四层结构中，百度是全球为数不多在这四层进行全线布局的公司，从昆仑芯，到飞桨深度学习框架，再到文心一言预训练大模型，到百度搜索等应用，各个层面都有自研技术。人工智能企业的主要应用领域如图 8-16 所示。

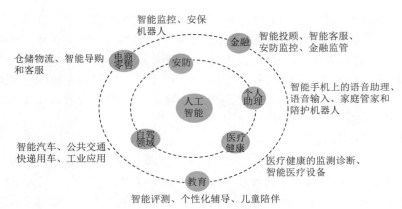

图 8-16 人工智能企业的主要应用领域

8.4 物 联 网

8.4.1 物联网概述

物联网（internet of things，IoT）是指通过各种信息传感器、射频识别技术、全球定位系统、红外感应器、激光扫描器等各种装置与技术，实时采集任何需要监控、连接、互动的物体或过程，采集其声、光、热、电、力学、化学、生物、位置等各种需要的信息，通过各类可能的网络接入，实现物与物、物与人的泛在连接，实现对物品和过程的智能化感知、识别和管理。物联网是一个基于互联网、传统电信网等的信息承载体，它让所有能够被独立寻址的普通物理对象形成互联互通的网络。

1. 物联网定义

物联网即"万物相连的互联网"，是互联网基础上的延伸和扩展的网络，将各种信息传感设备与网络结合起来而形成的一个巨大网络，实现任何时间、任何地点，人、机、物的互联互通。

物联网是新一代信息技术的重要组成部分，IT 行业又称泛互联，意指物物相连，万物万联。由此，"物联网就是物物相连的互联网"。

2. 物联网发展历程

物联网概念最早出现于《未来之路》一书，在《未来之路》中，已经提及物联网概念，只是当时受限于无线网络、硬件及传感设备的发展，并未引起世人的重视。

1998 年，美国麻省理工学院创造性地提出了当时被称作 EPC 系统的"物联网"的构想。

物联网的由来与发展进程如图 8-17 所示。

1999 年，美国 Auto-ID 首先提出"物联网"的概念，主要是建立在物品编码、RFID 技术和互联网的基础上。在我国，物联网曾被称为传感网。中科院早在 1999 年就启动了传感网的研究，并已取得了一些科研成果，建立了一些适用的传感网。同年，在美国召开的移动计算和网络国际会议上提出："传感网是下一个世纪人类面临的又一个发展机遇。"

2003 年，美国《技术评论》提出传感网络技术将是未来改变人们生活的十大技术之首。

2005 年 11 月 17 日，在突尼斯举行的信息社会世界峰会（WSIS）上，国际电信联盟（ITU）发布了《ITU 互联网报告 2005：物联网》，正式提出了"物联网"的概念。报告指出，无所不在的"物联网"通信时代即将来临，世界上所有的物体从轮胎到牙刷、从房屋到纸巾都可以通过因特网主动进行交换。射频识别技术（RFID）、传感器技术、纳米技术、智能嵌入技术将得到更加广泛的应用和关注。

2021 年 7 月 13 日，中国互联网协会发布了《中国互联网发展报告（2021）》，物联网市场规模达 1.7 万亿元，人工智能市场规模达 3 031 亿元。

2021 年 9 月，工信部等八部门印发《物联网新型基础设施建设三年行动计划（2021—2023年）》，明确到 2023 年底，在国内主要城市初步建成物联网新型基础设施，社会现代化治理、产业数字化转型和民生消费升级的基础更加稳固。

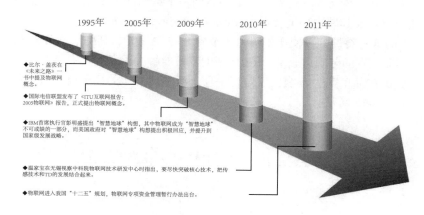

图 8-17　物联网的由来与发展进程

3. 物联网的特征和功能

物联网的基本特征从通信对象和过程来看，物与物、人与物之间的信息交互是物联网的核心。物联网的基本特征可概括为整体感知、可靠传输和智能处理。

① 整体感知。可以利用射频识别、二维码、智能传感器等感知设备感知获取物体的各类信息。

② 可靠传输。通过对互联网、无线网络的融合，将物体的信息实时、准确地传送，以便信息交流、分享。

③ 智能处理。使用各种智能技术，对感知和传送到的数据、信息进行分析处理，实现监测与控制的智能化。

根据物联网的以上特征，结合信息科学的观点，围绕信息的流动过程，可以归纳出物联网处理信息的功能：

① 获取信息的功能。主要是信息的感知、识别，信息的感知是指对事物属性状态及其变化方式的知觉和敏感；信息的识别指能把所感受到的事物状态用一定方式表示出来。

② 传送信息的功能。主要是信息发送、传输、接收等环节，最后把获取的事物状态信息及其变化的方式从时间（或空间）上的一点传送到另一点的任务，这就是常说的通信过程。

③ 处理信息的功能。是指信息的加工过程，利用已有的信息或感知的信息产生新的信息，实际是制定决策的过程。

④ 施效信息的功能。指信息最终发挥效用的过程，有很多的表现形式，比较重要的是通过调节对象事物的状态及其变换方式，始终使对象处于预先设计的状态。

8.4.2 物联网的关键技术

1. 射频识别技术

谈到物联网，就不得不提到物联网发展中备受关注的射频识别技术（radio frequency identification，RFID）。RFID是一种简单的无线系统，由一个询问器（或阅读器）和很多应答器（或标签）组成。标签由耦合元件及芯片组成，每个标签具有扩展词条唯一的电子编码，附着在物体上标识目标对象，它通过天线将射频信息传递给阅读器，阅读器就是读取信息的设备。RFID技术让物品能够"开口说话"。这就赋予了物联网一个特性即可跟踪性。就是说人们可以随时掌握物品的准确位置及其周边环境。据Sanford C. Bernstein公司的零售业分析师估计，关于物联网RFID带来的这一特性，可使沃尔玛每年节省83.5亿美元，其中大部分是因为不需要人工查看进货的条码而节省的劳动力成本。RFID帮助零售业解决了商品断货和损耗（因盗窃和供应链被搅乱而损失的产品）两大难题，仅盗窃一项，沃尔玛一年的损失就达近20亿美元。RFID射频识别技术如图8-18所示。

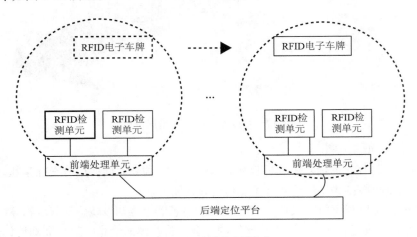

图8-18　射频识别技术

2. 传感网

MEMS（micro-electro-mechanical systems，微机电系统）是由微传感器、微执行器、信号处理和控制电路、通信接口和电源等部件组成的一体化的微型器件系统。其目标是把信息的获取、处理和执行集成在一起，组成具有多功能的微型系统，集成于大尺寸系统中，从而大幅度地提高系统的自动化、智能化和可靠性水平。它是比较通用的传感器。因为MEMS，赋予了普通物体新的生命，它们有了属于自己的数据传输通路，有了存储功能、操作系统和专门的应用程序，从而形成一个庞大的传感网。这让物联网能够通过物品来实现对人的监控与保护。遇到酒后驾车的情况，如果在汽车和汽车点火钥匙上都植入微型感应器，那么当喝了酒的司机掏出汽车钥匙时，钥匙能透过气味感应器察觉到一股酒气，就通过无线信号立即通知汽车"暂停发动"，汽车便会处于休息状态。同时"命令"司机的手机给他的亲朋好友发短信，告知司机所在位置，提醒亲友尽快来处理。不仅如此，未来衣服可以"告诉"洗衣机放多少水和洗衣粉最经济；文件夹会"检查"我们忘带了什么重要文件；食品蔬菜的标签会向顾客的手机介绍"自己"是否真正"绿色安全"。这就是物联网世界中被"物"化的结果。无线传感器技术如图8-19所示。

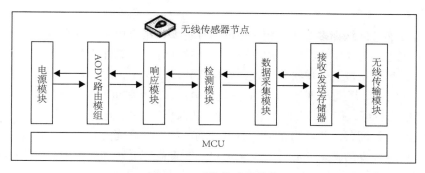

图 8-19　无线传感器技术

3. M2M 系统框架

M2M(machine-to-machine/man)是一种以机器终端智能交互为核心的、网络化的应用与服务。它将使对象实现智能化的控制。M2M 技术涉及 5 个重要的技术部分：机器、M2M 硬件、通信网络、中间件、应用。基于云计算平台和智能网络，可以依据传感器网络获取的数据进行决策，改变对象的行为进行控制和反馈。

拿智能停车场来说，当该车辆驶入或离开天线通信区时，天线以微波通信的方式与电子识别卡进行双向数据交换，从电子车卡上读取车辆的相关信息，在司机卡上读取司机的相关信息，自动识别电子车卡和司机卡，并判断车卡是否有效和司机卡的合法性，核对车道控制计算机显示与该电子车卡和司机卡一一对应的车牌号码及驾驶人等资料信息；车道控制计算机自动将通过时间、车辆和驾驶人的有关信息存入数据库中，车道控制计算机根据读到的数据判断是正常卡、未授权卡、无卡还是非法卡，据此做出相应的回应和提示。

另外，家中老人戴上嵌入智能传感器的手表，在外地的子女可以随时通过手机查询父母的血压、心跳是否稳定；智能化的住宅在主人上班时，传感器自动关闭水电气和门窗，定时向主人的手机发送消息，汇报安全情况。物联网的 M2M 系统框架如图 8-20 所示。

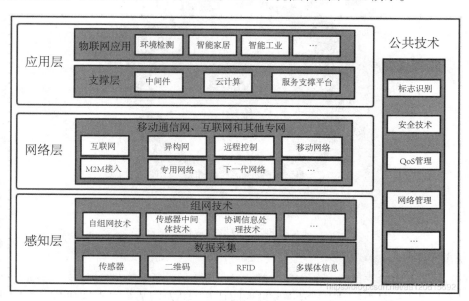

图 8-20　M2M 系统框架

4. 云计算

云计算旨在通过网络把多个成本相对较低的计算实体整合成一个具有强大计算能力的完美系统，并借助先进的商业模式让终端用户可以得到这些强大计算能力的服务。如果将计算能力比作发电能力，那么从古老的单机发电模式转向现代电厂集中供电的模式，就好比大家习惯的单机计算模式转向云计算模式，而"云"就好比发电厂，具有单机所不能比拟的强大计算能力。这意味着计算能力也可以作为一种商品进行流通，就像煤气、水、电一样，取用方便、费用低廉，以至于用户无须自己配备。与电力是通过电网传输不同，计算能力是通过各种有线、无线网络传输的。因此，云计算的一个核心理念就是通过不断提高"云"的处理能力，不断减少用户终端的处理负担，最终使其简化成一个单纯的输入/输出设备，并能按需享受"云"强大的计算处理能力。物联网感知层获取大量数据信息，在经过网络层传输以后，放到一个标准平台上，再利用高性能的云计算对其进行处理，赋予这些数据智能，才能最终转换成对终端用户有用的信息。

8.4.3 物联网的应用

物联网的应用领域涉及方方面面，在工业、农业、环境、交通、物流、安保等基础设施领域的应用，有效地推动了这些方面的智能化发展，使得有限的资源更加合理地使用分配，从而提高了行业效率、效益。在家居、医疗健康、教育、金融与服务业、旅游业等与生活息息相关的领域的应用，从服务范围、服务方式到服务的质量等方面都有了极大的改进，大大地提高了人们的生活质量；在涉及国防军事领域方面，虽然还处在研究探索阶段，但物联网应用带来的影响也不可小觑，大到卫星、导弹、飞机、潜艇等装备系统，小到单兵作战装备，物联网技术的嵌入有效提升了军事智能化、信息化、精准化，极大提升了军事战斗力，是未来军事变革的关键。物联网应用如图 8-21 所示。

图 8-21 物联网应用

1. 智能交通

物联网技术在道路交通方面的应用比较成熟。随着社会车辆越来越普及，交通拥堵甚至瘫痪已成为城市的一大问题。对道路交通状况实时监控并将信息及时传递给驾驶人，让驾驶人及时作出出行调整，有效缓解了交通压力；高速路口设置道路自动收费系统（简称 ETC），免去进出口取卡、还卡的时间，提升车辆的通行效率；公交车上安装定位系统，能及时了解公交车行驶路线及到站时间，乘客可以根据搭乘路线确定出行，免去不必要的时间浪费。社会车辆增多，除了会带来交通压力外，停车难也日益成为一个突出问题，不少城市推出了智慧路边停车管理系统，该系统基于云计算平台，结合物联网技术与移动支付技术，共享车位资源，提高车位利用率和用户的方便程度。该系统可以兼容手机模式和射频识别模式，通过手机端 App 软件可以实现及时了解车位信息、车位位置，提前做好预定并实现交费等操作，很大程度上解决了"停车难、难停车"的问题，如图 8-22 所示。

图 8-22 物联网在智能交通中的应用

2. 智能家居

智能家居就是物联网在家庭中的基础应用，随着宽带业务的普及，智能家居产品涉及方方面面。家中无人，可利用手机等产品客户端远程操作智能空调，调节室温，甚者还可以学习用户的使用习惯，从而实现全自动的温控操作，使用户在炎炎夏季回家就能享受到冰爽带来的惬意；通过客户端实现智能灯泡的开关、调控灯泡的亮度和颜色等；插座内置 Wi-Fi，可实现遥控插座定时通断电流，甚至可以监测设备用电情况，生成用电图表让用户对用电情况一目了然，安排资源使用及开支预算；智能体重秤，监测运动效果。内置可以监测血压、脂肪量的先进传感器，内定程序根据身体状态提出健康建议；智能牙刷与客户端相连，供刷牙时间、刷牙位置提醒，可根据刷牙的数据生产图表，口腔的健康状况；智能摄像头、窗户传感器、智能门铃、烟雾探测器、智能报警器等都是家庭不可少的安全监控设备，你即使出门在外，也可以在任意时间、地方查看家中任何一角的实时状况，任何安全隐患。看似烦琐的种种家居生活因为物联网变得更加轻松、美好。智能家居如图 8-23 所示。

图 8-23 物联网在智能家居中的应用

3. 公共安全

近年来全球气候异常情况频发，灾害的突发性和危害性进一步加大，互联网可以实时监测环境的不安全性情况，提前预防、实时预警、及时采取应对措施，降低灾害对人类生命财产的威胁。美国布法罗大学早在 2013 年就提出研究深海互联网项目，通过特殊处理的感应装置置于深海处，分析水下相关情况，海洋污染的防治、海底资源的探测甚至对海啸也可以提供更加可靠的预警。该项目在当地湖水中进行试验，获得成功，为进一步扩大使用范围提供了基础。利用物联网技术可以智能感知大气、土壤、森林、水资源等方面各指标数据，对于改善人类生活环境发挥巨大作用。

8.4.4　物联网的挑战

虽然物联网近年来的发展已经渐成规模，各国都投入了巨大的人力、物力、财力进行研究和开发。但是在技术、管理、成本、政策、安全等方面仍然存在许多需要攻克的难题。

1. 技术标准的统一与协调

传统互联网的标准并不适合物联网。物联网感知层的数据多源异构，不同的设备有不同的接口，不同的技术标准；网络层、应用层也由于使用的网络类型不同、行业的应用方向不同而存在不同的网络协议和体系结构。建立统一的物联网体系架构，统一的技术标准是物联网正在面对的难题。

2. 管理平台问题

物联网自身就是一个复杂的网络体系，加之应用领域遍及各行各业，不可避免地存在很大的交叉性。如果这个网络体系没有一个专门的综合平台对信息进行分类管理，就会出现大量信息冗余、重复工作、重复建设造成资源浪费的状况。每个行业的应用各自独立，成本高、效率低，体现不出物联网的优势，势必会影响物联网的推广。物联网现急需要一个能整合各行业资源的统一管理平台，使其能形成一个完整的产业链模式。

3. 成本问题

各国对物联网都积极支持，在看似百花齐放的背后，能够真正投入并大规模使用的物联网项目少之又少。例如，实现 RFID 技术最基本的电子标签及读卡器，其成本价格一直无法达到企业的预期，性价比不高；传感网络是一种多跳自组织网络，极易遭到环境因素或人为因素的破坏，若要保证网络通畅，并能实时安全传送可靠信息，网络的维护成本高。在成本没有达到普遍可以接受的范围内，物联网的发展只能是空谈。

4. 安全性问题

传统的互联网发展成熟、应用广泛，尚存在安全漏洞。物联网作为新兴产物，体系结构更复杂、没有统一标准，各方面的安全问题更加突出。其关键实现技术是传感网络，传感器暴露的自然环境下，特别是一些放置在恶劣环境中的传感器，如何长期维持网络的完整性对传感技术提出了新的要求，传感网络必须有自愈的功能。这不仅仅受环境因素影响，人为因素的影响更严峻。RFID 是其另一关键实现技术，就是事先将电子标签置入物品中以达到实时监控的状态，这对于部分标签物的所有者势必会造成一些个人隐私的暴露，个人信息的安全性存在问题。不仅仅是个人信息安全，如今企业之间、国家之间合作都相当普遍，一旦网络遭到攻击，后果将更不敢想象。如何在使用物联网的过程中做到信息化和安全化的平衡至关重要。

习　题

单项选择题

1. 大数据的起源是（　　　）。
   A. 金融　　　　　　　B. 电信　　　　　　C. 互联网　　　　D. 公共管理
2. 大数据的最显著特征是（　　　）。
   A. 数据规模大　　　　　　　　　　　B. 数据类型多样
   C. 数据处理速度快　　　　　　　　　D. 数据价值密度高
3. 大数据不仅仅是技术，关键是（　　　）。
   A. 产生价值　　　　　　　　　　　　B. 保障信息安全
   C. 提高生产力　　　　　　　　　　　D. 丰富人们的生活
4. 在云计算服务中，"向用户提供虚拟的操作系统"属于（　　　）。
   A. IaaS　　　　　　　B. PaaS　　　　　　C. SaaS　　　　D. FaaS
5. 下列关于云计算技术框架的描述错误的是（　　　）。
   A. 云管理平台：即资源的抽象化，实现单一物理资源的多个逻辑表示，或者多个物理资源的单一逻辑表示
   B. 分布式文件系统：可扩展的支持海量数据的分布式文件系统，用于大型的、分布式的、对大量数据进行访问的应用。它运行于廉价的普通硬件上，提供容错功能（通常保留数据的 3 份副本），典型技术为 GFS/HDFS/KFS 等
   C. 大规模并行计算：在分布式并行环境中将一个任务分解成更多份细粒度的子任务，这些子任务在空闲的处理节点之间被调度和快速处理之后，最终通过特定的规则进行合并生成最终的结果。典型技术为 MapReduce
   D. 结构化分布式数据存储：类似文件系统采用数据库来存储结构化数据，云计算也需要采用特殊技术实现结构化数据存储，典型技术为 BigTable/Dynamo 等
6. 下面不是云计算发展主要推动力的是（　　　）。
   A. 商业需求　　　　　B. 政治需求　　　　C. 计算需求　　　D. 技术的进步
7. 被誉为"计算机科学之父"和"人工智能之父"，是计算机逻辑的奠基者的人是（　　　）。
   A. 冯·诺依曼　　　　　　　　　　　B. 马克·艾略特·扎克伯格
   C. 麦席森·图灵　　　　　　　　　　D. 拉里·埃里森
8. 以下不属于人工智能应用领域的是（　　　）。
   A. 自动驾驶　　　　　B. 3D 打印　　　　　C. 人脸识别　　　D. 智能搜索引擎
9. 下列物联网与其他网络的不同点，错误的是（　　　）。
   A. 网络技术　　　　　　　　　　　　B. 电子数据交换技术
   C. 互联网技术　　　　　　　　　　　D. RFID 技术
10. 物联网是指通过（　　　），按照约定的协议，把任何物品与互联网连接起来，进行信息交换和通信，以实现智能化识别、定位、跟踪、监控和管理的一种网络。它是在互联网基础上的延伸和扩展的网络。
    A. 计算机　　　　　　B. 互联网　　　　　C. 信息传感设备　D. 路由器

各章习题参考答案

2. B	3. C	4. D	5. A	6. C	7. B
9. B	10. A				

第 2 章

D	2. C	3. D	4. C	5. A	6. C	7. B
8. C	9. B	10. C	11. C	12. B	13. D

第 3 章

1. B	2. D	3. B	4. B	5. A	6. B	7. B
8. C	9. C	10. C	11. B	12. D	13. C	14. A
15. D						

第 4 章

1. C	2. C	3. B	4. A	5. D	6. A	7. B
8. A	9. A	10. B	11. D	12. C	13. D	14. C
15. A	16. B	17. D	18. C	19. A	20. C

第 5 章

1. C	2. B	3. B	4. D	5. B	6. B	7. A
8. B	9. A	10. A	11. C	12. B	13. C	14. B
15. C						

第 6 章

1. B	2. A	3. C	4. D	5. A	6. C	7. D
8. A	9. D	10. C	11. C	12. D	13. A	14. D
15. C						

第 7 章

1. D	2. A	3. B	4. D	5. A	6. A	7. C
8. D	9. A	10. D	11. D	12. C	13. D	14. A
15. C	16. A	17. B	18. A	19. C	20. C

第 8 章

1. C	2. A	3. A	4. B	5. A	6. B	7. C
8. B	9. A	10.C				

附录 A Excel 2016 中的主要函数

1. 数学函数

① RAND：返回大于或等于 0 小于 1 的均匀分布随机数，每次计算工作表时都将返回一个新的数值。

② INT：返回实数舍入后的整数值。

③ TRUNC：将数字的小数部分截去，返回整数。

④ MOD：返回两数相除的余数。结果的正负号与除数相同。

⑤ ROUND：返回某个数字按指定位数舍入后的数字。

⑥ SQRT：返回正平方根。

⑦ SUM：返回某一单元格区域中所有数字之和。

⑧ SUMIF：根据指定条件对若干单元格求和。

2. 文本函数

① FIND：FIND 用于查找其他文本串（within_text）内的文本串 (find_text)，并从 within_text 的首字符开始返回 find_text 的起始位置编号。也可使用 SEARCH 查找其他文本串中的某个文本串，但是，FIND 和 SEARCH 不同，FIND 区分大小写并且不允许使用通配符。

② SEARCH：SEARCH 返回从 start_num 开始首次找到特定字符或文本串的位置上特定字符的编号。

③ FIXED：按指定的小数位数进行四舍五入，利用句点和逗号，以小数格式对该数设置格式，并以文字串形式返回结果。

④ MID：MID 返回文本串中从指定位置开始的特定数目的字符，该数目由用户指定。

⑤ RIGHT：RIGHT 根据所指定的字符数返回文本串中最后一个或多个字符。

⑥ LEFT：LEFT 基于所指定的字符数返回文本串中的第一个或前几个字符。

⑦ VALUE：将代表数字的文字串转换成数字。

3. 逻辑函数

① AND：所有参数的逻辑值为真时返回 TRUE；只要一个参数的逻辑值为假即返回 FALSE。

② OR：在其参数组中，任何一个参数逻辑值为 TRUE，即返回 TRUE。

③ NOT：对参数值求反。当要确保一个值不等于某一特定值时，可以使用 NOT 函数。

④ IF：执行真假值判断，根据逻辑测试的真假值返回不同的结果。可以使用函数 IF 对数值和公式进行条件检测。

4. 统计函数

① COUNTIF：计算给定区域内满足特定条件的单元格的数目。

② COUNT：返回参数的个数。利用函数 COUNT 可以计算数组或单元格区域中数字项的个数。

③ COUNTA：返回参数组中非空值的数目。利用函数 COUNTA 可以计算数组或单元格区域中数据项的个数。

④ AVERAGE：返回参数平均值（算术平均）。

⑤ FREQUENCY：以一列垂直数组返回某个区域中数据的频率分布。例如，使用函

数 FREQUENCY 可以计算在给定的值集和接收区间内，每个区间内的数据数目。由于函数 FREQUENCY 返回一个数组，必须以数组公式的形式输入。

⑥ MAX：返回数据集中的最大数值。

⑦ MIN：返回给定参数表中的最小值。

⑧ RANK：对数据位次的排列，其语法为 RANK(参与排序的数值,排序的数值范围,逻辑值)。

5. 时间及日期函数

① DATE：返回代表特定日期的系列数。

② DAY：返回以系列数表示的某日期的天数，用整数 1 ～ 31 表示。

③ YEAR：返回某日期的年份。返回值为 1900 ～ 9999 之间的整数。

④ MONTH：返回以系列数表示的日期中的月份。月份是介于 1（一月）和 12（十二月）之间的整数。

⑤ NOW：返回当前日期和时间所对应的系列数。

⑥ TIME：返回某一特定时间的小数值，返回的小数值为 0 ～ 0.99999999 之间的数值，代表从 0:00:00 (12:00:00 A.M) 到 23:59:59 (11:59:59 P.M) 之间的时间。

6. 查表函数

CHOOSE：可以使用 index_num 返回数值参数清单中的数值。使用函数 CHOOSE 可以基于索引号返回多达 29 个待选数值中的任一数值。例如，如果数值 1 ～ 7 表示一个星期的 7 天，当用 1 ～ 7 之间的数字作 index_num 时，函数 CHOOSE 返回其中的某一天。

7. 财务函数

① PMT：基于固定利率及等额分期付款方式，返回投资或贷款的每期付款额。

② PV：返回投资的现值。现值为一系列未来付款当前值的累积和。例如，借入方的借入款即为贷出方贷款的现值。

8. 数据库函数

Microsoft Excel 共有 12 个工作表函数用于对存储在数据清单或数据库中的数据进行分析，这些函数的统一名称为 Dfunctions，每个函数均有三个相同的参数：Database、Field 和 Criteria。这些参数指向数据库函数所使用的工作表区域。语法：

Dfunction(Database,Field,Criteria)

参数说明：

• Database 构成数据清单或数据库的单元格区域。

• Field 指定函数所使用的数据列。

• Criteria 为对一组单元格区域的引用。这组单元格区域用来设定函数的匹配条件。

① DSUM：返回数据清单或数据库的指定列中，满足给定条件单元格中的数字之和。

② DAVERAGE：返回数据库或数据清单中满足给定条件的数据列中数值的平均值。

③ DCOUNT：返回数据库或数据清单的指定字段中，满足给定条件并且包含数字的单元格数目。

④ DCOUNTA：返回数据库或数据清单的指定字段中，满足给定条件的非空单元格数目。

⑤ DMAX：返回数据清单或数据库的指定列中，满足给定条件单元格中的最大数值。

⑥ DMIN：返回数据清单或数据库的指定列中，满足给定条件单元格中的最小数值。

参 考 文 献

[1] 赵文，张华南. 大学计算机基础（Windows 7+Office 2010）[M]. 北京：中国铁道出版社，2016.

[2] 闫瑞峰. 大学计算机基础（Windows 10+Office 2016）[M]. 北京：清华大学出版社，2022.

[3] 赵艳莉. 信息技术基础 [M]. 北京：电子工业出版社，2021.

[4] 申艳光. 大学计算机：计算思维导论 [M]. 北京：清华大学出版社，2019.

[5] 聂哲，周晓宏. 大学计算机基础：基于计算思维（Windows 10+Office 2016）[M]. 北京：中国铁道出版社有限公司，2021.

[6] 廉师友. 人工智能概论：通识课版 [M]. 北京：清华大学出版社，2020.

[7] 柴欣，齐翠巧. 大学计算机基础教程：微课版 [M].12 版. 北京：中国铁道出版社有限公司，2022.

[8] 陈明. 大数据技术概论 [M]. 北京：中国铁道出版社，2019.

[9] 谢希仁. 计算机网络 [M].8 版. 北京：电子工业出版社，2021.